Ludwig Huber

Validierung computergesteuerter Analysensysteme

Springer

*Berlin
Heidelberg
New York
Barcelona
Budapest
Hongkong
London
Mailand
Paris
Santa Clara
Singapur
Tokio*

Ludwig Huber

Validierung computergesteuerter Analysensysteme

Ein Leitfaden für Praktiker

Mit 63 Abbildungen und 22 Tabellen

 Springer

Dr. Ludwig Huber
Hewlett-Packard Waldbronn
Analytische Meßtechnik
Hewlett-Packard-Straße 8
76337 Waldbronn

Die Deutsche Bibliothek - CIP-Einheitsaufnahme

Huber, Ludwig:
Validierung computergesteuerter Analysensysteme: ein Leitfaden für
Praktiker; mit 22 Tabellen/Ludwig Huber. – Berlin; Heidelberg;
New York; Barcelona; Budapest; Hongkong; London; Mailand; Paris;
Santa Clara; Singapur; Tokio: Springer 1996
ISBN 978-3-662-00836-2   ISBN 978-3-662-00835-5 (eBook)
DOI 10.1007/978-3-662-00835-5

Dieses Werk ist urheberrechtlich geschützt. Die dadurch begründeten Rechte, insbesondere
die der Übersetzung, des Nachdrucks, des Vortrags, der Entnahme von Abbildungen und
Tabellen, der Funksendung, der Mikroverfilmung oder der Vervielfältigung auf anderen Wegen und der Speicherung in Datenverarbeitungsanlagen, bleiben, auch bei nur auszugsweiser
Verwertung, vorbehalten. Eine Vervielfältigung dieses Werkes oder von Teilen dieses Werkes
ist auch im Einzelfall nur in den Grenzen der gesetzlichen Bestimmungen des Urheberrechtsgesetzes der Bundesrepublik Deutschland vom 9. September 1965 in der jeweils geltenden
Fassung zulässig. Sie ist grundsätzlich vergütungspflichtig. Zuwiderhandlungen unterliegen
den Strafbestimmungen des Urheberrechtsgesetzes.

© Springer-Verlag Berlin Heidelberg 1996
Softcover reprint of the hardcover 1st edition 1996

Die Wiedergabe von Gebrauchsnamen, Handelsnamen, Warenbezeichnungen usw. in diesem
Werk berechtigt auch ohne besondere Kennzeichnung nicht zu der Annahme, daß solche
Namen im Sinne der Warenzeichen- und Markenschutz-Gesetzgebung als frei zu betrachten
wären und daher von jedermann benutzt werden dürfen.

Sollte in diesem Werk direkt oder indirekt auf Gesetze, Vorschriften oder Richtlinien (z.B.
DIN, VDI, VDE) Bezug genommen oder aus ihnen zitiert worden sein, so kann der Verlag
keine Gewähr für die Richtigkeit, Vollständigkeit oder Aktualität übernehmen. Es empfiehlt
sich, gegebenenfalls für die eigenen Arbeiten die vollständigen Vorschriften oder Richtlinien
in der jeweils gültigen Fassung hinzuzuziehen.

Herstellung: PRODUserv Springer Produktions-Gesellschaft, Berlin
Satz: Datenkonvertierung, Lewis & Leins GmbH, Berlin
Umschlaggestaltung: Struve & Partner, Heidelberg
SPIN: 10525670   52/3020 - 5 4 3 2 1 0 - Gedruckt auf säurefreiem Papier

Vorwort

Die Validierung von computergesteuerten analytischen Systemen ist zur Erfüllung von verschiedenen gesetzlichen Auflagen und Qualitätsstandards erforderlich und ist verschiedentlich auch Bestandteil von Firmengrundsätzen zur Qualität. Dieses Buch führt Leiter von Qualitätssicherungsabteilungen und Labors sowie Benutzer von Analysegeräten durch den gesamten Prozeß der Validierung von der Erstellung der Benutzeranforderungen und Produktspezifikationen über die Implementierung, das Testen und die Installationsqualifizierung bis zur Qualifizierung für den Betrieb und die laufende Leistungskontrolle im Routinebetrieb. Es gibt auch Anleitungen wie und wie oft computergesteuerte analytische Geräte kalibriert und getestet werden sollen.

Für fremdbezogene Systeme enthält es Hinweise über die Verantwortlichkeiten von Herstellern und für Benutzer von Geräten sowie Kriterien für die Auswahl und Qualifikation von Herstellern. Weiterhin gibt es Anweisungen für die retrospektive Evaluierung und Bewertung von bereits existierenden Systemen und wie nicht laborspezifische Software wie Textverarbeitungsprogramme und Datenbanken validiert werden sollen, falls solche Software im Zusammenhang mit laborspezifischen Daten verwendet wird. Das Buch gibt auch Anleitungen über die Validierung von Programmen, die in einem Labor entweder als einzelstehende Software oder in Verbindung mit einer Gerätesteuer- und Auswertesoftware entwickelt wurden, z.B. MACRO Programme.

Das Buch berücksichtigt die meisten wichtigen nationalen und internationalen Gesetze und Richtlinien wie Gute Laborpraxis (Good Laboratory Practice, GLP) und Gute Herstellungspraxis (Good Manufacturing Practice, GMP) sowie die wichtigsten Qualitätsstandards und Normen, z.B. ISO 9001 und die Akkreditierungsstandards EN 45001 und ISO Guide 25. Es geht auch auf die in Deutschland von verschiedenen Organisationen und Komitees entwickelten Leitfäden ein.

Das Konzept, die Ideen und schließlich die Empfehlungen sowie die vielen Ausführungsbeispiele, Formblätter und Checklisten basieren auf der praktischen Erfahrung des Autors mit verschiedenen Validierungsaktivitäten bei Hewlett-Packard und auf vielen persönlichen Diskussionen mit Inspektoren und mit Leitern von betroffenen Labors und Qualitätssicherungseinheiten. Leser des Buches werden nicht nur lernen, wie der Validierungsprozeß beschleunigt wird, sondern wie die Validierung schon bei dem ersten Versuch richtig durchgeführt werden kann.

Das Buch ist in zwei Teile unterteilt: Teil eins behandelt hauptsächlich die
Validierung von Software. Teil zwei beschäftigt sich mehr mit der Validierung
und Verifizierung von kompletten Systemen, die typischerweise Software und
Gerätehardware beinhalten. Der Schwerpunkt des Buches liegt mehr auf der
Validierung der Software und der Gesamtsysteme und nicht so sehr auf der
Kalibrierung und dem Testen von Gerätehardware. Der Grund dafür ist, daß
der Autor die Erfahrung gemacht hat, daß das Laborpersonal meist mit der Verifizierung der Geräte vertraut ist, während es bei der Validierung von Software
oft Unklarheiten gibt.

Das Buch benutzt hauptsächlich Beispiele aus dem Bereich der Chromatographie. Die empfohlenen Strategien können aber ohne weiteres auch für
andere Techniken in einem Labor angewandt werden. Das Konzept, die Ideen
und die Empfehlungen in diesem Buch stammen von dem Autor und sind
keine Empfehlungen der Firma Hewlett-Packard.

Der Autor ist den Firmen und Organisationen Hewlett- Packard, EURA-
CHEM, der Environmental Protection Agency (EPA) der Vereinigten Staaten,
dem UK Pharmaceutical Industry Computer System Validation Forum und
Advanstar Communication für die Überlassung von Dokumenten und zur Genehmigung für deren auszugsweisen Veröffentlichung in diesem Buch zu Dank
verpflichtet. Besonderer Dank geht auch an Christoph und Tobias Huber für
die Hilfe bei der Erstellung des Manuskripts und der Abbildungen.

Haftungsausschluß

Eine Haftung des Autors dieses Buches für Umfang und Inhalt einer Validierung wird nicht übernommen. Die aufgeführten Elemente sind beispielhaft.
Alle Ausführungen sollen als Anregung dienen, dürfen aber keinesfalls als
Maßstäbe für die erforderliche Genauigkeit und anzuwendende Sorgfalt ge-
wertet werden.

Die Wiedergabe von Gebrauchsnamen, Handelsnamen, Warenbezeichnungen usw. in diesem Werk berechtigt auch ohne besondere Kennzeichnung
nicht zu der Annahme, daß solche Namen im Sinne des Warenzeichen- und
Markenschutz-Gesetzgebung als frei zu betrachten wären und daher von jedermann benutzt werden dürfen.

Anmerkung

Das Buch soll zur Klärung offener Fragen über die Validierung von computergesteuerten analytischen Meßgeräten beitragen. Leser werden gebeten,
Kommentare über Erfahrungen zu diesem Thema an den Autor einzusenden,
insbesondere, wenn die Erfahrungen mit der Information in diesem Buch nicht
übereinstimmen. Kommentare können eingesandt werden an:

Ludwig Huber
Hewlett-Packard Waldbronn
Postfach 1280
D-76337 Waldbronn
Fax: +49-7243-602 501 oder +49-7802-981948
Tel: +49-7243-602 209
E-mail: Ludwig_Huber@hp-germany-om2.om.hp.com
oder 07802 981947-0001@t-online.de

Inhaltsverzeichnis

KAPITEL 1

Einleitung

Als Gesetze, Richtlinien, Leitfäden und Grundsätze zur Guten Laborpraxis und Guten Herstellungspraxis zum ersten Mal veröffentlicht wurden, waren Computer in den betroffenen Labors bei weitem nicht so weit verbreitet wie heute. Man hat deshalb der Behandlung von Computerhardware und -software keine besondere Bedeutung geschenkt. Sie wurden behandelt wie andere Geräte auch. Beispielsweise steht in dem Chemikaliengesetz, Abschnitt II in den Grundsätzen der Guten Laborpraxis [138]:

4.1.2.: Die bei einer Prüfung verwendeten Geräte sind in regelmäßigen Zeitabständen gemäß den Standardarbeitsanweisungen zu überprüfen, zu reinigen, zu warten und zu kalibrieren. Aufzeichnungen darüber sind aufzubewahren.

5.1.1.: Geräte, mit denen physikalische und/oder chemische Daten gewonnen werden, sind zweckmäßig unterzubringen und müssen eine geeignete Konstruktion und ausreichende Leistungsfähigkeit aufweisen.

Diese und andere ähnliche Formulierungen gelten zwar auch für Computer, sind aber nicht für sie spezifisch. Im Laufe der achtziger Jahre kamen mehr und mehr Computer in Produktionsanlagen und bei GLP-Studien zum Einsatz, beispielsweise für die Steuerung von analytischen Meßgeräten und für die Auswertung von Daten. Mit steigender Anzahl von Computern bei GLP-Studien begannen auch Inspektoren der Überprüfung von Computern mehr Beachtung zu schenken. Besonderer Wert wurde dabei darauf gelegt, nachzuprüfen, wie Computersoftware entwickelt, validiert, dokumentiert, betrieben und gewartet wurde, um eine Übereinstimmung mit GLP/GMP zu gewährleisten. Diese Entwicklung ging vor allem von den USA aus, gefolgt von anderen Ländern wie England, Japan und Australien. Zunächst standen prozeßorientierte Validierungen für Sterilisierungen und Reinwassererzeugung im Vordergrund. Später wurden dann nicht nur sämtliche Herstellungsverfahren, sondern auch in der Qualitätskontrolle eingesetzte Geräte und Methoden in die Validierung miteinbezogen.

Im Oktober 1982 veröffentlichte die amerikanische Gesundheitsbehörde Food and Drug Administration (FDA) den ersten Leitfaden über den Einsatz von Computersystemen: *Policy Guide – Computerized Drug Processing; Input/Output Checking* [1] gefolgt von einem zweiten Dokument, das im Dezember des gleichen Jahres veröffentlicht wurde: *Policy Guide – Computerized Drug Processing; Identification of ‚Persons' on Batch Production and Control Records'.* [2] Diese und auch die nachfolgenden Leitfäden bezogen sich nicht auf den Einsatz von Computern im Labor, sondern vielmehr auf Produktions-anlagen.

Im Jahre 1983 veröffentlichte die FDA das berühmte *Blue Book* mit dem Titel *Guide to Inspections of Computer Systems in Drug Processing* [3]. Obwohl der Guide kaum Einzelheiten enthielt, fand er große Beachtung in der Industrie. Vier Jahre später veröffentlichte die FDA ihren Guide: *Software Development Activities: Reference Materials, and Training Aids for Investigators.* [4]. Das Dokument beinhaltete grundsätzliche Ansätze für die Softwareentwicklung einschließlich Definition, Entwurf (Design), Implementierung, Testen, Installation, Betrieb, Wartung und Qualitätssicherung. Es war vor allem als Richtlinie für Inspektoren gedacht.

Die pharmazeutische Industrie bildete mehrere Komitees mit dem Ziel, entsprechende Dokumente über die Validierung von Computersystemen zu entwickeln, die im Bereich der Herstellung von Pharmaka eingesetzt wurden und unter GMP Bedingungen betrieben werden sollten. Beispielsweise wurde im Jahre 1983 von der US Pharmaceutical Manufacturing Association (PMA) das Computer System Validation Committee (CSVC) gebildet. Das Komitee sollte Leitfäden für die Validierung von Computersystemen entwickeln. Nach mehr als zwei Jahren Arbeit einschließlich zweier dreitägiger Seminare im Jahre 1984 [5] und 1986 [6] wurden die Ergebnisse des Komitees in einem Konzeptpapier veröffentlicht [7]. Das Papier wurde als Grundlage für die Validierung von Computersystemen angesehen. Unter anderem wurden die Begriffe *Computer System* (Computersystem) und *Computerized System* (computerunterstütztes oder computergesteuertes System) definiert. Der Life Cycle (Lebenszyklus), einschließlich der Elemente Testen von Hardware und Software, wurde als Konzept für die Gesamtvalidierung vorgeschlagen. Es wurden zum ersten Mal auch Empfehlungen für die Verantwortlichkeiten von Lieferanten und Benutzern von fremdbezogener Software gegeben. Das Dokument enthielt ebenfalls eine ausführliche Tabelle mit Begriffsbestimmungen. Die Reaktion auf das Dokument war außerordentlich positiv. Käufer von Computersystemen berich-

Tabelle 1.1. Meilensteine in der Computersystem-Validierung

1982	US FDA veröffentlicht den ersten Policy Guide über Computer in der Pharmaherstellung
1983	US FDA veröffentlicht das Blue Book: Anleitung für Inspektionen von Computersystemen in der Pharmaherstellung
1983	US PMA gründet das Computer System Validation Committee
1987	US FDA veröffentlicht den ersten technischen Report über Validierungsaktivitäten bei der Softwareentwicklung
1988	US Konsens-Dokument: Einschätzung von Computerunterstützten Datensystemen bei der Sicherheit von nicht-klinischen Studien
1989	UK Department of Health: Anwendung der GLP Grundsätze auf Computersysteme
1990	US EPA: Gute Automatische Laborpraxis
1992	EC: Richtlinien über Gute Herstellungspraxis mit Anlage über Behandlung von Computern
1994	UK Pharmaceutical Industry Computer System Validation Forum (PICSVF): Validierung von automatischen Systemen in der pharmazeutischen Herstellung
1995	OECD Konsens-Dokument: Anwendung der GLP Grundsätze auf computergestützte Systeme
1996	Deutschland BLAK GLP: Übersetzung und zusätzliche Anleitungen zu dem OECD Konsenspapier: Anwendung der GLP Grundsätze auf computergesteuerte Systeme

teten, daß die Systeme, die nach diesem Dokument validiert wurden, bei der Installation auf Anhieb funktionierten. Es wurde auch berichtet, daß die Kommunikation zwischen Benutzern und Lieferanten sowie mit der FDA verbessert wurde.

Im Jahre 1987 veröffentlichte dann die FDA mehrere Policy Guides, z.B. der *Compliance Policy Guide 7132a.15, Computerized Drug Processing: Source Code for Process Control Application Software Programs* [9]. Der Guide war konsistent mit dem PMA Konzeptpapier; beispielsweise wurden die Begriffe Betriebssystemsoftware und Anwendungssoftware gleich definiert.

Seit 1989 hat das PMA CSVC eine Serie von Artikeln zu dem Thema Validierung von Computersystemen veröffentlicht. Es handelte sich dabei um Themen wie Verantwortlichkeiten von Lieferanten und Benutzern, Kategorien von Software, Änderungskontrolle, Wartung, Informations- und Datenbankmanagement, Erstellung von Dokumentation, Qualitätssicherung und Testen von Software [8, 10-13].

Im Jahre 1987 veranstaltete die FDA ein Meeting über *Computer Systems and Bioresearch Data,* zu dem Vertreter aus der Industrie, der Regierung und von Universitäten eingeladen wurden. Das Ziel des Meetings war ein Referenzbuch zu erstellen mit dem Inhalt: *Gegenwärtige Konzepte und Verfahren zur Sicherung der Qualität von Computersystemen in toxikologischen Labors.* Das Ergebnis wurde im Jahre 1988 als Buch veröffentlicht: *Computerized Data Systems for Nonclinical Safety Assessment – Current Concepts and Quality Assurance [120].* Das Buch wurde allerdings nicht direkt von der FDA herausgegeben, sondern von der unabhängigen Drug Information Association (DIA), Maple Glen. In dem Vorwort wird auch ausdrücklich darauf hingewiesen, daß der Inhalt nicht als Verordnung oder Richtlinie einer Regierungsstelle oder eines Industrieverbandes angesehen werden soll, sondern unter anderem als Hilfe für Laboratorien, die planen oder bereits angefangen haben, sich zu automatisieren.

Das Thema ‚Validierung von Computersystemen‘ war auch Gegenstand zahlreicher Veröffentlichungen von anderen Organisationen und privaten Autoren. Beispielsweise veröffentlichte 1984 die GLP Monitoring Unit des britischen Gesundheitsministeriums ein Dokument mit dem Titel: *The Application of GLP Principles to Computer Systems [14].* Das Dokument war als Leitfaden für Inspektoren gedacht und beinhaltete grundsätzliche Überlegungen über den Einsatz von Computern im GLP-Bereich. Es soll soweit wie möglich sichergestellt werden, daß Computer, die bei GLP-Studien zur Datenaufnahme und Auswertung eingesetzt werden, so entwickelt, getestet, installiert und betrieben werden, daß die Datensicherheit gewährleistet ist.

1989 beschrieb Teagarden [15] eine Vorgehensweise für die Validierung eines bereits bestehenden Labordatenverarbeitungssystems bei der Firma Upjohn in den USA. Der Autor schlug ein schrittweises Vorgehen vor, bei dem das System zunächst genau definiert, dann entsprechend einem Validierungsprotokol getestet und die Dokumentation einer Überprüfung unterzogen wird.

1990 veröffentlichte Stiles [16] einen Artikel mit dem Titel: *GLP and Computerization.* Der Artikel beschreibt die Anwendung des britischen GLP-Programms auf Computer. Der Autor wies darauf hin, daß der wichtigste Schritt der Akzeptanztest des Systems ist. 1991 veröffentlichte Chapman eine

Serie von zwei Artikeln über die geschichtliche Entwicklung der Validierung in den USA [17, 18]. Während Teil eins die Validierung vor dem Computerzeitalter beinhaltet, beschreibt Teil zwei die Validierung von Computersystemen. 1992 stellten Deitz und Herald [19] einen im Vergleich zu dem Vorschlag der PMA vereinfachten Ansatz des Lebenszykluskonzepts zur Validierung von Computersystemen vor.

1994 präsentierte eine Untergruppe des britischen Pharmaceutical Industry Validation Forums (PICSV) unter der Leitung von Anthony Margetts von Zeneca eine vorläufige Version der Richtlinien über die Validierung von automatischen Systemen in der pharmazeutischen Produktion [41]. Ein Ziel des Dokuments war, das Verständnis über die gesetzlichen Anforderungen innerhalb und zwischen der pharmazeutischen Industrie und deren Lieferanten zu verbessern. Das Lebenszyklus-Modell wird benutzt um die Validierungsverantwortlichkeiten von Lieferanten und Benutzern von Software zu beschreiben. Das Dokument wurde zur Überprüfung an verschiedene Organisationen und Privatpersonen verteilt und nach Einsammeln entsprechender Vorschläge 1995 in einer zweiten Auflage veröffentlicht, und von der International Society For Pharmaceutical Engineering (ISPE) in Papierformat und auf Disketten vertrieben [119].

In den USA schenkte neben der FDA und der pharmazeutischen Industrie auch die Environmental Protection Agency (EPA) dem Thema Einsatz des Computers im gesetzlich geregelten Bereich große Aufmerksamkeit. Entsprechende Empfehlungen wurden zunächst in einem ausführlichen Dokument als vorläufige Version veröffentlicht: *Good Automated Laboratory Practices [20]*. Die derzeit gültige und vorläufig endgültige Version wurde nach mehrmaligen Verzögerungen im Sommer 1995 veröffentlicht [127].

In Europa wurde 1992 von der EG ein Leitfaden über Gute Herstellungspraxis veröffentlicht [39]. Der Leitfaden enthält einen Anhang mit 19 Paragraphen über die Behandlung von Computern und ist auch in deutscher Sprache erhältlich [125]. In Deutschland wird zur Zeit (Februar 1996) von der Arbeitsgemeinschaft für Pharmazeutische Verfahrenstechnik (APV), Fachgruppe Informationstechnologie, eine Interpretation dazu erstellt [147]. Die VDI/VDE-Gesellschaft Meß- und Automatisierungstechnik (GMA) und die Normenarbeitsgemeinschaft für Meß- und Regeltechnik in der chemischen Industrie (NAMUR) haben in einem Gemeinschaftsprojekt ein Papier zur Validierung mit dem Thema *Qualifizierung von Leitsystemen* erstellt [152].

Von der OECD wurde 1995 ein Konsenspapier mit dem Titel *Anwendung der GLP Grundsätze auf computergestützte Systeme* [126] veröffentlicht. In Deutschland haben sich von 1993 bis 1996 sowohl eine Untergruppe des GLP Bund-Länder Arbeitskreis (BLAK) als auch der Verein Chemischer Industrie (VCI) mit dem Thema auseinandergesetzt. Entsprechende Veröffentlichungen sind für Ende 1996 vorgesehen [148, 151].

Auch andere Organisationen wie das Institute of Electrical and Electronic Engineers (IEEE) [21, 22] und die International Organization for Standardization (ISO) [23] veröffentlichten Richtlinien darüber, wie ein gewisser Qualitätsstandard bei der Entwicklung bzw. Beschaffung von Software eingehalten werden soll.

Eines der ausführlichsten Bücher über Softwarevalidierung und hierbei speziell im Bereich der Bedarfsspezifikation dürfte die Publikation von M. Dorfman und R.H. Thayer sein. Sie wurde 1990 von IEEE Computer Society Press veröffentlicht und hat den Titel: *Standards, Guidelines and Examples on System and Software Requirements Engineering* [24]. Das Buch beinhaltet 13 Standards über Anforderungen von Software und Richtlinien für das Entwickeln, Testen und Verifizieren von Software. Es beginnt mit einer Diskussion des außerordentlich populären *IEEE Guide to Software Requirements Specifications*, der 1980 und 1983 von der IEEE Computer Society erarbeitet wurde.

Der *British Standard* [25] beschreibt, wie Benutzeranforderungen mit endgültigen Spezifikationen verknüpft werden. Der *Canadian Standard* [26] beschreibt eine ähnliche Verknüpfung der Benutzeranforderungen mit dem Design der Software. In dem *Guideline for Life Cycle Validation, Verification and Testing of Computer Software* [27] des amerikanischen National Bureau of Standards (jetzt National Institute of Standards and Technology, NIST) findet man Anleitungen über Verifizierung von Softwareanforderungen. Weitere Softwareentwicklungsstandards wurden von der European Space Agency (ESA) [28], und von der National Aeronatics and Space Agency (NASA) [29] entwickelt.

Auch von Privatpersonen und Beratungsfirmen wurden Strategien über die Validierung von Computersystemen entwickelt und als Bücher oder in Form von anderen Veröffentlichungen angeboten. Beispiele dafür sind *Computer Validation Compliance* von M.E. Double und M. McKendry [31], *Computer Systems Validation for the Pharmaceutical and Medical Device Industrie* von R. Chamberlain [32], *Good Computer Validation Practices* [33] von T.Stokes, R.C. Branning, K.G. Chapman, H. Hambloch und A. Trill und *Documentation Basics* von C. Desain [34]. R. Kehoe und A. Jarvis [121] geben in ihrem Buch *ISO 9000-3 – A Tool for Software Product and Process Improvement* ausführliche Anleitungen über die Umsetzung des Guides ISO 9000-3. Unkelbach [122] veröffentlichte im Jahre 1994 eine Empfehlung für die Validierung von Altsystemen. Mertens et. al. [123, 124] veröffentlichten im Jahre 1995 zwei Artikel über die Validierung von Rechnersystemen in einem analytischen Labor aus Anwendersicht.

Trotz aller Gesetze, Standards und Richtlinien über die Entwicklung, das Testen und den Betrieb von Software und Computersystemen gibt es noch viel Raum für Interpretationen. Inspektoren und Benutzer von Systemen haben häufig unterschiedliche Auffassungen über Validierungsanforderungen und das gleiche gilt sogar auch vielfach für verschiedene Abteilungen innerhalb einer Firma. Ein gemeinsames Verständnis aller Beteiligten ist jedoch äußerst wichtig um Frustrationen bei firmeninternen Audits und bei externen Inspektionen zu vermeiden. Es ist fast unmöglich, detaillierte schriftliche Anweisungen von Behörden über Validierung zu bekommen. Es ist allerdings schon vorgekommen, daß Inspektoren ihre Erwartungen in Form von Publikationen niedergeschrieben haben. So veröffentlichte Tetzlaff, ein ehemaliger amerikanischer Inspektor, einen Artikel über die bei GMP Inspektionen erforderliche Dokumentation. Der Artikel beinhaltet auch eine Liste von häufig fehlenden Dokumenten. Trill, ein britischer Inspektor, berichtete über seine Erfahrungen mit

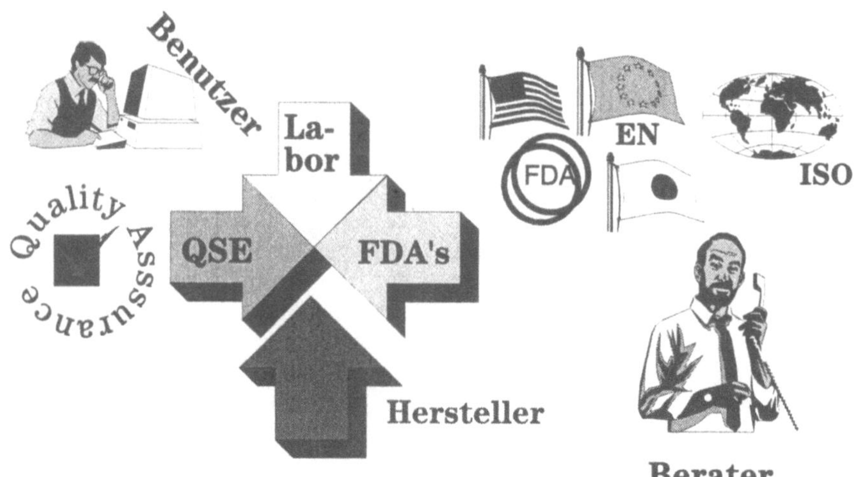

Abb. 1.1. Gerätehersteller arbeiten mit Anwendern, Behörden, Komitees für Standardisierung und Akkreditierung, Qualitätssicherungseinheiten sowie mit Beratungsfirmen zusammen, um zu einem gemeinsamen Verständnis über Validierungsanforderungen zu gelangen. Ziel dabei ist es, Geräte mit eingebauten Validierungsfunktionen zu entwickeln, welche die Einhaltung von Richtlinien und Gesetzen einfacher machen

der Inspektion von Betrieben mit Computersystemen [36], während Clark [37] Hinweise darauf gab, was sich ein FDA-Inspektor bei der Inspektion von automatischen Geräten anschauen könnte. In Deutschland wurde von dem BLAK ein *GLP Handbuch zur Überwachung der Einhaltung der Grundsätze der Guten Laborpraxis für Inspektorinnen und Inspektoren* erstellt, das auf etwa zwei Seiten mögliche Fragen zu dem Thema GLP und Datenverarbeitung enthält [149].

Das vorliegende Buch soll dazu beitragen, unter den Lesern zu einem gemeinsamem Verständnis über die Validierung von Software und Computersystemen zu kommen. Es soll jedoch ausdrücklich darauf hingewiesen werden, daß der Validierungsaufwand nicht für alle Systeme und Anwendungen gleich ist, sondern einmal von der Art der Aufgabenstellung und zweitens von den einzuhaltenden Gesetzen, Standards und Normen abhängt. Deshalb beginnt das Buch mit einer Zusammenstellung der wichtigsten Standards, Normen und Gesetze, von denen analytische Labors betroffen sein können.

Nach dem Überblick über Gesetze, Normen und Standards werden Definitionen für die im Zusammenhang mit dem Thema auftretenden Begriffe wie beispielsweise Validierung, Verifizierung, Qualifizierung, Computersysteme und computergesteuerte Systeme erläutert. Danach wird der Softwarelebenszyklus als Modell für die Validierung während der Entwicklung anhand eines praktischen Beispiels vorgestellt. Das Buch macht auch ausführliche Vorschläge zu Verantwortlichkeiten von Lieferanten und Benutzern für die Validierung von Software.

Der Schwerpunkt des Buches liegt auf der Validierung von Software und Computersystemen. Da die Validierung von computergesteuerten Analysensystemen jedoch auch das Prüfen, die Qualifizierung, Verifizierung und Kalibrierung von Gerätehardware erfordert, werden auch hierzu im Hauptteil allgemeine Strategien vorgeschlagen und in den Anlagen ausgewählte Beispiele angeführt.

Obwohl das Buch hauptsächlich Beispiele aus dem Bereich der Chromatographie benutzt, können die vorgeschlagenen Konzepte auch auf andere Computersysteme in analytischen Labors wie zum Beispiel Spektralphotometer oder Laborinfomations Management Systeme (LIMS) übertragen werden.

Es wurde versucht, möglichst viele Aspekte der Validierung abzudecken und in den einzelnen Kapiteln Bezug zu relevanten Gesetzen, Standards und Normen zu nehmen. Das soll jedoch nicht bedeuten, daß die Leser in allen Fällen alle Vorschläge befolgen sollten. Leser sollten möglichst genau untersuchen, inwieweit die Vorschläge für ihre Anwendungen sinnvoll sind. Es wird empfohlen, die entsprechende Vorgehensweise der Validierung in dem Qualitätshandbuch zu dokumentieren.

Falls es nach dem Durchlesen der entsprechenden Kapitel und nach reiflicher Überlegung immer noch Zweifel gibt, was wie validiert werden soll, kann eine endgültige Antwort nur dadurch erhalten werden, daß man sich fragt, ob der in Zweifel stehende Validierungsschritt etwas zur Verbesserung der analytischen Ergebnisse beiträgt. Weitere Hinweise kann man auch immer aus Überlegungen erhalten, wie man bei entsprechenden Vorgängen ohne Computer vorgehen würde. Ein gesunder Menschenverstand zusammen mit einem guten analytischen Sachverstand können viel zu einer optimalen Entscheidung beitragen. Hierbei sollte man sich auch reiflich überlegen, ob entsprechende Validierungsschritte im vernünftigen Verhältnis zu den dabei anfallenden Kosten stehen.

Bei allen Überlegungen sollte man nie vergessen, daß das Ziel jedes Analytikers sein sollte, Analysenergebnisse abzuliefern, die wissenschaftlich fundiert sind. Das ist unabhängig davon, ob die Ergebnisse für die Zulassung eines neuen Arzneimittels oder für firmeninterne oder externe Kunden erzeugt werden. Gut kalibrierte und gewartete Analysengeräte sowie validierte Methoden sind wesentliche Voraussetzungen, dieses Ziel zu erreichen.

KAPITEL 2

Gesetzliche Regelungen und Qualitätsstandards

Erfüllung von Gesetzen, Qualitäts- und Akkreditierungsstandards sind einer von zwei hauptsächlichen Gründen für die Validierung von Computersystemen. Der zweite und wichtigere Grund ist die Entwicklung und Wartung von Software zu verbessern. Bei der Softwareentwicklung ist es besonders wichtig, beim ersten Mal das Richtige zu tun, weil Fehler bei Computerprogrammen teuer werden können. Das wurde von Softwareherstellern recht früh erkannt. Beispielsweise wurde das Konzept des Softwarelebenszyklus (Software life cycle) als Grundlage der Validierung nicht von Behörden entwickelt, sondern von Glenford Myers von IBM in den fünfziger Jahren [38]. Der wirkliche Vorteil der Validierung von Software und einer guten Dokumentation liegt darin, daß die Software von Entwicklern und Anwendern gut verstanden wird, was für eine effiziente und richtige Wartung außerordentlich wichtig ist. Das trifft in gleichem Maße für große und kleine Softwareentwicklungsprojekte zu.

Nichtsdestotrotz spielen gesetzliche Anforderungen bei der Validierung eine wichtige Rolle und sollten deshalb jedem, der Validierung betreibt, bekannt sein. Die finanzielle Auswirkung von nicht ausreichender Validierung auf eine pharmazeutische Firma kann beträchtlich sein. Falls Regierungsbehörden bei Inspektionen in den USA im Bereich der pharmazeutischen Herstellung keine GMP-gerechte Arbeitsweise aufgezeigt werden kann, und dazu gehört nach dem Verständnis der Inspektoren die dokumentierte Validierung, bekommt die Firma eine Verwarnung in Form eines Briefes (warning letter). Aufgrund einer solchen Verwarnung kann der Aktienpreis der Firma um mehrere Punkte fallen, falls die Information an die Öffentlichkeit gelangt [30]. Es ist schon vorgekommen, daß aufgrund unzulänglicher Validierung Produktionsanlagen für eine bestimmte Zeit stillgelegt wurden, bis das Problem gelöst war. Von der US Pharmaceutical Manufacturing Association (PMA, jetzt Pharmaceutical Research and Manufacturing Association, PhRMA), wurde eine Schätzung abgegeben, nach der eine Firma jeden Tag zwischen 50 000 und 60 000 US$ verlieren kann, falls sich aufgrund unzureichender Validierungsdokumente die Zulassung von Arzneimitteln verzögert.

Bei den Gesetzen und Richtlinien handelt es sich um Grundsätze der Guten Labor Praxis (GLP), die in Deutschland im Chemikaliengesetz verankert sind und um Leitfäden zur Guten Herstellungspraxis (GMP). Gesetzliche Bindung haben auch verschiedene Pharmakopöen bei der Qualitätskontrolle von Arzneimittel.

Die Inhalte von Qualitätsstandards wie die ISO 9000 Serie sind generell für Entwicklung, Produktion und Wartung von Produkten und Dienstleistungen und nicht spezifisch auf Labors ausgerichtet. In den Labors häufig verwendete Standards sind der ISO/IEC Guide 25 und die Europäische Norm EN 45001. ISO 9000-3 wird als Leitfaden bei der Entwicklung, der Produktion und dem Support von Softwareprodukten eingesetzt.

In diesem Kapitel wird der Einfluß von Gesetzen und Qualitätsstandards auf die Validierung von Computern diskutiert.

2.1
Gute Herstellungspraxis (Good Manufacturing Practice, GMP)

Gesetze und Leitfäden über die Gute Herstellungspraxis sollen sicherzustellen, daß Produkte, die im Bereich der Gesundheitspflege eingesetzt werden, fortlaufend entsprechend ihrem beabsichtigten Gebrauch hergestellt und kontrolliert werden. In den Vereinigten Staaten von Amerika (USA) sind GMP-Regelungen gesetzlich verankert in *dem 21 CFR 211, Current Good Manufacturing Practice for Drugs*, und *in 21 CFR 10, Current Good Manufacturing Practice for Finished Pharmaceuticals*. Jedes pharmazeutische Produkt, das in den USA vermarktet wird, benötigt zuerst die Zulassung der amerikanischen Gesundheitsbehörde Food and Drug Administration (FDA). Eine der Voraussetzungen für diese Zulassung ist die Übereinstimmung der Herstellung mit den oben zitierten GMP Gesetzen. Wegen der weltweiten Bedeutung des amerikanischen Marktes waren die amerikanischen Gesetze richtungsweisend für andere Länder.

Computerspezifische Anforderungen findet man beispielsweise in der Sektion 211.68 der USA cGMP Gesetze:

- Automatische, mechanische oder elektronische Geräte, einschließlich Computer, können verwendet werden, vorausgesetzt sie werden nach einem dokumentierten Plan routinemäßig gewartet, inspiziert und überprüft, um eine geeignete Leistungsfähigkeit zu gewährleisten.
- Geeignete Kontrollen des Computer- oder des computerbezogenen Systems sollen durchgeführt werden, um sicherzustellen, daß Änderungen in dem Computerprogramm und entsprechende Kontrollaufzeichnungen und andere Aufzeichnungen nur von dazu autorisierten Personen durchgeführt werden.
- Der Zugriff auf Computer soll auf dazu autorisierte Personen beschränkt werden, um unerlaubten Zugang zu verhindern.
- Mathematische Formeln und andere Aufzeichnungen sollen auf Genauigkeit hin überprüft werden.
- Es sollen schriftliche Aufzeichnungen des Programms und dessen Validierung geführt werden.
- Es soll eine Backup-Datei der in den Computer oder in das Computersystem eingegebenen Daten erstellt werden.

In den meisten europäischen Ländern gibt es lokale Regelungen über die Herstellung von pharmazeutischen Produkten. Sie basieren überwiegend auf dem Leitfaden der Europäischen Union: *EC Guide to Good Manufacturing Practice for Medicial Products [39]*. Eine einheitliche Regelung ist sinnvoll für den freien Warenverkehr in den 15 Ländern der Europäischen Union. Die EU Richtlinie wurde weitgehend mit dem *Guide to Good Manufacturing Practice for Pharmaceutical Products* der Pharmaceutical Inspection Convention (PIC) harmonisiert.

Im Gegensatz zu den amerikanischen GMP Gesetzen enthält der Europäische *EC Guide to GMP for Medicinal Products [39]* einen ausführlichen Anhang mit 19 computerspezifischen Empfehlungen. Er wurde unter dem Titel „EG-Leitfaden einer Guten Herstellungspraxis für Arzneimittel" in deutscher Sprache veröffentlicht [125]. In Deutschland wird zur Zeit (Februar 1996) von der Arbeitsgemeinschaft für Pharmazeutische Verfahrenstechnik (APV) – Fachgruppe Informationstechnologie – eine Interpretation dazu erstellt [147]. Der Leitfaden enthält unter anderem Paragraphen über Personal, Prüfung und Validierung, Systeminstallation, Eingabe und Änderungen von Daten und Fragen zur Sicherheit. In den folgenden Paragraphen werden einige wesentlichen Punkte der Anlage 11 wiedergegeben:

- Die Einführung von computergestützten Systemen in die Herstellung einschließlich Lagerhaltung, Verteilung und Qualitätskontrolle ändert nichts an der Notwendigkeit zur Einhaltung der im Leitfaden einer Guten Herstellungspraxis festgelegten einschlägigen Grundsätze. Wenn ein computergestütztes System an die Stelle eines manuellen Vorgangs tritt, dürfen weder die Qualität der Produkte noch die Qualitätssicherung beeinträchtigt werden.

- Der Umfang der notwendigen Validierung hängt von einer ganzen Reihe von Faktoren ab; hierzu gehören der Verwendungszweck des Systems, die Frage, ob es sich um ein prospektives oder ein retrospektives System handelt und ob neue Elemente eingeführt werden. Die Validierung sollte als Teil des gesamten Lebenszykluses eines Computersystems angesehen werden. Dieser Zyklus umfaßt die Stadien Planung, Spezifizierung, Programmierung, Prüfung, Inbetriebnahme, Dokumentation, Betrieb, Kontrolle und Änderungen.

- Es sollte darauf geachtet werden, daß die Geräte in einer geeigneten Umgebung aufgestellt werden, damit externe Faktoren das System nicht negativ beeinflussen können. Eine ausführliche Beschreibung des Systems sollte erstellt (gegebenfalls mit Diagrammen) und ständig aktualisiert werden. Diese

Beschreibung sollte Grundsätze, Zielsetzungen, Sicherheitsmaßnahmen und Einsatzbereich des Systems umfassen und aufzeigen, wie der Computer eingesetzt wird, und ob Wechselbeziehungen mit anderen Systemen und Verfahren bestehen.

- Software ist eine kritische Komponente eines computergestützten Systems. Der Benutzer solcher Software sollte alle erforderlichen Maßnahmen treffen um sicherzustellen, daß sie in Übereinstimmung mit einem Qualitätssicherungssystem erstellt worden ist.
- Das System sollte soweit erforderlich, Eingabe und Verarbeitung der Daten auf ihre Richtigkeit überprüfen.
- Bevor ein computergesteuertes System eingesetzt wird, sollte es gründlich geprüft und für den vorgesehenen Einsatz als geeignet befunden werden.
- Die Eingabe oder Änderung von Daten sollte nur von solchen Personen vorgenommen werden, die dazu ermächtigt sind. Geeignete Maßnahmen zum Schutz von unerlaubter Dateneingabe sind die Verwendung von Schlüsseln, Kennkarten, persönlichen Codes sowie die Beschränkung des Zugangs zu Computerterminals.
- Wenn kritische Daten manuell eingegeben werden (z.B. Gewicht und Chargennummer eines Wirkstoffs bei der Dispensation), sollten diese einer zusätzlichen Prüfung auf ihre Richtigkeit unterzogen werden. Diese Prüfung könnte durch einen zweiten Bediener oder eine validierte elektronische Methode erfolgen.
- Das System sollte die Identität des Bedieners, der die kritischen Daten eingibt oder bestätigt, prüfen. Die Erlaubnis zur Änderung eingegebener Daten sollte auf namentlich festgelegte Personen beschränkt sein. Jede Änderung eingegebener kritischer Daten sollte eigens genehmigt und zusammen mit dem Grund der Änderung protokolliert werden. Hierzu sollte ein System eingesetzt werden, das ein vollständiges Protokoll sämtlicher Eingaben und Änderungen (Audit-trail) bietet.
- Änderungen an einem System oder an einem Computerprogramm sollten nur gemäß einem festgelegten Verfahren durchgeführt werden, das Bestimmungen zur Validierung, Prüfung, Genehmigung und Einführung der Änderung enthält. Eine solche Änderung sollte nur mit Zustimmung der Person ausgeführt werden, die für den betreffenden Systemteil verantwortlich ist. Diese Änderung sollte dokumentiert werden. Jede wesentliche Änderung sollte validiert werden.
- Zu Zwecken der Qualitätsprüfung muß es möglich sein, einen aussagekräftigen Ausdruck der elektronisch gespeicherten Daten zu erhalten.
- In Übereinstimmung mit Absatz 4.9 des Leitfadens einer Guten Herstellungspraxis sollten die Daten physisch oder elektronisch gegen absichtliche und unbeabsichtigte Beschädigung gesichert werden. Gespeicherte Daten sollten auf ihre Verfügbarkeit, Beständigkeit und Genauigkeit geprüft werden. Werden Änderungen an Computer-Geräten oder -Programmen vorgeschlagen, sollten die obengenannten Prüfungen so oft durchgeführt werden, wie dies für das eingesetzte Speichermedium angemessen ist.
- Daten sollten durch regelmäßig erstellte Sicherungskopien geschützt werden. Diese Sicherungskopien sollen so lange wie nötig an einem gesonderten und sicheren Ort gelagert werden.

- Die im Falle eines Systemfehlers oder -ausfalls anzuwendenden Verfahren sollten festgelegt und validiert werden. Sämtliche Fehler und Maßnahmen zu deren Behebung sollten dokumentiert werden.
- Ein Verfahren zur Dokumentation und Analyse von Fehlern und zu deren Behebung sollte bestehen.
- Wenn externe Unternehmen mit Dienstleistungen für die Computer beauftragt werden, sollte eine formelle Vereinbarung geschlossen werden, in der die Verantwortlichkeiten des externen Unternehmens klar festgelegt sind.

Die derzeit international detailliertesten Anforderungen für den Einsatz von Computern im Bereich der pharmazeutischen Herstellung findet man in dem australischen Code of Good Manufacturing Practice for Therapeutic Goods [40]. Obwohl der australische Markt hierzulande für die meisten Labors wenig relevant ist, erscheint das Zitieren einiger Paragraphen wegen ihres generellen Inhalts interessant :

- Alle Abschnitte der Entwicklung, der Installation und des Betriebs von Computersystemen sollten sorgfältig dokumentiert werden. Jeder Schritt sollte daraufhin überprüft werden, ob die Leistungsvorgaben unter typischen Testbedingungen eingehalten wurden.
- Die Softwareentwicklung sollte den Grundsätzen des Australischen Standards AS 3563 folgen: *Software Quality Management System.*
- Ein logisches Fließschema sollte vorhanden sein, mit dessen Hilfe eine kritische Überprüfung des Systems gegenüber dem Anforderungskatalog durchgeführt werden kann.
- Ein Kontrolldokument sollte vorbereitet werden, in dem die Ziele des geplanten Computersystems, die eingegebenen und gespeicherten Daten, der Datenfluß, die ermittelte Information, Grenzwerte von Variablen, das Programm selbst sowie Testprogramme zusammen mit Beispielen von jedem Ausdruck, der von dem Programm produziert wurde, enthalten sind. Das Dokument sollte auch Anleitungen für das Testen, die Bedienung und Wartung des Systems enthalten sowie die Namen der Personen, die das Programm entwickelt haben und das System bedienen.
- In ähnlicher Weise sollte ein fremdbezogener Quellcode nach dem Australischen Standard AS 3563 entwickelt worden sein. Lieferanten sollten eine schriftliche Zusicherung zur Verfügung stellen, daß die Softwareentwicklung nach diesem Standard oder nach einem ähnlichen System erfolgte.
- Jede Änderung an einem bestehenden Computersystem sollte nur in Übereinstimmung mit einer definierten Änderungskontrollprozedur durchgeführt werden.
- Die Eingabe von kritischen Daten in einen Computer sollte ausschließlich durch dazu autorisierte Personen erfolgen und durch eine unabhängige Person verifiziert werden.
- Es sollten Prozeduren für einen hierarchischen Benutzerzugriff zu der Eingabe, der Änderung, dem Auslesen und dem Ausdrucken von Daten entsprechend den Anforderungen der Benutzer vorhanden sein. Die Prozeduren sollten geeignete Maßnahmen zur Verhinderung von nicht autorisiertem Zugriff beinhalten.

- Der Computer sollte einen kompletten Audit-trail von allen Dateneingaben und Änderungen erzeugen.
- Für den Fall eines Systemausfalls sollten Verfahren zur Wiederherstellung des Systems vorhanden sein. Das Verfahren sollte so ausgelegt sein, daß das System in den vorherigen Zustand zurückgeführt wird.

Das wohl ausführlichste Dokument zur Validierung für den Bereich pharmazeutische Herstellung wurde im Jahre 1994 von dem britischen Pharmaceutical Industry System Validation Forum als vorläufiger Leitfaden mit dem Titel *Validation of Automated Systems in Pharmaceutical Manufacturing* veröffentlicht. Eine nachfolgende Ausgabe davon wurde 1995 von der International Society for Pharmaceutical Engineering (ISPE) sowohl in Papierformat als auch als elektronische Version veröffentlicht [119].

Der Leitfaden wurde unter Berücksichtigung der Anforderungen des bereits zitierten EC Guides, Anlage 11 und der USA FDA Behörden entwickelt. Soweit sinnvoll, verwendet das Dokument derzeit gültige international anerkannte Standards und man ließ sich auch von der britischen Gesundheitsbehörde (Medicines Control Agency, MCA) beraten, um das Dokument auf eine möglichst breite Basis zu stellen. Der Leitfaden besteht aus zwei Teilen: Teil eins besteht aus ca. 20 Seiten und beinhaltet Verfahren zur Validierung. Teil zwei besteht aus einem etwa 100 Seiten starken Anhang mit detaillierten Anleitungen über die Implementierung. Es handelt sich dabei nicht um feste Arbeitsanweisungen sondern um Vorschläge, die entsprechend den Bedürfnissen und Umständen von den einzelnen Firmen bzw. Organisationen abgeändert werden sollten. Das Dokument ist für alle Arten von Computersystemen einschließlich kommerzieller computergesteuerter Analysensystemen gültig. In gleichem Maße kann es für Systeme verwendet werden, die speziell für einen Anwendungszweck entwickelt wurden. Es trifft allerdings nicht für Altsysteme zu. Rosser [42] hat einen allgemeinen Überblick über den Sinn, die Herkunft und die voraussichtliche Zukunft der Richtlinien gegeben. Eine Zusammenfassung wurde in Pharmaceutical Technology Europe [43] gegeben und soll deshalb hier nicht wiederholt werden.

2.2 Gesetze und Grundsätze zur Guten Laborpraxis (Good Laboratory Practice – GLP)

Gesetze zur Guten Laborpraxis für toxikologische Studien wurden zum ersten Mal in den USA von der amerikanischen Gesundheitsbehörde im November 1976 vorgeschlagen und dann im *Part 56 of Chapter 21 of the Code of Federal Regulations* im Jahre 1978 gesetzlich verankert. Die amerikanische Umweltbehörde Environmental Protection Agency (EPA) verankerte kurz darauf ähnliche Verordnungen in *den Federal Insecticide, Fungicide and Rodenticide Act (FIFRA)* [44] und *im Toxic Substance Control Act (TSCA)* [45] als Gesetze. Die Organisation for Economic Cooperation and Development (OECD) veröffentlichte die Grundsätze *Good Laboratory Practice in the Testing of Chemicals* [46] im Jahre 1982. Die OECD Grundsätze wurden danach in den einzelnen Ländern in und außerhalb von Europa als Gesetz verankert, in Deutschland zum Beispiel im Chemikaliengesetz [138]. Die Europäische Gemeinschaft hat mit den Richtlinien *The Harmonization of Laws, Regulations and Administrative Provisions to the application of the Principles of Good Laboratory Practice and the Verification of their Application for Tests on Chemical Substances* (1987) [47] und in *The Inspection and Verification of Good Laboratory Practice* (1988, angepaßt 1990) [48] Anstrengungen unternommen, die Gesetze zu harmonisieren. Für die Anerkennung von GLP-Studien in anderen Ländern wurden spezielle bilaterale Abkommen als Memoranda of Understandings (MOU) unterzeichnet. Solche Abkommen bestehen beispielsweise zwischen Deutschland und den USA, sowie zwischen Deutschland und Japan.

Zur Zeit haben alle GLP-Regelungen spezielle Paragraphen über Geräte, aber die wenigsten befassen sich speziell mit der Validierung von Computern oder mit anderen Aspekten in der Datenverarbeitung. Anforderungen an Geräte sind genereller Art und fordern, daß Geräte entsprechend ihrem Gebrauch ausgelegt sein sollen und regelmäßig kalibriert und gewartet werden sollen. Beispielsweise fordern die US GLP Gesetze in den Sektionen 58.61 und 58.63.:

- Automatische, mechanische oder elektronische Geräte, die für die Erzeugung, Messung oder Einschätzung der Daten eingesetzt werden, sollen entsprechend ausgelegt sein, um die dokumentierten Anforderungen zu erfüllen. Sie sollen für den Betrieb geeignet sein und inspiziert, gereinigt und gewartet werden.
- Geräte, die für die Erzeugung, Messung oder Einschätzung der Daten eingesetzt werden, sollen in geeigneter Weise getestet, kalibriert bzw. standardisiert werden.
- Es sollen schriftliche Verfahrensanweisungen (Standard Operating Procedures, SOPs) mit genügendem Detail für die Ausführung von Methoden, sowie für Materialien und Zeitpläne existieren. Die Routineinspektion, die Reinigung, die Wartung, das Testen, die Kalibrierung bzw. Standardisierung soll nach Verfahrensanweisungen durchgeführt werden.
- Über die Inspektionen sollen Aufzeichnungen geführt werden.

BLAK GLP

Bund/Länderarbeitskreis
GLP, Unterarbeitsgruppe
Modalitäten von
Inspektionen

*Handbuch zur Überwachung
der Einhaltung der Grundsätze
der Guten Laborpraxis für
Inspektorinnen und
Inspektoren*

1. Auflage, September 1993

Im Jahr 1989 veröffentlichte die britische Department of Health GLP Monitoring Unit ein Dokument mit dem Titel: *The Application of GLP Principles to Computer Systems*. Darin wird ausgeführt, wie Inspektoren Computersysteme überprüfen, wenn sie für gesundheits- und sicherheitsrelevante Studien eingesetzt werden. Die Richtlinie ist auch für Leiter von GLP Studien nützlich, wenn bei den Studien Computer eingesetzt werden. Das Dokument beinhaltet ein Kapitel mit dem Thema *Interpretationen der GLP Grundsätze für Computersysteme* mit Paragraphen über:

- Identifizierung und Definition des Computersystems
- Verfahren für die Kontrolle von Programmen, von Systemen und für die Sicherheit
- Archivierung
- Qualitätssicherung
- Training des Bedienungspersonal

Die japanischen GLP-Gesetze des Gesundheitsministeriums (Ministry of Health and Welfare, MOHW) haben eine Anlage mit speziellen Richtlinien über Computersysteme. Die Anlage gibt sowohl Empfehlungen für neue selbstentwickelte und für fremdbezogene Systeme als auch für Altsysteme. Es wird besonders darauf hingewiesen, daß Software, die als Zusatz von fremdbezogener Software im Labor des Anwenders entwickelt wurde, dokumentiert und formal zur Benutzung freigegeben werden sollte.

In Deutschland werden dem Thema GLP und Datenverarbeitung (DV) in dem *Handbuch zur Überwachung der Einhaltung der Grundsätze der Guten Laborpraxis für Inspektorinnen und Inspektoren* [149] zwei Seiten gewidmet. In den Abschnitten 4.3.6 und 4.7 werden Punkte angesprochen, nach denen bei einer Inspektion geschaut werden könnte. Die Fragen beziehen sich auf:

- Tätigkeiten der Qualitätssicherung im Zusammenhang mit der Überprüfung von Daten
- Klimatische Bedingungen für DV
- Verfahren zum Schutz von Daten
- Korrektur von Eingabefehlern durch dazu berechtigte Personen
- Audit-trail
- Selbstanzeige von Fehlern durch das Programm
- Validierung und Revalidierung von Systemen
- Standardarbeitsanweisung über Definition von Rohdaten

- GLP-gerechte Aufbewahrungszeiten und Aufbewahrungsbedingungen
- Zugriffshierarchie für leitende Mitarbeiter und technisches Personal
- Zusammenfassung der Daten in einem Abschlußbericht
- SOP über Erhebung, Speicherung, Validierung und Verarbeitung von Daten

Die OECD hat sich in mehreren Konsenspapieren auch mit dem Thema GLP und Software bzw. elektronische Datenverarbeitung auseinandergesetzt. Das OECD Konsens Dokument Nummer 5 über *Compliance of Laboratory Suppliers with GLP Principles* [50] beinhaltet ein Kapitel, in dem die Verantwortlichkeiten des Benutzers und des Lieferanten für die Validierung von Software festgelegt werden:

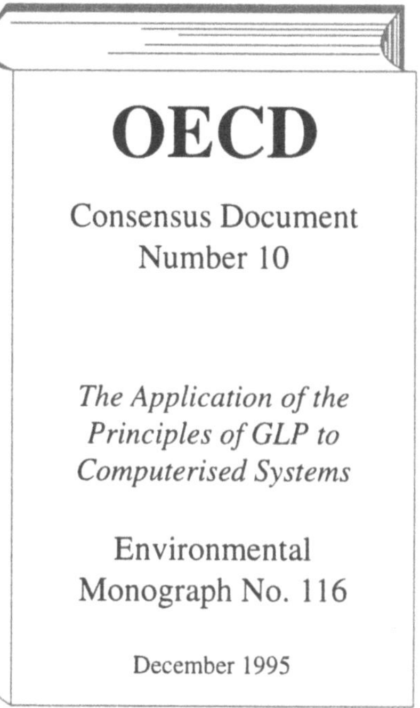

- Der Anwender sollte sicherstellen, daß jede fremdbezogene Software von einem anerkannten Softwarelieferanten bezogen wurde. ISO 9000 erscheint zweckdienlich.
- Der Anwender hat sicherzustellen, daß die Software validiert ist. Die Validierung kann sowohl von Lieferanten im Auftrag des Benutzers als auch vom Benutzer durchgeführt werden. Der Vorgang sollte jedoch vollständig dokumentiert sein.
- Es liegt in der Verantwortung des Anwenders, einen Akzeptanztest durchzuführen, bevor das Programm benutzt wird. Der Test sollte vollständig dokumentiert werden.

Ein weiteres GLP Konsens Dokument der OECD [126] befaßt sich speziell mit dem Thema GLP und Computer: *The Application of the GLP Principles to Computerized Systems*. Die ersten Arbeiten zur Vorbereitung des Dokumentes wurden im Oktober 1992 bei dem dritten Consensus-Workshop der OECD über GLP in Interlaken, Schweiz, aufgenommen. Eine Gruppe von Experten diskutierte über den Einsatz von Computern in GLP-Studien. Obwohl die Zeit nicht ausreichte ein entsprechendes Dokument endgültig fertigzustellen, wurde ein vorläufiges erstellt mit dem Titel: *Concepts relating to computerized Systems in a GLP environment*. Das Dokument wurde an die Mitgliedsländer zur Stellungnahme verteilt. Das OECD GLP Panel entschied auf seinem fünften Meeting 1993 die Arbeiten weiterzuführen und ein weiteres Meeting im Dezember 1994 in Paris abzuhalten. Basis für ein weiteres Draft Dokument waren das in Interlaken erstellte Dokument mit der Einarbeitung entsprechender Kommentare der einzelnen Mitgliedsländer und ein weiteres Dokument, das in England von einem Komitee aus Vertretern der Behörden sowie der Industrie erstellt wurde.

Das Dokument wurde schließlich im Dezember 1995 in der derzeit gültigen Endfassung veröffentlicht.

Das Konsens Dokument gliedert sich in neun Teile:

1. Verantwortlichkeiten
2. Ausbildung
3. Räumlichkeiten und Ausrüstung
4. Wartung und Wiederherstellung der Funktion nach Systemausfällen
5. Daten
6. Sicherheit
7. Validierung
8. Dokumentation
9. Archive

Weiterhin enthält es einen Anhang mit Begriffsbestimmungen. Das Kapitel 7 *Validierung* gliedert sich in vier Unterabschnitte:

a) GLP konforme Entwicklung und Akzeptanztests für neue Systeme.
   Systeme sollen nach anerkannten Standards, z.B. ISO 9001 entwickelt und nach einem dokumentierten Verfahren installiert werden. Vor dem Routinebetrieb soll das System einem Akzeptanztest unterzogen werden.
b) Bewertung existierender Systeme.
   Die Bewertung beginnt mit der Erstellung einer Sammlung der kompletten Dokumentation über das System und anschließender Aus- und Bewertung.
c) Verfahren zur Änderungskontrolle.
   Änderungen an Hard- und Software sollen formal genehmigt und dokumentiert werden, wenn eine Änderung des Systems seine Validität beeinflussen kann.
d) Unterstützende Verfahren.
   Hierbei handelt es sich um Verfahren, die im Routinebetrieb sicherstellen sollen, daß das System korrekt funktioniert und benutzt wird. Bei solchen Verfahren handelt es sich beispielsweise um das Systemmanagement, die Ausbildung des Bedienungspersonals, die (vorbeugende) Wartung sowie um die Ermittlung bzw. Überprüfung der Systemleistung.

Interessant ist der Abschnitt 8c: *Source Code*. Darin heißt es, daß in „einigen OECD Mitgliedsländern" der Source Code (Quellcode) von Applikationssoftware in der Testeinrichtung verfügbar oder ihr zugänglich gemacht werden soll. Offensichtlich wird hier nicht unterschieden zwischen fremdbezogener und eigenentwickelter Software.

In Deutschland wurde von dem Bund/Länder Arbeitskreis (BLAK) GLP unter dem Vorsitz von Dr. Kuhrt, Niedersächsisches Umweltministerium, eine Unterarbeitsgruppe zu dem Thema ‚GLP und Datenverarbeitung' gebildet. Das Ziel der Arbeitsgruppe war einen Leitfaden über den Einsatz von Computern bei GLP-Studien zu erstellen, der in gleicher Weise von Inspektoren und von der Industrie verwendet werden kann. Der Leitfaden soll im Herbst 1996 im Bundesanzeiger veröffentlicht werden.

Grundlage war die deutsche Übersetzung des OECD Konsenspapier: *The Application of the Principles of GLP to Computerized Systems* [126]. Man war der Ansicht, daß dieses Dokument in mehreren Punkten verschiedener Erläuterungen bedurfte. Deshalb wurde in einer Anlage zu verschiedenen Punkten erläuternde Stellung bezogen und Anwendungsbeispiele angeführt.

Von der Projektgruppe GLP und EDV des VCI-Arbeitskreises GLP wurde ein Dokument zu dem gleichen Thema erarbeitet: *Vorschläge zur Anwendung der GLP-Grundsätze beim Einsatz von Computer-gestützten Systemen bei einer GLP Prüfung [151]*. Das Dokument enthält viele praktische Beispiele. Im Dezember 1995 trafen sich der BLAK und die VCI-Projektgruppe in Frankfurt, um gemeinsam die erarbeiteten Papiere und Meinungen gegenseitig auszutauschen. Aufgrund der beiderseitigen sehr guten Vorarbeit war man sich in den entscheidenden Punkten schnell einig. Es wurde vereinbart, daß nach einvernehmlicher gegenseitiger Abstimmung einzelner Textpassagen beide Papiere veröffentlicht werden sollten. Die Notwendigkeit eines offiziellen Kommentars und der Nutzen der vielen praktischen Tips der VCI-Projektgruppe für den Anwender wurden von allen Seiten begrüßt [141]. Da zum Zeitpunkt der Manuskripterstellung des vorliegenden Buches keines der Dokumente in der endgültigen Version verfügbar war, können sie hier auch nicht auszugsweise wiedergegeben werden. Die Inhalte des vorliegenden Buches entsprechen weitgehend den Vorstellungen beider Dokumente.

2.3
Gute Klinische Praxis (Good Clinical Practice, GCP)

Computer sind in klinischen Labors weitverbreitet. In größeren Labors ist der Verlauf der Proben und Analysen vom Probeneingang bis zur Reporterstellung weitgehend automatisiert. In einigen Ländern beinhalten Regelungen zur klinischen Laborpraxis spezielle Kapitel über die Verwendung von Computern. Beispielsweise hat in Europa die Commission of the European Communities Richtlinien mit dem Titel: *Good Clinical Practice for Trials on Medical products in the European Community* [51] entwickelt. Kapitel drei beinhaltet die Forderung nach validierten Programmen und Computersystemen, einen Audit-trail von Daten und die Verifizierung von Umrechnungen:

- Computerunterstützte Systeme sollen validiert und eine detaillierte Beschreibung deren Anwendung erstellt werden.
- Bei dem Einsatz einer elektronischen Datenverarbeitung dürfen Daten nur von dafür autorisierten Personen in den Computer eingegeben werden. Änderungen und Löschungen von Daten sollten registriert werden.
- Es darf nur validierte Software mit fehlerfreier Datenauswertung eingesetzt werden.
- Bei der Umrechnung von Daten sollte auf höchstmögliche Genauigkeit Wert gelegt werden. Es sollte immer möglich sein, die Endresultate mit den ursprünglichen Daten zu vergleichen.
- Daten können sowohl als Microfiche als auch elektronisch archiviert werden. Voraussetzungen für die elektronische Archivierung sind, daß ein Back-up gemacht wird und daß bei Bedarf eine Hardcopy gemacht werden kann.

In den USA gibt es kein entsprechendes Einzeldokument über GCP. In den Jahren 1977, 1981, 1987 und 1991 wurde eine Serie von Richtlinien und Gesetzen veröffentlicht [52-56]. Obwohl diese keine Richtlinien über den Einsatz von Computern enthalten, bedeutet das nicht, daß die FDA bei Inspektionen von klinischen Studien nicht darauf achtet. Es ist allgemeine Praxis, daß die FDA entsprechende Dokumente, die für GLP und GMP erstellt wurden, zum Vergleich heranzieht, z.B. die offiziellen Policy Guides [3,9].

2.4
Gute Automatische Laborpraxis

Das ausführlichste Dokument, das jemals von einer Regierungsbehörde über den Einsatz von automatischen (computerunterstützten) Systemen entwickelt wurde, sind die Grundsätze der amerikanischen Umweltbehörde Environmental Protection Agency (EPA): Good Automated Laboratory Practices [20]. Es wurde aus der Notwendigkeit heraus entwickelt, Laborpraktiken in EPA Labors zu standardisieren. Das Dokument wurde zuerst als ‚vorläufige Empfehlungen' im Jahre 1990 von der EPA veröffentlicht und einer breiten Öffentlichkeit zugänglich gemacht. Die Leser wurden gebeten, ihre Kommentare zu dem Dokument abzugeben. Diese wurden eingesammelt und das Dokument wurde im Sommer 1995 mit wichtigen Änderungen als Version *Edition 1995* veröffentlicht [127]. Es heißt jetzt nicht mehr Recommendations (Empfehlungen), sondern Principles and Guidance (Grundsätze und Anleitungen), was sicherlich strenger formuliert ist. Das Dokument gibt Hinweise,

wie Laborinformations-Management Systeme (LIMS) betrieben werden sollen, um EPA Sicherheitsaspekten hinsichtlich Datenintegrität, Datennachvollziehbarkeit und Datensicherheit zu entsprechen.

Interessant ist, daß das Dokument auf LIMS Systeme beschränkt ist. Schaut man sich jedoch den Begriff LIMS in dem Dokument genauer an, so stellt man fest, daß es doch eine sehr weite Gültigkeit hat. LIMS wurde als ein System definiert, mit dem man Daten verändern kann. Daraus geht hervor, daß es sich auch um einen Computer mit Hardware und Software zur Steuerung analytischer Meßgeräte handeln kann, solange die Software erlaubt, Daten zu verändern. Da man aus ursprünglichen Rohdaten mit nahezu allen Chromatographieauswertesystemen die zunächst erzeugten Analysedaten z.B. durch nachträgliche Änderung der

Integrationsparameter oder der Eichfaktoren verändern kann, kann man davon ausgehen, daß die GALP Grundsätze praktisch für alle computerunterstützten analytischen Auswertesysteme zutreffen [57]. Das Dokument ist auch deshalb sehr interessant, weil es das ausführlichste offizielle Dokument seiner Art ist und deshalb auch von amerikanischen Regierungsbeamten, die nicht der EPA angehören, als Referenz, benutzt wird, zum Beispiel bei Inspektionen.

Das Dokument besteht aus zwei Teilen. Teil eins besteht aus Grundsätzen, Richtlinien und Definitionen verschiedener Begriffe. In Teil zwei werden die Grundsätze ausführlicher diskutiert und für jeden Grundsatz Hinweise mit praktischen Anwendungsbeispielen für dessen Implementierung gegeben.

Die Grundsätze beruhen auf sechs Punkten:

1. Daten: Sicherstellung der Integrität aller eingegebenen Daten.
2. Formeln und Algorithmen: Sicherstellung, daß Formeln und Algorithmen genau und richtig sind.
3. Audit Trail: Nachvollziehbarkeit der Daten und Änderungen zu Personen.
4. Änderung: Verfügbarkeit von geeigneten Änderungskontrollverfahren.
5. Standardarbeitsanweisungen (SOPs): Verwendung von geeigneten dokumentierten Verfahren.
6. Ausfälle: Verfügbarkeit von Alternativplänen bei Ausfällen und für Fälle von nichtautorisiertem Systemzugriff.

Im Bereich des Personals hat sich eine wesentliche Änderung zwischen der ersten vorläufigen und der Version von 1995 ergeben. Während ursprünglich eine *Responsible Person* (verantwortliche Person) für ein automatisches System mit entsprechender Erfahrung oder Ausbildung empfohlen wurde, fand sich diese Forderung in den neuen Grundsätzen nicht mehr. Die für diese Person ursprünglich definierten Zuständigkeiten

- Bereitstellung von genügend und entsprechend qualifiziertem Personal
- Sicherheit
- Standardarbeitsanweisungen
- Änderungskontrolle
- Berichterstattung von Daten
- Meldung von Problemen
- Einhaltung der GLP/GALP Grundsätze

wurde auf andere Personen bzw. Abteilungen übertragen. Lediglich für bestimmte Aufgaben im Bereich der Sicherheit wird nach wie vor die Funktion einer *verantwortlichen Person* oder Gruppe von Personen empfohlen.

2.5
Qualitätsstandards und Richtlinien

Die meisten chemischen Labors im deutschsprachigen Raum haben bereits ein Qualitätsmanagementsystem etabliert oder sind dabei, eines einzurichten. Ziel ist, die Qualität, Konsistenz und Zuverlässigkeit von Daten zu erhöhen. Ein dokumentiertes Qualitätsmanagementsystem ist auch Voraussetzung für die Zertifizierung nach ISO 9001, 9002 oder 9003 oder für die Akkreditierung nach EN 45001 oder ISO Guide 25.

2.5.1
EN 45001 und ISO/IEC Guide 25

Die Europäische Norm EN 45001:1989 *Allgemeine Kriterien zum Betreiben von Prüflaboratorien* [58] und der ISO/IEC 25: *Guide General Requirements for the competence of calibration and testing laboratories* sind die am häufigsten benutzten Dokumente zur Einrichtung eines Qualitätsmanagement-Systems in einem chemischen Labor. Beide Dokumente werden auch als Grundlage für die Akkreditierung von chemischen Labors herangezogen.

Sowohl der ISO/IEC Guide 25 als auch die EN 45001 beinhalten ein Kapitel über Geräteeinrichtungen, wobei der Inhalt ähnlich entsprechender Paragraphen in GLP Grundsätzen ist.

Der Abschnitt 5.4.1 in EN 45001 enthält mehrere Paragraphen über elektronische Datenverarbeitung und Testmethoden:

- Wenn Prüfergebnisse mit Hilfe elektronischer Datenverarbeitung ermittelt werden, muß das DV-System so zuverlässig und stabil sein, daß die Genauigkeit der Prüfergebnisse nicht beeinträchtigt wird. Alle Berechnungen und Datenübertragungen müssen in geeigneter Form überprüfbar sein.
- Das System muß in der Lage sein, Störungen während des Programmablaufs zu entdecken und geeignete Maßnahmen zu ergreifen.

Sektion 10.7 des ISO/IEC Guide 25 enthält mehrere Abschnitte über die Verwendung von Computern:

- Falls Computer oder automatische Geräte für die Aufnahme, die Verarbeitung, die Umrechnung, die Aufzeichnung, Berichterstattung, Abspeichern und Wiedereinlesen von Testdaten benutzt werden, sollen folgende Maßnahmen getroffen werden:
- Computer-Software soll dokumentiert werden und für den beabsichtigten Gebrauch geeignet sein.
- Es sollen Verfahren vorhanden sein, um die Integrität von Daten zu sichern. Solche Verfahren sollen die Integrität bei der Dateneingabe oder der Erfassung, Datenabspeicherung, Datenübertragung und die Datenverarbeitung beinhalten.
- Computer und automatische Geräte sollen gewartet werden, um eine richtige Funktionsweise zu gewährleisten. Sie sollen unter Umgebungs- und Betriebsbedingungen eingesetzt werden, daß die Integrität von Test- und Eichdaten gewährleistet ist.

- Es sollen geeignete Verfahren entwickelt und eingeführt werden, die die Sicherheit des Systems gewährleisten. Dazu gehört der Zugriff auf das System und die Änderung von Daten von dazu nicht autorisierten Personen zu verhindern.

Detailliertere Angaben finden sich in der Interpretationshilfe für EN 45001 und ISO Guide 25 [60]:

GDCh

Arbeitskreis
Eurachem/D

Akkreditierung für chemische Laboratorien

Richtlinien zur Interpretation der Normen-Serie EN 45000 und ISO Guide 25

Juni 1993

- Zum Zweck der Validierung von Computern, die für chemische Untersuchungen eingesetzt werden, reicht es normalerweise aus, von ihrer einwandfreien Funktion auszugehen, wenn der Computer nach der Eingabe bekannter Parameter die erwarteten Antworten gibt. Durch eine Validierung zu Beginn der Arbeiten werden möglichst viele Computerfunktionen überprüft. Ähnliche Prüfungen werden durchgeführt, wenn sich der Einsatz des Computers geändert hat, oder nach einer Wartung oder nach der Installation eines neuen Softwarereleases.
- Systemvalidierung wird erzielt durch Validierung der einzelnen Komponenten und einer zusätzlichen Gesamtprüfung im Dialog mit den verschiedenen Komponenten und dem Steuercomputer.
- Solche Systeme werden normalerweise durch Überprüfen des zufriedenstellenden Betriebs (einschließlich der Leistung unter extremen Bedingungen) und der Einstellung der Systemzuverlässigkeit validiert, bevor sie unbeaufsichtigt laufen dürfen. Es wird eine Bewertung möglicher Ursachen zu Systemstörungen vorgenommen. Wenn möglich wird die Steuersoftware so angepaßt, daß Systemstörungen identifiziert und angezeigt und die betroffenen Daten gekennzeichnet werden. Die Verwendung von Qualitätskontrollproben und Standards, die in Abständen bei den Probenserien mitlaufen, reicht dann aus, einen einwandfreien Betrieb auf einer Tag-zu-Tag-Basis zu überwachen.
- Die elektronische Datenübertragung wird überprüft, um sicherzugehen, daß während der Übertragung keine Verfälschung erfolgt ist. Das kann am Computer durch den Einsatz von Verifikationfiles erreicht werden.

In Anhang C des gleichen Dokuments findet man weitere Hinweise über den Einsatz von Computern:

- Der Umfang der erforderlichen Validierung hängt vom genauen Einsatz des Computers ab. Der vorgesehene Einsatz für jeden Computer muß so festgelegt werden, daß daraus der Umfang der Validierung abgeleitet werden kann.

- Welches System auch immer, Computer leiden unter dem Black-Box-Syndrom: am einen Ende wird etwas eingegeben und am anderen Ende kommt eine Antwort heraus. Da man nicht sehen kann, was in der Box geschieht, muß angenommen werden, daß die Box einwandfrei funktioniert. Zum Zweck der Validierung ist es normalerweise akzeptabel, anzunehmen, es funktioniere alles richtig, wenn der Computer nach der Eingabe bekannter Parameter die erwartete Antwort gibt.
- Das Laboratorium ergreift geeignete Maßnahmen zum Schutz der Unverfälschtheit des Computers, der Software und der zugehörigen Daten.
- Wird die Software periodisch auf den neuesten Stand gebracht (update), werden Aufzeichnungen über die Revisionsgeschichte geführt.
- Werden Ergebnisse von Proben archiviert, müssen auch alle Informationen gespeichert werden, die notwendig sind, um die Originalantwort zu reproduzieren. Zusätzlich zu den Datenfiles sind auch zugehörige Datenverarbeitungsfiles, und gegebenenfalls die relevante Version des Betriebssystems zu speichern. In extremen Fällen muß auch veraltete Hardware verwahrt werden, um die archivierte Software darauf laufen zu lassen. Unter solchen Umständen ist es praktischer, die Daten als Ausdruck (Hardcopy) laufen zu lassen.

2.5.2
UKAS Akkreditierungs-Standard

Das britische Akkreditierungssystem UKAS (United Kingdom Accreditation Service, früher NAMAS, National Measurement Accreditation Service) hat Paragraphen mit ähnlichem Inhalt über den Einsatz von Computern in dem Dokument M10 [61]. Zusätzlich hat UKAS ein Dokument mit speziellen Richtlinien über die Handhabung und die Konfiguration von Computersystemen entwickelt: *A Guide to Managing the Configuration of Computer Systems (Hardware, Software and Firmware) Used in NAMAS Accredited Laboratories* [62]. Das Dokument beschreibt unter anderem Methoden, mit denen sichergestellt werden soll, daß auch bei Einsatz von Computersystemen in akkreditierten Labors die in dem Standard M10 aufgestellten generellen Anforderungen eingehalten werden.

2.5.3
ISO 9000 Serie und ISO 9000-3

Die Qualitätsstandards ISO 9001 bis 9003 beschreiben generelle Anforderungen für ein Qualitätsmanagementsystem. Die Standards sind nicht spezifisch für Labors und noch viel weniger für Computersysteme. Sie gelten allgemein für Aktivitäten im Bereich der Entwicklung, Produktion, Überprüfung und Wartung von Produkten und Dienstleistungen. Paragraph 4.11 von ISO 9001 enthält allgemeine Anforderungen an Prüfmittel [144]:

- Prüfmittel müssen in vorgegebenen Prüfintervallen oder vor ihrem Einsatz mit zertifizierten Prüfmitteln kalibriert und justiert werden.
- Es muß sichergestellt werden, daß Prüfmittel die erforderliche Richtigkeit und Präzision besitzen.
- Aufzeichnungen über die Kalibrierung der Prüfmittel sollen aufbewahrt werden.

Wegen der besonderen Anforderungen an Computersysteme und Software wurde der Guide ISO 9000-3 entwickelt und im Jahre 1991 veröffentlicht: *Guidelines for the Application of ISO 9001 to the Development, Supply, and Maintenance of Software* [23]. Er enthält zusätzliche Richtlinien für Qualitätsmanagement von Softwareprodukten und behandelt in erster Linie Situationen, bei denen Software als Teil eines Vertrages für einen speziellen Kunden nach spezifischen Anforderungen entwickelt und ausgeliefert wurde. Obwohl es sich bei der ISO 9000-3 weder um eine gesetzliche Vorschrift noch um einen offiziellen Standard handelt, ist seine Verwendung als Leitfaden bei der Softwareentwicklung sehr zu empfehlen.

2.5.4
TickIT

Aktivitäten von Softwareentwicklung und Wartung können formal nach dem TickIT Verfahren eingeschätzt werden. Das Verfahren wurde von dem britischen Ministerium für Handel und Industrie entwickelt und benutzt den Guide ISO 9000-3 als Vorlage. Die Überprüfung wird nach dem 172-seitigen TickIT Guide durchgeführt, der unter anderem folgende Punkte beinhaltet:

- Einleitung
- ISO Guide 9000-3: *Guidelines for the Application of ISO 9001 to the Development, Supply, and Maintenance of Software*
- Richtlinien für den Käufer
- Richtlinien für den Lieferanten
- Richtlinien für den Auditor (beinhaltet den Europäischen IT Quality System Auditor Guide)

2.5.5
Richtlinien für die Lebensmittelkontrolle

Die Analytik der amtlichen Lebensmittelüberwachung in der Europäischen Union wird in den EG Richtlinien 85/591/EWG *Einführung gemeinschaftlicher Probenahmeverfahren und Analysemethoden für die Kontrolle von Lebensmitteln* vom 20.12. 1985 [132] und in 93/99/EWG *Zusätzliche Maßnahmen in der amtlichen Lebensmittelüberwachung* vom 29.10.1993 [133] festgelegt. Die 93/99/EWG besagt, daß die Laboratorien der Mitgliedsstaaten die allgemeinen Kriterien der EN 45001 *Allgemeine Kriterien für den Betrieb von Prüflaboratorien*, [58] ergänzt durch Standardarbeitsanweisungen und die Überwachung ihrer Einhaltung mittels Stichproben durch Qualitätssicherungspersonal in Übereinstimmung mit den OECD Grundsätzen Nr. 2 und 7 [131]

für die Gute Laborpraxis erfüllen müssen.

Von der Organisation Food Law Enforcement Practioners (FLEP) wurden unter Berücksichtigung der Richtlinie 93/99/EWG weitere Richtlinien zur Interpretation der EN 45001 für die Anwendung durch amtliche Laboratorien der Lebensmittelüberwachung veröffentlicht [130]. Die Richtlinie nimmt Bezug auf die relevanten Artikel der EN 45001 und die relevanten Teile der OECD Grundsätze der Guten Laborpraxis. In den Richtlinien werden die Erstellung von Standardarbeitsanweisungen für Bedienung, Wartung und Kalibrierung von Geräten sowie den Umgang mit Daten, einschließlich der Verwendung von EDV-Systemen verlangt.

2.5.6
Andere Regelwerke

In Deutschland werden neben den internationalen und nationalen Gesetzen, Richtlinien und Grundsätzen noch weitere Regelwerke branchenspezifisch oder in bestimmten Ländern verwendet. Beispiele dafür sind das von der Länderarbeitsgemeinschaft (LAWA) erstellte Merkblatt zur Plausibilitätskontrolle für die Qualitätssicherung bei der Wasser-, Abwasser- und Schlammuntersuchung [128] sowie das LWA-Merkblatt *Analytische Qualitätssicherung (AQS) für die Wasseranalytik in NRW* [129]. Das LWA Merkblatt enthält unter anderem Anforderungen an die apparative Ausstattung.

KAPITEL 3

Definitionen: Computersysteme, computergesteuerte Systeme und Software-Kategorien

In analytischen Labors eingesetzte Computersysteme bestehen aus der Computerhardware, Peripheriegeräten und aus der Software um eine bestimmte Aufgabe auszuführen. Software schließt das Betriebssystem ein, so wie z.B. Microsoft DOS und Microsoft Windows, UNIX und die Standard Anwendungsprogramm-Software, z.B. Hewlett-Packard ChemStations.

Der Computer ist mit der Gerätehardware wie beispielsweise mit einer Waage oder einem Chromatographen eng verbunden. Die Software im Computer steuert nicht nur die Geräteparameter wie beispielsweise einen Temperaturgradienten, sondern sie kann auch Daten von den Geräten aufnehmen und auswerten, z.B. Signale oder Spektren von einem Massenspektrometer. Das ganze analytische System besteht aus der Computerhardware, der Software und der analytischen Hardware und wird als ein computergesteuertes oder computergestütztes System definiert. In der deutschen Übersetzung des EG-Leitfadens [125] wird ein computergestütztes System definiert als „Ein System zur Eingabe, elektronischer Verarbeitung und Ausgabe von Informationen, die entweder zur Dokumentation oder zur automatischen Steuerung verwendet werden." In diesem Buch wird der Begriff „computergesteuertes System" verwendet. Ein computerbezogenes System beinhaltet zusätzlich die kommunikative Umgebung wie Schnittstellen zu Datenbanken und weiteren Computern oder Geräten.

Abbildung 3.1 zeigt ein Beispiel für ein einfaches computergesteuertes automatisches HPLC System mit Probengeber, Pumpe, Säulenthermostat, Detektor und Computerhardware und -software. Zu dem System gehört auch die Dokumentation zum Betrieb und Testen des Systems, die entweder als Papierdokumentation oder in elektronischer Form mit dem System geliefert wird.

Andere Beispiele von automatisierten Systemen sind Server und Labordatenverarbeitungssysteme, die Daten gleichzeitig über A/D-Wandler von mehreren Analysegeräten aufnehmen und verarbeiten und Laborinformationsmanagementsysteme (LIMS) für Informationsverarbeitung und die Archivierung von Daten [65]. Ein LIMS wurde in der Eurachem/D Interpretationshilfe [60] definiert als: Ein Softwarepaket, das elektronische Vergleiche, Berechnungen und Verbreitung von analytischen Werten erlaubt, die oft direkt von anderen Geräten kommen. Es enthält zudem Module zur Textverarbeitung, Datenbank, Tabellenkalkulation und Datenverarbeitung.

Auf einem Computer, der zur Kontrolle von Analysegeräten eingesetzt wird, sind typischerweise drei Arten von Software geladen:

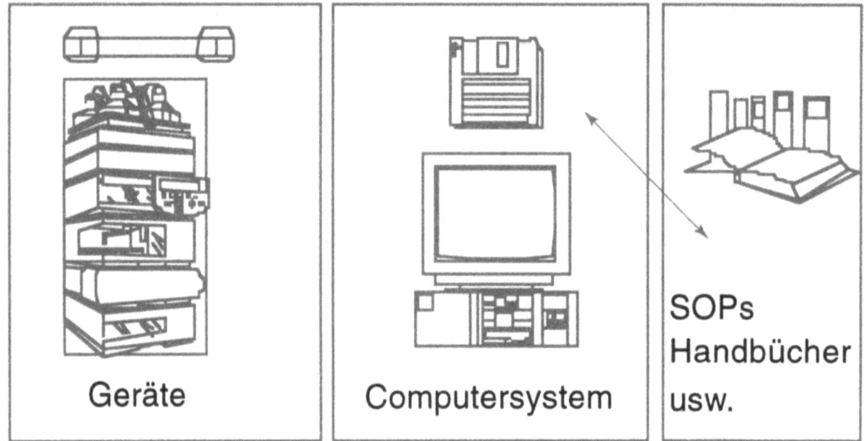

Abb. 3.1. Beispiel für ein Computersystem und Computergesteuertes bzw. computergestütztes System

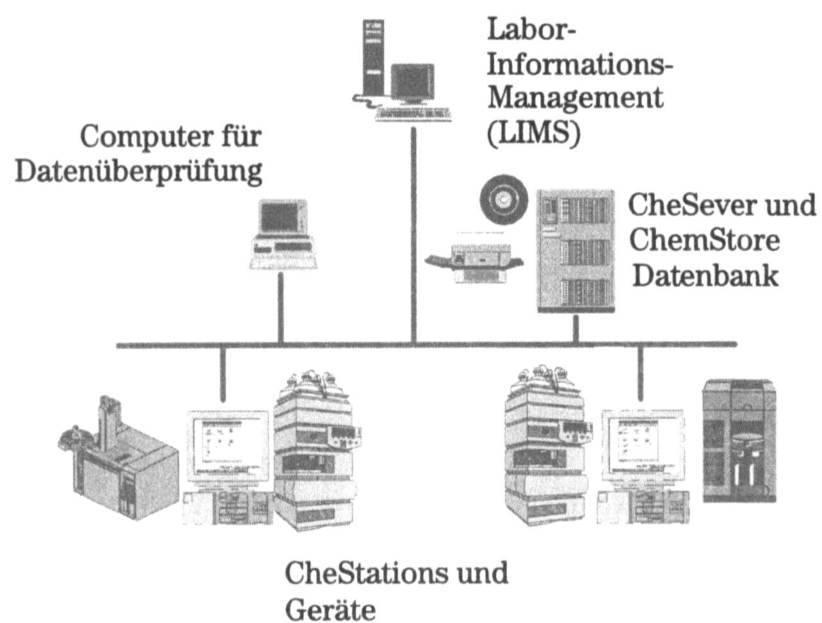

Abb. 3.2. Komplexes Computersystem mit Laborgeräten, Server und LIMS

1. Systemsoftware, z.B. Betriebssysteme DOS®oder UNIX®, die von Softwarefirmen geliefert wird, wie beispielsweise von Microsoft. Systemsoftware beinhaltet auch Druckertreiber und Dateimanagement.
2. Standardapplikationssoftware, beispielsweise Chromatographiesoftware. Diese wird üblicherweise von Geräteherstellern zur Verfügung gestellt.
3. Anwenderspezifische Applikationssoftware. Sie wird üblicherweise vom Anwender oder im speziellen Auftrag des Anwenders von einer Drittfirma erstellt.

Microsoft®MS-DOS®, Windows™, NT™, OS/2™sind gegenwärtig die meistbenutzten Betriebssysteme und Benutzeroberflächen. Sie werden zusammen mit der Computerhardware ausgeliefert, sind nicht anwenderspezifisch und können vom Benutzer normalerweise nicht modifiziert werden. Beispiele für Standardapplikationssoftware sind Softwarepakete zur Steuerung von Chromatographen und der Aufnahme und Auswertung von Analysedaten. Zu dieser Kategorie gehören auch Tabellenkalkulationsprogramme und Datenbanken. Beispiele für anwenderspezifsche Software sind Macro-Programme für Chromatographiesoftware oder für Tabellenkalkulation. Diese werden normalerweise von der Benutzerfirma erstellt.

Obwohl der Benutzer letztlich in allen Fällen verantwortlich für die Gesamtvalidierung der Software ist [35, 50], wird die Validierung von Software der verschiedenen Kategorien an unterschiedlichen Stellen durchgeführt. Systemsoftware wird von den Softwareentwicklungsfirmen, z.B. Microsoft während und am Ende der Softwareentwicklung validiert. Hersteller von Chromatographiesoftware validieren diese auch während der Entwicklung, wobei die Validierung einen strukturellen Test (white box testing) und einen funktionellen Test (black box testing) beinhaltet. Der Benutzer der Software führt einen Funktionstest (Akzeptanztest) in seiner Umgebung durch. Falls die Standardsoftware durch spezielle anwenderspezifische Funktionen ergänzt werden soll,

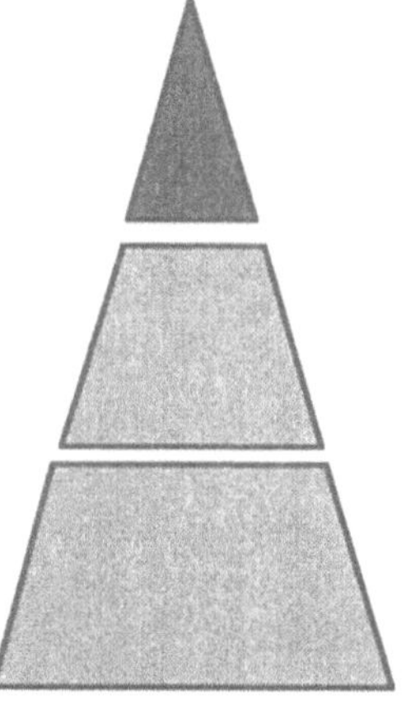

Abb. 3.3. Kategorien von Software in analytischen Labors

kann der Anwender dafür unter Zuhilfenahme von vordefinierten Befehlen entsprechende Programme schreiben. In diesem Fall soll der Anwender die volle Validierung dieses Softwareteils durchführen.

Validierung eines computergesteuerten Analysesystems erfordert nicht nur die Validierung der Software, sondern auch die Kalibrierung und die Leistungsüberprüfung der Gerätehardwaremodule sowie des Gesamtsystems. Beispiele dafür sind die Kalibrierung der Wellenlängengenauigkeit und die Überprüfung des Basislinienrauschens eines UV/Visible Detektors sowie die Präzision des Gesamtsystems.

KAPITEL 4

Validierungsbegriffe und -prozesse in einem analytischen Labor

Konsistente, zuverlässige und richtige Daten im analytischen Labor können nur mit gut kalibrierten Geräten, mit validierten Methoden und mit Prozessen für die Datenvalidierung erzielt werden. Obwohl diese Forderung in den Gesetzen und Normen im allgemeinen nicht direkt enthalten ist, erwarten Behörden und Inspektoren, daß Geräte und Methoden, die bei der Erzeugung von kritischen sicherheitsrelevanten analytischen Daten eingesetzt werden, validiert sind. Diese Forderung kann aus den eher generellen Inhalten von Gesetzen über Geräte, wie „Geräte sollen für ihren Zweck geeignet sein" abgeleitet werden. Dies trifft für alle Arten von Geräten, einschließlich computergesteuerter Meßgeräte zu. Neuere Dokumente enthalten die direkte Forderung nach Validierung, z.B. das OECD Konsenspapier über GLP und Computer [126]: „Systeme sollen in Übereinstimmung mit den GLP-Grundsätzen entwickelt, validiert und betrieben werden". Dieses Kapitel gibt eine generelle Übersicht über die Validierung von computergesteuerten analytischen Geräten im analytischen Labor.

4.1
Was bedeutet Validierung?

Der Begriff Validierung ist bereits von mehreren Organisationen und Autoren definiert worden. Obwohl die Formulierungen unterschiedlich sind, ist der Sinn immer der gleiche:

(a) definiere den geplanten Anwendungsbereich und die Spezifikationen
(b) teste, ob die Spezifikationen erfüllt sind und
(c) dokumentiere die Ergebnisse.

Im Bereich der Softwareentwicklung wurde von dem amerikanischen Institute of Electrical and Electronical Engineers (IEEE) Validierung definiert als „Untersuchung am Ende des Entwicklungsprozesses um zu überprüfen, ob die Software mit den Anforderungen übereinstimmt" [21, 22]. Diese Definition stimmt weder mit den heutigen Vorstellungen der pharmazeutischen Industrie noch mit der Computerindustrie überein. Es ist derzeit allgemeines Verständnis, daß die Software nicht nur am Ende der Entwicklung, sondern bereits während der Entwicklung laufend validiert werden sollte.

Eine der am häufigsten benutzten Definitionen findet man in den von den US Food and Drug Administration (FDA) veröffentlichten *General Prin-*

Definition

Dokumentierter Nachweis, daß ein **bestimmter** Prozeß mit einem **hohen Grad** an Sicherheit **kontinuierlich** ein Produkt erzeugt, das **vorher definierte Spezifikationen** und Qualitätsmerkmale erfüllt.

Quelle US FDA Guidelines on General Principles of Validation, March 1987

Kontinuierlicher Prozeß

Validierung ist nichts anderes als gut dokumentiertes Allgemeinverständnis (Ken Chapman, 1985)

Abb. 4.1. Das Prinzip und Definitionen der Validierung

ciples of Process Validation von 1987 [142]: „Dokumentierter Nachweis, daß ein bestimmter Prozeß mit einem hohen Grad an Sicherheit kontinuierlich ein Produkt erzeugt, das vorher definierte Spezifikationen und Qualitätsmerkmale erfüllt.“

Diese Definition ist gut durchdacht und jedes Wort hat eine besondere Bedeutung. Am wichtigsten sind dabei die Worte ‚dokumentierter Nachweis‘, ‚bestimmt‘, ‚ein hoher Grad‘, ‚kontinuierlich‘ und ‚vorher definierte Spezifikationen‘.

- **Dokumentierter Nachweis:** Jede Validierung beinhaltet eine sorgfältige Dokumentation. Alles, was nicht dokumentiert ist, wird so behandelt, als ob es nicht durchgeführt worden wäre.
- **Mit einem hohen Grad an Sicherheit:** es ist eine realistische Tatsache, daß zumindest komplexere Software selten frei von Fehlern ist. Deshalb bedeutet validiert nicht unbedingt fehlerfrei.
- **Ein bestimmter Prozeß:** Validierung von Software ist nicht auf ein bestimmtes Produkt ausgerichtet, das durch eine Seriennummer identifiziert ist, sondern auf einen spezifischen Vorgang oder Prozeß.
- **Kontinuierlich:** Validierung eines Prozesses oder Produkts erfolgt nicht nur einmal zu einem bestimmten Zeitpunkt sondern, über die gesamte Lebensdauer.
- **Vorher definierte Spezifikationen:** Validierung beginnt immer mit der Definition der Spezifikationen. Die Leistungsfähigkeit wird dann gegen diese Spezifikationen verifiziert. Vor den Tests sollten Akzeptanzkriterien definiert werden.

Abbildung 4.2 zeigt schematisch den zeitlichen Ablauf einer Produktvalidierung über den gesamten Lebenszyklus. Das Modell wurde zum ersten Mal in den USA von der PMA für eine Wasserbehandlungsanlage entwickelt. Mittler-

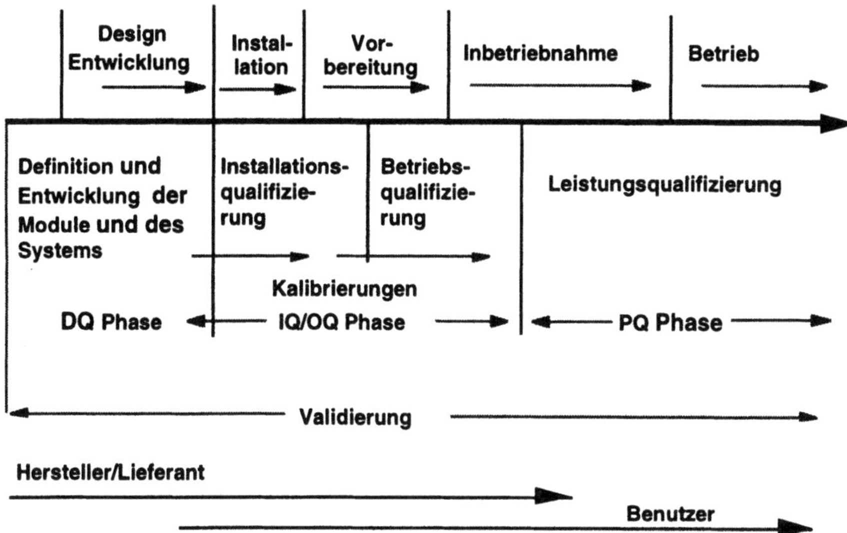

Abb. 4.2. Zeitlicher Ablauf einer Produktvalidierung (modifiziert nach Referenz 15)

weile wird die gleiche Vorgehensweise und Terminologie auch für computerge-steuerte Analysengeräte benutzt. Das Beispiel zeigt, daß die Validierung nicht ein einmaliger, sondern ein kontinuierlicher Vorgang ist. Es werden Begriffe wie Installationsqualifizierung (Installation Qualification, IQ), Qualifizierung für den Betrieb (Operational Qualification, OQ) und Leistungsqualifizierung (Performance Qualification, PQ) benutzt. Das grundlegende Prinzip ist, daß der gesamte Lebenszyklus eines Produkts in verschiedene Phasen aufgeteilt wird und jede Phase in sich validiert wird, bevor mit der nächsten Phase be-gonnen wird. Allerdings werden die einzelnen Schritte nicht Validierung son-dern Qualifizierung genannt. Die einzelnen Begriffe werden an späterer Stelle im einzelnen erläutert.

Eurachem/D [60] definiert Validierung im Anhang C1.11 als: „Prüfen der Daten auf Richtigkeit oder Übereinstimmung mit anwendbaren Standards, Re-geln und Konventionen. Im Zusammenhang mit Geräten, mehr noch als bei Daten, schließt Validierung die Prüfung auf korrekte Leistung etc. ein."

Die US Pharmacopeia [68] definierte die Validierung von analytischen Me-thoden als: „Der Prozeß, bei dem durch Laborexperimente bestätigt wird, daß die Methode die Anforderungen wie beabsichtigt erfüllt". Auch hier ist wie-derum wichtig, daß vor der Validierung die Anforderungen bekannt sein sol-len.

Viele Laborleiter denken bei der Validierung vor allem an eine höhere Ar-beitsbelastung und mehr Schreibarbeit. Validierung ist allerdings nichts Neues. Seit Analysegeräte und -methoden entwickelt wurden, bedient man sich sta-tistischer Verfahren, um das ordnungsgemäße Funktionieren sowie die Zu-verlässigkeit und Präzision von Geräten und Methoden nachzuweisen. Auch haben Softwarefirmen das Konzept der Lebenszyklusvalidierung angewandt, lange bevor dies von Behörden verlangt wurde. Neu ist im Vergleich zu den bisher üblichen Validierungsverfahren, daß die diesbezügliche Planung und Dokumentation der experimentellen Tätigkeiten nach einem strengen Schema erfolgt und daß die Ergebnisse dokumentiert werden müssen. Das stimmt auch mit der Feststellung von Ken Chapman [17] überein, der eine recht praktikable Definition der Validierung veröffentlicht hat: „In der pharmazeutischen Industrie, unabhängig davon ob es sich um eine Wasseraufbereitungsanlage, um ein computergesteuertes System oder um einen Herstellungsprozeß handelt, ist Validierung nichts anderes als ein sehr gut organisiertes und dokumentiertes Allgemeinverständnis.“

4.2
Validierung gegenüber Verifizieren, Prüfen, Kalibrieren, Justieren und Qualifizieren

Es gibt derzeit immer noch ein erhebliches Mißverständnis über den Unterschied zwischen Testen, Verifizieren, Qualifizieren und Validieren. Die Abbildung 4.3 und die folgenden Erläuterungen sollen zur Klärung dieser Unstimmigkeiten beitragen.

4.2.1
Prüfen (Testen)

Prüfung wird definiert als „Technischer Vorgang, der aus der Bestimmung eines oder mehrerer Merkmale eines bestimmten Ergebnisses, Verfahrens oder einer Dienstleistung besteht und gemäß einer vorgeschriebenen Verfahrensweise durchzuführen ist“ (EN 45001). Prüfen wird oft auch als Testen bezeichnet. Für Chromatographiegeräte bedeutet dies die Bestimmung von Leistungsmerkmalen wie beispielsweise das Basislinienrauschen des Detektors oder die Präzision des Injektionsvolumens eines Probengebers. Voraussetzung für das ordnungsgemäße Prüfen ist die Verfügbarkeit von dokumentierten Arbeitsanweisungen, nach denen die Prüfung durchgeführt wird.

4.2.2
Kalibrieren

Die Begriffe Kalibrieren, Justieren und Eichen werden oft verwechselt. Die Begriffe Kalibrieren und Justieren wurden in dem Internationalen Wörterbuch der Metrologie (VIM) definiert [143]. Danach ist kalibrieren die Tätigkeit, die unter vorgegebenen Bedingungen die gegenseitige Zuordnung zwischen den ausgegebenen Werten eines Meßgerätes oder einer Meßeinrichtung oder den von einer Maßverkörperung oder einem Referenzmaterial dargestellten Werten einer durch Bezugsnormal dargestellten Größe bestimmt. Kurz gesagt, es handelt sich bei der Kalibrierung um die Feststellung einer Abweichung von dem wahren Wert. Da die Kalibrierung lediglich eine Feststellung, aber keine Korrektur enthält, ist ein Eingriff in das Gerät nicht erforderlich.

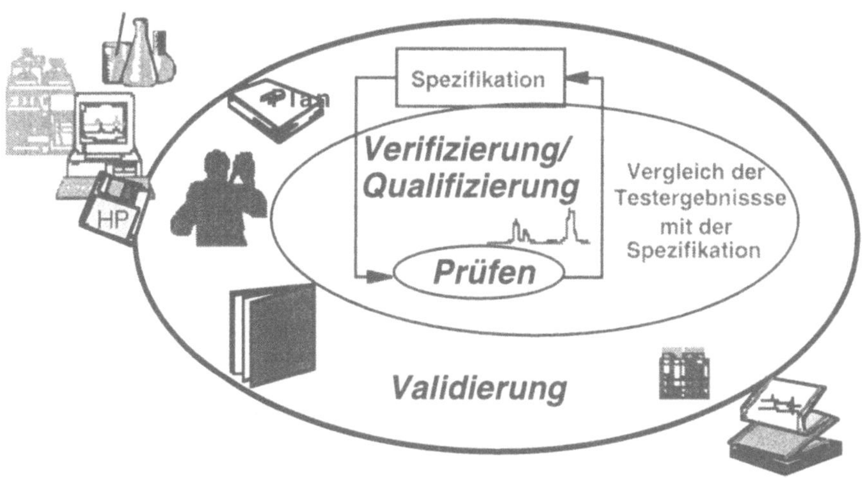

Abb. 4.3. Prüfen, Verifizieren, Qualifizieren und Validieren

Gerät:	*Hersteller, Typ*
Seriennummer:	**5605AX2**
Maximalgewicht:	**110 g**
Kontrollgewicht 1:	**10,000 mg** **Limit: +-1.0 mg**
Kontrollgewicht 2:	**1,000 mg** **Limit: +-0.3 mg**
Kontrollgewicht 3:	**100 mg** **Limit: +-0.2 mg**
Testhäufigkeit:	**Täglich, wenn benutzt**

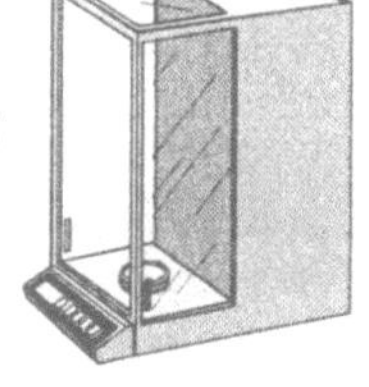

Datum	Gewicht 1	Gewicht 2	Gewicht 3	o.k.	Testingenieur Name	Unterschr.
2/3/95	9999.8	999.9	100.0	ja	Hughes	

Abb. 4.4. Beispiel für eine Dokumentation einer Kalibrierung. Der Meßwert wird mit dem Sollwert verglichen und die Ergebnisse werden dokumentiert.

4.2.3
Justieren

Justieren ist die Tätigkeit, die ein Meßgerät in einen betriebsbereiten Zustand versetzt, wobei für die vorgesehene Anwendung verfälschend wirkende systematische Meßabweichungen beseitigt werden. Mit der Justierung wird das Meßgerät auf die kleinstmögliche Abweichung zu dem wahren Wert eingestellt. Für die Justierung ist ein Eingriff in das Gerät erforderlich und sie wird durchgeführt, wenn die Ergebnisse der Kalibration oder einer Eichung nicht akzeptabel waren oder die Befürchtung besteht, daß sie innerhalb des nächsten Kalibrierintervalls aus den Grenzwerten herausdriften.

4.2.4
Eichen

Unter Eichen versteht man die Feststellung der Konformität eines Meßgerätes mit der Eichordnung.

4.2.5
Verifizieren (Verification)

Verifizieren wird auch als Überprüfen bezeichnet und wurde in EN 45020 definiert als: „Bestätigung durch Beweisprüfung, daß ein Erzeugnis, ein Verfahren oder eine Dienstleistung vorgeschriebene Anforderungen erfüllt". Bei der Verifizierung oder Überprüfung der Leistungsfähigkeit von analytischen Meßgeräten werden Ergebnisse einer Prüfung mit den vorgegeben Spezifikationen verglichen. Somit beinhaltet die Verifizierung oder Überprüfung eine Prüfung oder einen Test und setzt voraus, daß klare Spezifikationen vorhanden sind. Die Beispiele sind die gleichen wie im vorigen Abschnitt angeführt. Der Verifizierungsvorgang endet mit der Erstellung und Unterzeichnung einer Erklärung der Konformität. Darin wird bestätigt, daß die überprüften Leistungsmerkmale mit den Spezifikationen übereinstimmen.

4.2.6
Qualifizierung (Qualification)

Der Begriff Qualifizierung (qualification) wurde von der amerikanischen Pharmaceutical Manufacturing Association (PMA) für die Anforderungsspezifikation, den Entwurf (Design), die Installation, die Inbetriebnahme und den laufenden Betrieb von Computersystemen definiert. Die Installationsqualifizierung (installation qualification, IQ) beinhaltet im wesentlichen die Überprüfung der Vollständigkeit der Gerätelieferung, deren Übereinstimmung mit dem Bestellauftrag sowie die Installation entsprechend den Vorgaben des Geräteherstellers. Die Betriebsqualifizierung (operational qualification, OQ) ist dem Inhalt nach identisch mit der Verifizierung, wie sie nach EN 45020 definiert wurde. Sie beinhaltet die Überprüfung der vom Benutzer definierten Spezifikationen nach vorgegebenen Arbeitsanweisungen un-

Tabelle 4.1. Vor, während und nach der Prüfung, der Verifizierung, der Qualifizierung und Validierung sollte eine entsprechende Dokumentation vorhanden sein oder erstellt werden. Eine Prüfung (Test) und eine Kalibrierung sind Bestandteil einer Verifizierung und Qualifizierung.

	Dokumentation, die für die Durchführung vorhanden sein sollte	Dokumentation, die während der Durchführung erstellt werden sollte
Prüfung (Tests)	☑ Prüfungsbedingungen ☑ Arbeitsanweisungen ☑ Formulare für Ergebnisse	☑ Formblätter mit Ergebnissen ☑ Eintrag in das Gerätelogbuch
Verifizierung (Überprüfung)	☑ Arbeitsanweisungen ☑ Spezifikationen ☑ Akzeptanzkriterien	☑ Geräteaufkleber ☑ Konformitätserklärung ☑ Eintrag in das Gerätelogbuch
Qualifizierung		
Installation (IQ)	☑ Formblätter und Checklisten für Installation ☑ Arbeitsanweisungen	☑ Ausgefüllte Formblätter ☑ Eintrag in das Gerätelogbuch
Inbetriebnahme (OQ) (=Verifizierung)	☑ Arbeitsanweisungen ☑ Spezifikationen ☑ Akzeptanzkriterien	☑ Geräteaufkleber ☑ Konformitätserklärung ☑ Eintrag in das Gerätelogbuch
Tägliche Leistung (PQ)	☑ Prüfungsbedingungen ☑ Arbeitsanweisungen ☑ Formulare für Ergebnisse	☑ Ausgefüllte Formblätter
Validierung	☑ Validierungsplan ☑ Validierungskriterien ☑ Arbeitsanweisungen für die Durchführung	☑ Validierungsbericht

ter Zugrundelegen vorher definierter Akzeptanzkriterien und entspricht damit dem in dem OECD Konsenspapier [50] geforderten Akzeptanztest. Die laufende Leistungsfähigkeitsüberprüfung (performance qualification, PQ) enthält Prüfungen, die die Leistung des Geräts im täglichen Routinebetrieb sicherstellen. Es kann sich dabei um Systemeignungstests (system suitability tests) oder um die Analyse von Qualitätskontrollproben handeln.

4.2.7
Validierung

Nach der DIN EN 8402 [159] ist der Begriff Validierung definiert als: „Bestätigen aufgrund einer Untersuchung und durch Bereitstellung eines Nachweises, daß die besonderen Forderungen für einen speziellen beabsichtigten Gebrauch erfüllt worden sind." Bezogen auf die Validierung eines analytischen Meßgerätes bedeutet dies: „Den Nachweis zu führen, daß ein analytisches System geeignet ist, eine vorgegebene spezifische Prüfaufgabe zu erfüllen und diese Eignung formal zu bestätigen." Diese Definition ist ähnlich der Verifizierung. Die Validierung bezieht sich auf „einen speziellen beabsichtigten

Gebrauch" oder auf die Analytik bezogen „auf eine vorgegebene spezifische Prüfaufgabe". Nach dieser Formulierung könnte man bei einer Überprüfung von Standardspezifikationen eines Gerätes, das allgemein einsetzbar ist, von Verifizierung sprechen, während man die Überprüfung der Eignung des Gerätes für eine spezifische Methode als Validierung bezeichnen kann.

Die Gesamtvalidierung eines spezifischen Computersystems beinhaltet die Prüfungen und Verifizierung einzelner Phasen der Entwicklung und verschiedene Qualifizierungen bei der Installation und im laufenden Betrieb. Sie umfaßt den gesamten Lebenszyklus des Gerätes und sollte immer nach einem zunächst erstellten Validierungsplan durchgeführt werden. Validierungsaktivitäten fremdbezogener Systeme werden zwischen dem Hersteller bzw. Lieferanten und dem Anwender aufgeteilt. Validierung für neue Systeme wird prospektiv durchgeführt und beginnt mit der Erstellung der Benutzeranforderungen und den daraus abgeleiteten Gerätefunktionen und Spezifikationen. Die Validierung von existierenden Systemen, die bei der Entwicklung und Inbetriebnahme nicht formal validiert bzw. verifiziert oder qualifiziert wurden, wird durch retrospektive Überprüfung der Anforderungen und Bewertung der Ergebnisse durchgeführt.

4.2.8
Genauigkeit und Richtigkeit

Die Begriffe Genauigkeit und Richtigkeit sind in der DIN 55350 Teil 13 [134] definiert. Die Beziehungen untereinander sind in Abbildung 4.5 dargestellt. Unter Genauigkeit versteht man das Ausmaß der Annäherung von Ermittlungsergebnissen (aktueller Meßwert) an exakte oder wahre Werte. Dabei wird unterschieden zwischen Richtigkeit und Präzision. Die Richtigkeit bezeichnet das Ausmaß der Annäherung des Erwartungswertes des Ermittlungsergebnisses an wahre Werte. Die Präzision bezeichnet das Ausmaß der Annäherung von-

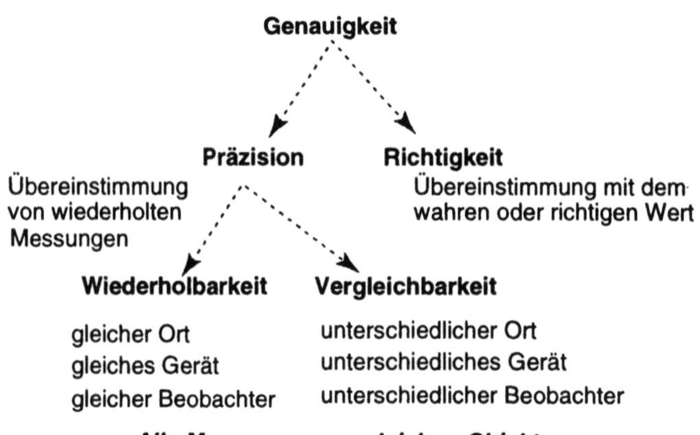

Abb. 4.5. Begriffe zur Qualitätssicherung

einander unabhängiger Ermittlungsergebnisse bei mehrfacher Anwendung des festgelegten Ermittlungsverfahrens unter vorgegebenen Bedingungen. Bei der Präzision unterscheidet man wiederum zwischen der Wiederholbarkeit und der Vergleichbarkeit. Die Wiederholbarkeit wird durch kurz aufeinanderfolgende Messungen am gleichen Ort, mit dem gleichen Gerät und von der gleichen Person ermittelt. Die Vergleichbarkeit wird durch verschiedene Beobachter an verschiedenen Geräten und/oder in verschiedenen Labors ermittelt.

4.3
Validierungsschritte in einem analytischen Labor

Validierungen können in einem analytischen Labor in verschiedene Kategorien eingeteilt werden: Validierung von Gerätehardware und -software, Analysenmethoden, Analysensystemen und schließlich von Daten. Die verschiedenen Aktivitäten sind in Abbildung 4.6 dargestellt.

Analytische Gerätehardware sollte bei der Inbetriebnahme sowie eventuell nach Reparaturen und in bestimmten Zeitabständen auf ihre Leistungsfähigkeit hin überprüft werden. Der Umfang der Prüfung hängt dabei von dem beabsichtigten Einsatz ab. Es ist sinnvoll, nur die Funktionen über den beabsichtigten Arbeitsbereich und innerhalb der Leistungsgrenzen zu überprüfen, die auch für die Analyse von Proben benutzt werden.

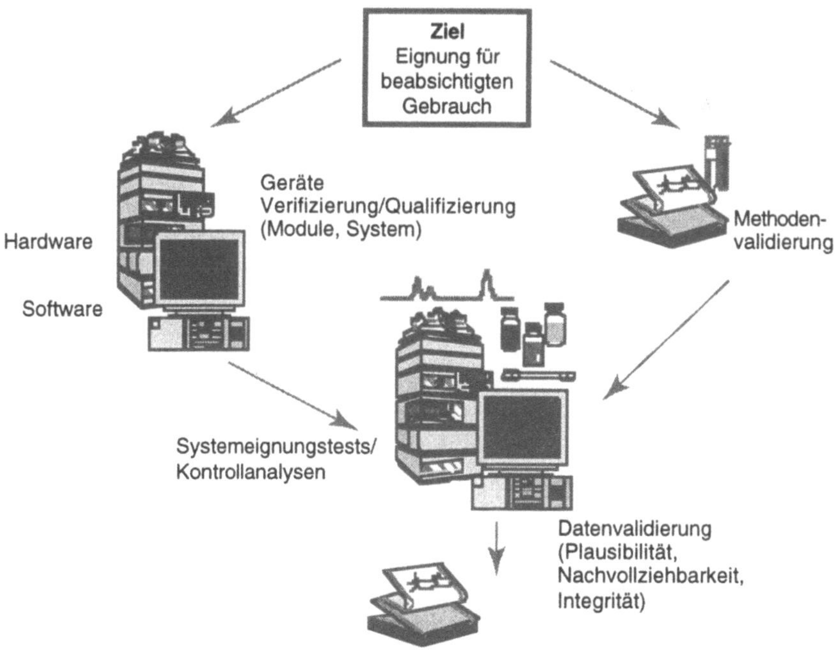

Abb. 4.6. Validierungsschritte in einem analytischen Labor

Software und Computersysteme sollten während und am Ende deren Entwicklung validiert und bei der Installation einem Akzeptanztest unterzogen werden. Neue Revisionen sollten ebenfalls validiert werden.

Methodenvalidierung beinhaltet die Überprüfung spezifizierter Methodenleistungsmerkmale wie zum Beispiel Nachweisgrenze, Bestimmungsgrenze, Linearität, Präzision und Robustheit. Falls geplant ist, eine Methode auf verschiedenen Geräten einzusetzen, sollte die Methode auch auf verschiedenen Geräten validiert werden. Das gleiche trifft zu, wenn die Methode in verschiedenen Labors eingesetzt werden soll. Die Methodenvalidierung erfolgt am Ende der Methodenentwicklung und nach Änderungen, die außerhalb des ursprünglich definierten Anwendungsbereiches liegen. Der Methodenvalidierung sollte immer eine Gerätequalifizierung bzw. -verifizierung vorausgehen.

Ein System beinhaltet das Gerät, die Computerhardware und -software. In der Chromatographie und Kapillarelektrophorese kommen noch die Säule bzw. Kapillare dazu. Die Validierung des Gesamtsystems wird üblicherweise als Systemeignungstest bezeichnet. Dieser Test wird ebenfalls gemäß dokumentierter Verfahren unter Verwendung klar definierter Akzeptanzgrenzen durchgeführt. Der Test sollte während der Routineanalyse in regelmäßigen Abständen durchgeführt werden. Die Testabstände sollten so gewählt werden, daß bei Nichteinhaltung der Kriterien, nach Behebung des Fehlers, die Proben nochmals analysiert werden können. Das bedeutet praktisch, daß der Test täglich durchgeführt werden sollte.

Bei der Analyse von Proben sollten auch die Daten validiert werden. Diese Validierung sollte ebenfalls nach dokumentierten Verfahren durchgeführt werden und beinhaltet die Überprüfung der Plausibilität, Integrität und Nachvollziehbarkeit. Ein vollständiger Audit-trail sollte die Nachvollziehbarkeit der Endergebnisse zu den ursprünglich erfaßten Rohdaten gewährleisten. Während der Analyse von unbekannten Routineproben sollten Kontrollproben mit bekannten Konzentrationen analysiert und die erhaltenen Ergebnisse mit den bekannten Sollwerten verglichen werden.

Andere Aufgaben sind gleich wichtig für die Erreichung von zuverlässigen und genauen analytischen Daten. Dazu gehört eine gute Ausbildung des Bedienungspersonals sowie die gelegentliche Überprüfung von Reagenzien, Referenzstandards und Kontrollproben.

KAPITEL 5

Der Produktlebenszyklus als Ansatz für die Validierung von Software und Computersystemen

Die Entwicklung von Software kann oft mehrere Jahre dauern und wie Chapman und Harris [8] richtig festgestellt haben, ist es nicht möglich, eine gute Softwarequalität durch Testen am Ende der Entwicklung zu erzielen. Qualität kann nicht durch Testen erzwungen, sondern muß in das Produkt hineinentwickelt werden.

Softwarevalidierung unterscheidet sich von Hardwarevalidierung unter anderem dadurch, daß Testmethoden und Akzeptanzkriterien schwieriger zu definieren sind. Andererseits hat Software den Vorteil, daß sie sich im Laufe der Zeit ohne äußeren Einfluß nicht verändert, wie zum Beispiel eine Detektorlampe durch Abnutzung. Softwarefehler sind Design- oder Implementierungsfehler; sie sind bereits vorhanden, wenn die Software installiert wird und werden solange vorhanden sein, bis sie entdeckt und korrigiert werden. Üblicherweise werden sie nur bei Ausnutzung verschiedener Kombinationen von Funktionen oder unter anderen besonderen Umständen offensichtlich. Das macht es auch so schwierig, alle Softwarefehler durch Testen am Ende der Entwicklung zu finden. Deshalb sollte die Validierung schon während der Entwicklung beginnen.

Der Produktlebenszyklus (product life cycle) oder Systementwicklungszyklus (system development life cycle, SDLC) ist ein allgemein anerkanntes Verfahren für die Validierung von Software. Es handelt sich dabei um ein von mehreren Institutionen z.B. von der NASA [29], der US PMA [7], dem UK Pharmaceutical Systems Validation Forum (PICSVF) [41], der European Space Agency (ESA) [28], der International Organisation for Standardization (ISO) [23] und der US EPA [20] verwendetes Konzept, das die Entwicklungsaktivitäten in verschiedene Phasen unterteilt:

- Zunächst werden Produktanforderungen und Spezifikationen festgelegt.
- Dann folgt die Entwurfs- und Implementierungsphase, die auch die Erstellung des Quellcodes beinhaltet.
- In der dritten Phase werden die Systemmodule getestet, in ein Gesamtsystem integriert und erneut getestet.
- Danach wird das System installiert und qualifiziert, bevor es in Betrieb genommen wird.
- Alle nach der Installation durchgeführten Änderungen werden dokumentiert.

Benutzeranforderungen/Produktspezifikationen
Produktdesign & -entwicklung
Test
▸ Struktureller Test (white box)
▸ Funktioneller Test (black box)
Installation/Betrieb
▸Qualifizierung des Bedienungspersonals
▸Installationsüberprüfung
▸Funktionsüberprüfung
▸Fortwährende Leistungsfähigkeits-
überprüfung und Änderungskontrolle
VALIDIERUNG
Sicherheits-
kontrolle
Beginnt bei der Definition, endet mit
der Außerbetriebnahme des Systems

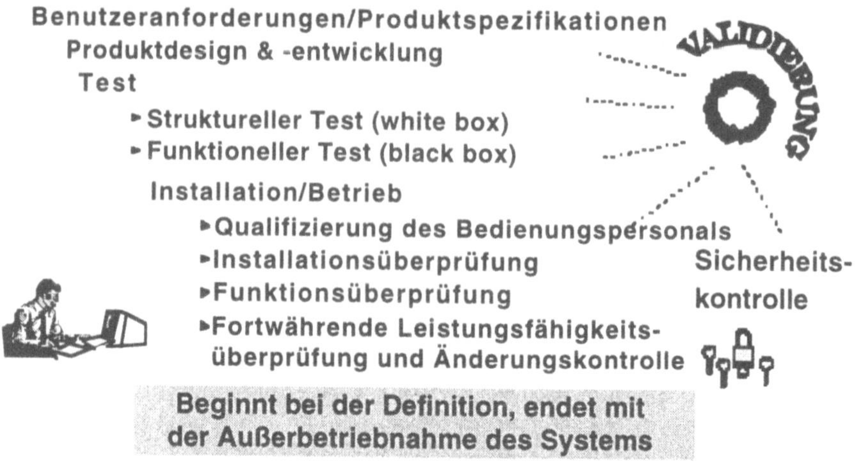

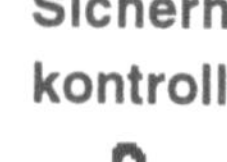

Abb. 5.1. Schritte bei der Validierung von Software und von Computersystemen

Eine neue Phase wird erst dann gestartet, wenn die vorherige Phase abgeschlossen und geprüft ist und die Ergebnisse von allen Verantwortlichen abgezeichnet worden sind.

Der Ansatz kann auf alle Arten von Software und Computersysteme angewandt werden. Für neue Systeme beginnt der Zyklus mit der Definition des Produktes und endet mit dessen Außerbetriebnahme. Für bereits in Betrieb befindliche Systeme beginnt die Validierung mit einer Beschreibung des Systems und einer klaren Definition über den Einsatz und die erwarteten Leistungsmerkmale. Die Validierung wird dann in Form einer Überprüfung der spezifizierten Funktionen retrospektiv durchgeführt.

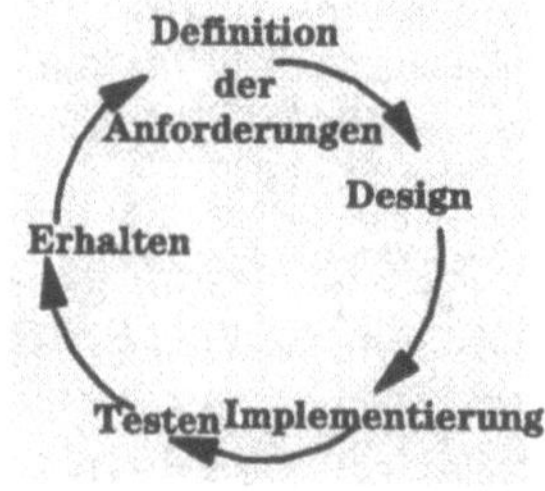

Definition
der
Anforderungen
Design
Implementierung
Testen
Erhalten
• Qualität kann nicht durch Testen erreicht werden, sie muß in das Produkt eingebaut sein
• Teile die Produktentwicklung in verschiedene Phasen ein
• Vervollständige und überprüfe jede einzelne Phase, bevor die nächste gestartet wird
Das Konzept wurde von ANSI, NASA, IEEE, ESA, BSI, PMA und ISO angewandt
ANSI=American National Standards Institute, IEEE= Institute of Electrical and Electronic Engineers, NASA=National Aeronautics and Space Administration, ESA=European Space Agency, BSI=British Standards Institute, PMA=Pharmaceutical Manufacturing Association, ISO= International Organization for Standardization

Abb. 5.2. Konzept des Softwareentwicklungs-Zyklus

5.1
Validierung von neuen Systemen während der Entwicklung

Das Produktlebenszyklus-Modell kann allgemein für Softwareprojekte angewandt werden. Das Verfahren ist unabhängig von der Größe, der Anwendung,
der Computerhardware, der Programmiersprache und auch unabhängig davon, ob die Software bei einem Hersteller oder von einem Anwender entwickelt wird. Beispielsweise kann das Konzept sowohl bei der Entwicklung von
kommerzieller Chromatographiesoftware mit mehreren hunderttausend Pro-
grammzeilen als auch für die Programmierung von Macros mit wenigen Pro-
grammseiten eingesetzt werden. Für jede Softwareentwicklung und Validierung
sollten Standardverfahren verfügbar sein, die auch nachprüfbar eingesetzt werden. Für jedes Projekt sollte ein Validierungsplan vorbereitet, eingesetzt und
überprüft werden. Der Plan sollte sicherstellen, daß alle Softwaremodule, alle
Systemkomponenten und auch das Gesamtsystem so ausgelegt sind und das
ausführen, wozu sie entsprechend den Benutzeranforderungen geplant waren.
Tabelle 5.1 faßt mögliche Inhalte eines Validierungsplans zusammen.

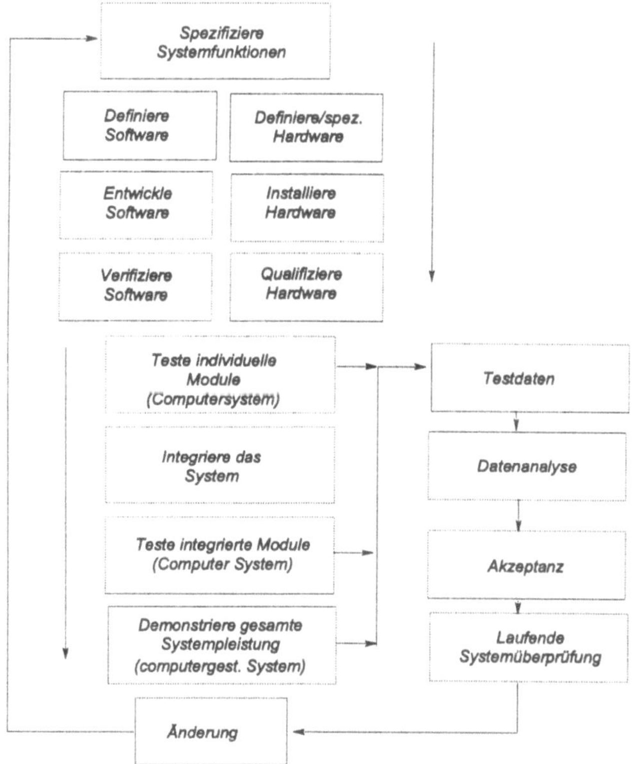

Abb. 5.3. PMA's Lebenszyklus-Modell für die Validierung neuer Computer [7]

Tabelle 5.1. Inhalte eines Validierungsplans

Zweck des Systems und Funktionen

Beschreibung der Einzelmodule und des Gesamtsystems. Die Beschreibung muß so ausführlich sein, daß die wichtigsten Systemfunktionen verständlich werden. Sie soll so geschrieben werden, daß sie sowohl vom Programmierer als auch vom Benutzer verstanden wird.

Systemdefinition

Definiert die Testumgebung mit Beschreibung der zum System gehörenden Hardware, Software sowie der speziellen Anwendungen. Geht auf Sicherheitsaspekte, spezielle Hardwarefunktionen und die zugehörigen Dokumentationen ein.

Umfang der Prüfungen

Da man nicht alles prüfen kann, ist eine Beschränkung auf die wichtigsten Systemfunktionen unvermeidbar. Daher sind die Grenzen abzustecken, innerhalb derer Prüfungen erfolgen sollen. Der Plan soll die Namen der mit der Durchführung der Tests beauftragten Mitarbeiter enthalten. Eventuelle nach der Überprüfung des Plans vorgenommene Änderungen müssen dokumentiert und genehmigt werden.

Verantwortung

Die für die Erstellung und Genehmigung des Validierungsplans verantwortlichen Mitarbeiter sind namentlich zu nennen.

Prüfdaten

Die dem Validierungsplan zugrundeliegenden Testdaten sind zu dokumentieren. Die Testdaten können aus früheren Experimenten oder Tests stammen und sollten für eine spätere Revalidierung aufbewahrt werden.

Erwartete Ergebnisse

Aus dem Plan soll hervorgehen, welche Ergebnisse für die einzelnen Prüfungen erwartet werden. Auf der Grundlage dieser Angaben wird geprüft, ob die Validierung erfolgreich war oder nicht.

Akzeptanzkriterien

Aus dem Plan muß hervorgehen, welche Kriterien erfüllt sein müssen, damit das System als validiert gelten kann.

Revalidierungskriterien

Der Plan muß Kriterien für eine erneute Validierung im Anschluß an eine Änderung enthalten. Ob eine Revalidierung erforderlich ist oder nicht, hängt vom Ausmaß der Änderung ab.

Änderungskontrolle

Der Plan sollte ein Verfahren für die Änderung der Software beinhalten.

Formale Überprüfung und Akzeptanz des Plans

Der Plan soll von dem für die Durchführung der Tests verantwortlichen Mitarbeiter sowie von der Laborleitung unterzeichnet werden. Er muß einen Hinweis tragen, daß das betreffende System validiert wurde.

Archivierung

Die im Zusammenhang mit der Validierung erstellte Dokumentation soll archiviert werden.

5.2
Nachträgliche Untersuchung, Bewertung und Validierung von existierenden Systemen

Bereits bestehende computergesteuerte Systeme in Labors benötigen im nachhinein eine Untersuchung, Bewertung und Validierung, falls ihre anfängliche Validierung nicht förmlich dokumentiert wurde. Es ist schwierig, dieselben Validierungskriterien für ein älteres Computersystem anzuwenden wie sie für ein neues System angewandt werden. Die Software wurde eventuell nicht in Übereinstimmung mit den neuesten Richtlinien entwickelt und validiert oder die Dokumentation ist vielleicht nicht archiviert worden.

Glücklicherweise haben existierende computergesteuerte Systeme einen wesentlichen Vorteil gegenüber neuen Systemen: im Laufe der Zeit wurde eine Menge an Erfahrung über das System gewonnen. Die Validierung kann diese Information nutzen, indem man die Qualität der analytischen Ergebnisse von computergesteuerten Systemen aus der Vergangenheit anschaut und beurteilt. Eine solche Beurteilung kann genügend Beweismaterial erbringen, daß das System das getan hat und immer noch tut, was es machen soll. In diesem Fall besteht eine Untersuchung, Bewertung und Validierung im Nachhinein ausschließlich aus einer detaillierten Dokumentation dessen, was schon in der Vergangenheit gemacht wurde.

Das Thema Validierung von existierenden Systemen war Gegenstand mehrerer Veröffentlichungen. Trill [67], ein Inspektor von Großbritannien, berichtete, daß Systeme, die vor 1989 installiert wurden, im allgemeinen schlecht dokumentiert und validiert waren. Er veröffentlichte eine Liste mit 20 typischen Schwachpunkten solcher Systeme. Agalloco [71] veröffentlichte Richtlinien über die Validierung von bestehenden Systemen. Kuzel [72] gab Empfehlungen, welche Dokumente nach einer retrospektiven Überprüfung vorhanden sein sollten. Hambloch [73] entwickelte eine Strategie und ein Beispiel für eine Arbeitsanweisung für die retrospektive Überprüfung. Unkelbach [122] veröffentlichte Empfehlungen über die Validierung von Altsystemen. Im Jahre 1992 hielt Lepore, ein früherer US FDA Inspektor, einen Vortrag bei der 6ten Internationalen LIMS Konferenz [74] zu dem Thema: „The FDA's Good Laboratory Practice Regulations and Computerized Data Acquisition Systems". Er brachte die Erwartung von FDA über existierende Systeme in einem Satz zum Ausdruck: Benutzer von existierenden computergesteuerten Systemen sollten den Beweis erbringen, daß das System in der Vergangenheit getan hat, daß es gegenwärtig tut, und daß es zukünftig tun wird, was von ihm erwartet wird.

Bevor ein Entschluß gefaßt wird, ein existierendes System im nachhinein zu validieren, sollte darüber nachgedacht werden, ob der Kauf einer entsprechenden neuen Software oder einer Nachrüstungssoftware nicht sinnvoller wäre. Wichtige Kriterien für eine solche Entscheidung sind die zu erwarteten Kosten der nachträglichen Validierung gegenüber einem neuen System und eine Beurteilung wie erfolgreich die Validierung sein wird. Das letztere kann aus der Vergangenheit des Computersystems beurteilt werden. Kriterien sind Art und Ergebnisse von durchgeführten Wartungsarbeiten, Kalibrierungen und Leistungsüberprüfungen sowie ein mehr oder weniger reibungsloser Betrieb.

Sobald man sich entschlossen hat, das System zu validieren, sollten ein Validierungsplan und entsprechende Validierungsdokumente gesammelt bzw. erstellt werden. Vorzugsweise sollten die gleichen Dokumentationen vorhanden sein wie im vorigen Kapitel für neue Systeme beschrieben, und jeder Versuch sollte unternommen werden, an diese Informationen heranzukommen. Tabelle 5.2 enthält eine praktikable Vorgehensweise, wie das Problem angegangen werden kann.

Das Validierungsprotokoll für ein existierendes System sollte eine Liste von nicht vorhandenen Dokumenten enthalten, die normalerweise für die Validierung erforderlich sind. Das Protokoll sollte auch eine Erklärung enthalten, warum die Dokumente fehlen. In vielen Fällen mag das System qualifiziert sein,

Tabelle 5.2. Empfehlungen zur schrittweisen retrospektiven Überprüfung und Validierung

---

1. Beschreibung und Definition des Systems

- Gegenwärtiger und zukünftig geplanter Einsatz
- Betriebsparameter
- Liste von Hardware und Software
- Liste der wichtigsten Funktionen
- Liste von Zubehör wie Kabel, Leitungen, Ersatzteile

2. Sammeln von verfügbarer Dokumentation über die Entwicklung

- Für fremdbezogene Systeme: Validierungszertifikate vom Hersteller
- Für Eigenentwicklungen: Dokumentation über Softwareentwicklung und Validierung (Entwicklungsprozeß, Quellcode, Qualifikation der Softwareingenieure, Qualitätssicherungsmaßnahmen)
- Formeln zur Berechnung von Daten
- Bedienungshandbücher

3. Sammeln von verfügbarer Information über Gerätevergangenheit

- Berichte von internen und externen Benutzern des Systems über Art und Häufigkeit von aufgetretenen Problemen
- Wartungsberichte
- Kalibrierungsaufzeichnungen
- Ergebnisse von Leistungsfähigkeitsüberprüfungen (Berichte über Systemeignungstests, Regelkarten)

4. Qualifikation des Systems

- Bewertung der unter 2 und 3 erhaltene Information
- Überprüfung, ob genügend Tests gemacht wurden, die eine Aussage darüber zulassen, daß das Gerät wie beabsichtigt funktioniert. Falls nicht, sollte der Umfang der noch durchzuführenden Tests festgestellt werden. Für neu durchzuführende Tests sollte ein Testplan erstellt werden, nach dem alle benutzten Funktionen des Gerätes ausgeführt werden. Vor Beginn der Tests sollten Akzeptanzkriterien festgelegt werden. Nach dem Test sollte ein formaler Bericht erstellt werden. Der Testaufwand kann erheblich verringert werden, wenn zuverlässige Erfahrung über den bisherigen Betrieb vorliegt.

5. Überarbeitung der Dokumentation und Entwicklung eines Plans für künftige Wartung, Kalibrierung und Leistungsüberprüfung

- Überarbeitung der Systembeschreibung, der Spezifikationen, Systemzeichnungen, SOPs, Handbücher, Sicherheitsverfahren und der Aufzeichnungen über Training des Bedienungspersonals
- Entwicklung eines Plans für die Wartung
- Entwicklung eines Plans für die Kalibrierung
- Entwicklung eines Plans für die Leistungsüberprüfung
- Entwicklung eines Plans für das Verhalten bei Gerätefehlern
- Entwicklung eines Verfahrens zum Back-up und Wiederherstellung des Systems im Falle eines Ausfalls

---

aber wichtige Daten wurden nicht dokumentiert. In anderen Fällen mögen die Daten zwar vorhanden sein, aber sie sind nicht durch eine Unterschrift autorisiert worden. Der Validierungsplan sollte auch einen Aktionsplan enthalten, der beschreibt, was gemacht werden sollte, falls die erzeugten Daten nicht den spezifizierten Validierungsanforderungen entsprechen, beispielsweise, wer in diesem Fall benachrichtigt werden soll.

Nach der Untersuchung und Validierung sollten folgende Dokumente vorhanden sein:

- Der Validierungsplan und ein Validierungsprotokoll.
- Eine Beschreibung der Systemhardware und Software sowie der Benutzeranforderungen und Gerätefunktionen.
- Ein Geräteprotokoll aus der Vergangenheit mit zeitlicher Auflistung von Geräteausfällen, Reparaturarbeiten und Kalibrierungen.

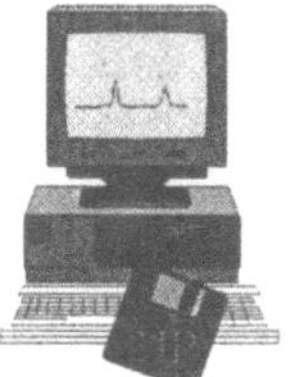

Abb. 5.4. Entscheidungskriterien für eine retrospektive Validierung von bestehenden Systemen

- Testdaten, die nachweisen, daß das System macht, was es machen soll. Das können Testergebnisse von Systemeignungstests oder gut dokumentierte Kontrollkarten (Regelkarten) sein.
- Verfahren und Anweisungen für vorbeugende Wartung und Leistungstests (z.B. regelmäßige Systemeignungstests oder die Analyse von Qualitätskontrollproben).
- Plan zur Aufzeichnung von Fehlern und ein Aktionsplan für den Fall von Geräteausfällen.

Mehr Details und eine Standardarbeitsanweisung (SOPs) über die nachträgliche Validierung bestehender Systeme sind im Anhang B enthalten.

5.3 Validierung von Anwendungsprogrammen, die vom Benutzer erstellt wurden

Eine vom Gerätebenutzer selbstentwickelte Software sollte auch vom Benutzer validiert werden. Es kann sich dabei um Programme handeln, die unabhängig von Analysengeräten ablaufen, z.B. statistische Auswertungen von manuell in den Computer eingegebenen Daten oder um ein Macro-Programm, das direkt für die weitere Auswertung von Daten eingesetzt wird.

Als Bestandteil der Validierung sollte in jedem Fall eine Dokumentation erstellt werden, die unter anderem beinhaltet, was das Programm machen soll, wer die Formeln definierte und eingab und was die Formeln bedeuten. Der Benutzer sollte das Programm testen und die korrekte Funktion bestätigen.

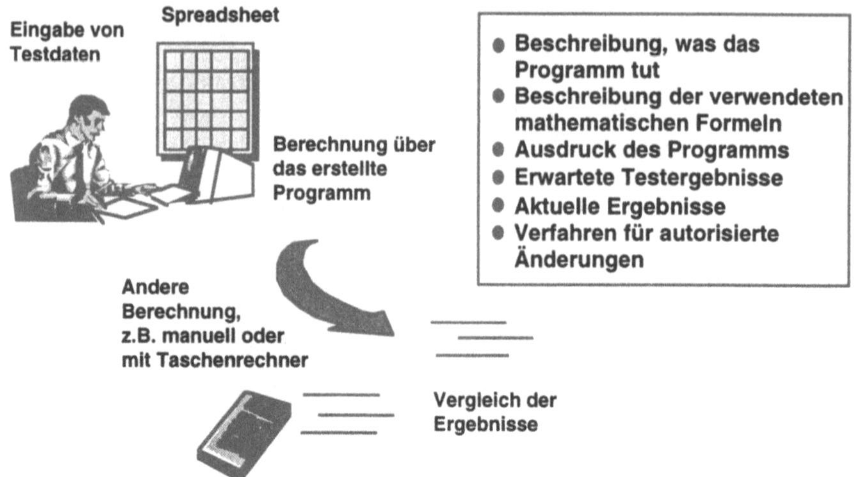

Abb. 5.5. Funktionsüberprüfung eines vom Benutzer erstellten Programms

Es wird empfohlen, die von Computerprogrammen ermittelten Ergebnisse an einigen kritischen Beispielen mit einer von dem Programm unabhängigen Methode, z.B. mit einem Taschenrechner nachzuvollziehen. Eine häufig gestellte Frage ist, wieviele Tests durchgeführt werden sollen und welcher Art die Tests sein sollen. Die Antwort ist relativ einfach: die Tests sollen zeigen, daß das System richtige, genaue und zuverlässige Ergebnisse liefert.

Ein Testprogramm sollte typische Testfälle über den gesamten geplanten Anwendungsbereich beinhalten und sowohl Grenzbereiche als auch nicht erlaubte Eingaben enthalten. Falls das Programm vorwiegend mit kleinen Zahlen arbeiten wird, sollen auch die Testfälle kleine Zahlen beinhalten.

Falls das Programm drei Stellen nach dem Komma verarbeiten wird, sollen die Tests auch solche Zahlen beinhalten. Es sollte auch das Verhalten bei unerlaubten Eingaben getestet werden. Eine beliebte Testmethode ist das Verhalten des Programms bei einer Division durch die Zahl null. Die Tests sollten im Betrieb in regelmäßigen oder unregelmäßigen Abständen wiederholt werden.

In gleicher Weise sollten kommerzielle Tabellenkalkulationsprogramme und Datenbanken Funktionstests unterzogen werden, die den Nachweis erbringen, daß die Programme für die beabsichtigte Anwendung richtig funktionieren. Dies ist insbesondere dann wichtig, wenn vom Benutzer Formeln zur Berechnung von Daten eingegeben wurden. Es ist heute allgemeines Verständnis, daß für kommerzielle Tabellenkalkulationsprogramme kein Nachweis vom Hersteller über die Validierung vorliegen muß, es sollten jedoch Ergebnisse von Tests vorliegen, die mit benutzertypischen Werten durchgeführt werden.

Eine wichtige Frage beim Einsatz von Spreadsheet und Macro-Programmen ist die Frage der Sicherheit und der Integrität. Formeln in Spreadsheets lassen sich relativ leicht verändern und werden oft nicht ausreichend oder gar nicht dokumentiert. Deshalb sollten Verfahrensanweisungen vorhanden sein, die festlegen, wer Änderungen autorisiert, durchführt, testet und wer die Programme schließlich für die Benutzung freigibt.

Am Ende der Validierung sollte folgende Dokumentation als Minimum vorliegen:

- Eine Beschreibung, was das Programm macht,
- eine Beschreibung der mathematischen Formeln, die im Programm benutzt werden,
- ein Ausdruck des Programms,
- falls erforderlich, eine Liste mit Erläuterungen zum Programm,
- ein Testverfahren mit Akzeptanzkriterien,
- ein Testbericht mit erwarteten und aktuellen Ergebnissen, geprüft und unterzeichnet,
- ein Verfahren für Änderungen (z.B. wer autorisiert die Änderungen, wer führt sie durch, wer testet die geänderten Programme und wer gibt sie frei?),
- Datum der Installation,
- Name des Programmierers,
- Revisionshistorie mit Angabe wann, von wem welche Änderungen gemacht wurden.

Verschiedene Standardarbeitsanweisungen (SOPs) über die Validierung von Anwendersoftware mit unterschiedlicher Komplexität sind in Anlage B enthalten.

5.4
Revalidierung und Reverifizierung von Software und Computersystemen

Software hat einen erheblichen Vorteil gegenüber Hardware: sie verändert ihre Leistungseigenschaften nicht mit der Zeit. Theoretisch sollte es gar keine Veranlassung für eine Revalidierung von Software geben, solange sich die Hardware und Geräteumgebung nicht ändern. Tatsache ist jedoch, daß nahezu 100% aller Softwareprodukte nach ihrer erstmaligen Freigabe verändert werden und somit reverifiziert oder revalidiert werden müssen. Im wesentlichen gibt es drei Gründe für eine Änderung von Software:

1. Korrektur von Fehlern
2. Anpassung von Software an die Betriebsumgebung
3. Verbesserungen der Software

5.4.1
Wann ist eine Reverifizierung und Revalidierung erforderlich?

Die korrekte Leistung von Computersystemen sollte grundsätzlich jedesmal verifiziert werden, wenn eine Änderung der Hardware, der Applikationssoftware, des Betriebssystems oder der Umgebungsbedingungen erfolgt und die veränderten Bedingungen außerhalb der ursprünglichen Spezifikationen liegen. Veränderungen der Systemsoftware oder Applikationssoftware können immer die korrekte Funktion des Systems beeinflussen. Beispielsweise sollte eine Revalidierung erfolgen, wenn die Software mit zusätzlichen Funktionen erweitert wurde.

Falls die Software von dem Benutzer geändert wurde, sollte sie auch von dem Benutzer revalidiert werden. Neue Versionen von kommerzieller Software sollen von dem Hersteller revalidiert werden. Der Hersteller sollte auch den schriftlichen Nachweis erbringen, daß die Software nach der Änderung revalidiert wurde. Der Validierungsumfang nach Änderungen oder Reparaturen sollte in Standardarbeitsanweisungen festgelegt sein. Teile der Validierung, z.B. Akzeptanztests sollten vom Benutzer in regelmäßigen Abständen durchgeführt werden.

5.4.2
Was sollte revalidiert werden?

Revalidierung bedeutet nicht unbedingt den ganzen ursprünglichen Validierungsprozeß zu wiederholen. Wenn ausreichende Kenntnisse über den Programm- und Systemaufbau vorliegen, kann es genügen, den geänderten Teil und die durch die Änderung direkt betroffenen Module zu validieren. Das Ausmaß einer Softwareänderung wird auch das Ausmaß der Revalidierung bestimmen. Falls nur kleinere kosmetische Änderungen der Benutzeroberfläche durchgeführt wurden, kann die Revalidierung lediglich aus einem Test der Benutzeroberfläche, einem Funktionstest und einer Überprüfung der dadurch beeinflußten Dokumentation bestehen. Man sollte jedoch den Einfluß einer Softwareänderung auf andere Teile der Software nicht unterschätzen. Clark [37], ein ehemaliger US FDA-Inspektor, hat dies deutlich ausgedrückt: „Softwaresysteme können weit mehr als bei Hardware einen unerwarteten Effekt auf andere Systemteile haben. Es ist ein grundlegender Fehler anzunehmen, daß eine Programmkorrektur frei von Fehlern ist. Eine Korrektur kann andere Fehler bei Programmteilen verursachen, die vermeintlich mit dem geänderten Programmodul nichts zu tun haben."

Wenn beispielsweise bei einer HPLC-Steuersoftware Änderungen im Bereich der Pumpenkontrolle gemacht werden, ist es ratsam, anschließend einen Gesamttest aller Systemkontrollen durchzuführen. Andererseits erscheint es wenig sinnvoll, die Integrationsfunktionen zu überprüfen.

5.4.3
Wie sollten Testdateien benutzt werden?

Die Revalidierung sollte auf der Basis der Testdateien erfolgen, die bereits der Validierung der vorherigen Systemversion zugrundelagen. Bei chromatographischen Systemen können die in Dateiform vorliegenden chromatographischen Rohdaten verwendet werden und die Werte für Flächen%, Norm% sowie Externer Standard (ESTD)% und Interner Standard (ISTD)% berechnet werden. Die Ergebnisse können mit früher erhaltenen Werten verglichen werden. Es wird nachdrücklich empfohlen, diesen Prozeß zu automatisieren, um Fehlerquellen auszuschließen und das Bedienungspersonal zu ermutigen, die Tests häufiger auszuführen. Die Automatisierung sollte auch die Dokumentation der Prüfergebnisse umfassen. Eventuelle Unterschiede in den Prüfergebnissen sind kenntlich zu machen, zu dokumentieren und die Ursache zu beseitigen. Der Erfolg dieser Maßnahmen sollte durch einen weiteren Test belegt werden.

KAPITEL 6

Validierung bei dem Hersteller

In diesem Kapitel wird am Beispiel von Hewlett-Packard's (HP) Chemical Analysis Group (CAG) aufgezeigt, wie Software und Computersysteme bei der Entwicklung validiert werden. Das Beispiel kann auch allgemein als Anleitung für die Entwicklung und Validierung von komplexen Softwareprojekten herangezogen werden. Hewlett-Packard's Chemical Analysis Group führt alle Validierungsaktivitäten entsprechend dem CAG *Product Life Cycle* Dokument durch. Zu dessen Erstellung wurden verschiedene Softwareentwicklungsstandards herangezogen und für die speziellen Gegebenheiten bei Hewlett-Packard optimiert. Das in der Waldbronn (Deutschland) Division verwendete Verfahren wurde von Weinberg, Spelton & Sax, Inc., einer Firma, die sich auf die Validierung von Computersystemen spezialisiert hat, überprüft, und von KEMA nach ISO 9001 zertifiziert. Es wurde auch von Vertretern der pharmazeutischen Industrie im Zuge von Vorbereitungen auf eine US FDA Inspektion überprüft. Das Konzept wurde in einem Primer [76] und in einer Produktnote [77] kurz beschrieben und wird in näheren Details in diesem Kapitel erläutert.

6.1
Benutzeranforderungen und Definitionsphase

Der Softwarelebenszyklus beginnt mit der Erstellung des Anforderungskatalogs und der Definitionsphase. In einem ersten Dokument werden die Benutzeranforderungen definiert und daraus Anforderungen an das Produkt bezüglich Funktionalität, Benutzbarkeit, Leistung, Zuverlässigkeit, Servicefreundlichkeit und Sicherheit abgeleitet. Das Ziel dieser Phase ist, das Problem und mögliche Lösungen zu definieren. Umgebungs- und Sicherheitsstandards sind ebenso in der Anforderungsliste enthalten, wie nationale und internationale Gesetze. Planungsaktivitäten in dieser Phase beinhalten Projektpläne, Budgets, Zeitplan und Validierung, Verifizierung und Tests. Während dieser Phase wird ein Projektteam gebildet, das gewöhnlich aus Vertretern der Systementwicklung, Produktmarketing, Produktsupport, Qualitätssicherungseinheit und der Herstellung besteht. Mitglieder des Teams sind auch Applikationschemiker, die als Vertreter der Anwender stark bei der Definition der Funktionen und der Spezifikationen sowie beim Erstellen und Testen der Benutzeroberfläche involviert sind. In dieser Phase wird ein Projektleiter bestimmt, der auch für die Führung des Projektnotebooks verantwortlich ist.

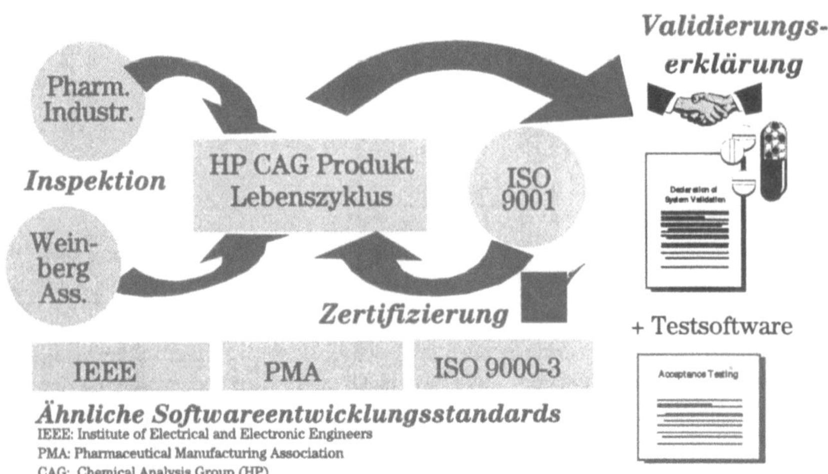

Abb. 6.1. Hewlett-Packard's Softwareentwicklungsprozeß ist standardisiert, nach ISO 9001 zertifiziert und wurde von einer Softwarevalidierungsfirma sowie von verschiedenen Anwenderfirmen überprüft. Für jedes Produkt wird eine Erklärung zur Systemvalidierung mitgeliefert. Die Software beinhaltet Testprogramme und Dateien zur automatischen Funktionsüberprüfung im Labor des Anwenders.

Kunden von allen Marktbereichen werden von den Teammitgliedern über ihre Wünsche und Anforderungen bezüglich zukünftiger Produkte befragt. Alle Aktivitäten werden über mehrere HP-Divisions koordiniert, um eine Überlappung der Softwareentwicklung zu vermeiden und um die Konsistenz der Funktionen und der Benutzerschnittstelle über alle analytischen Geräte von Hewlett-Packard zu gewährleisten. Schließlich wird eine Liste mit vorgeschlagenen funktionalen Anforderungen durch das Projektteam erstellt und ausgewertet. Gewöhnlich ist die Liste zu lang um alle Anforderungen innerhalb eines vernünftigen Zeitbereiches implementieren zu können. Deshalb werden die Anforderungen in drei Kategorien eingeteilt, ,Musts', ,Wants', und ,Nice to haves'. ,Must'-Anforderungen sind so definiert, daß ohne sie der kommerzielle Erfolg der Software in Frage gestellt wäre. Sie werden somit immer berücksichtigt. ,Wants' und ,Nice to haves' sind weniger wichtig und werden nur dann berücksichtigt, wenn ihre Implementierung das Projekt nicht erheblich verzögert.

Als Ergebnis dieser Phase wird das *External Reference Specifications* (ERS) Dokument erstellt. Es enthält Angaben über den Zweck und die Vorteile des Projektes und eine detaillierte Beschreibung des vollständigen Produktes aus der Sicht des Benutzers. Das Dokument wird durch das Projektteam überprüft. Es ist der Ausgangspunkt für den Systementwurf und auch die Basis für den späteren Funktionstest und die Benutzerdokumentation, z.B. das Bedienungshandbuch und die On-line Hilfen.

In dieser Phase wird ein vorläufiger Marketingplan erstellt. Er beschreibt den Zielmarkt für das Produkt und die Benutzeranforderungen. Weiterhin enthält er Wettbewerbsanalysen und Preisvorstellungen und macht Angaben über Verkaufsvoraussagen. Er enthält auch einen Plan für die Produktstruktur, die Benutzerdokumentation, HP interne und Kundenschulung sowie einen Kommunikationsplan zur Vermarktung des Produkts und vorläufige Strategien für interne und externe Tests.

Während dieser Phase werden folgende Dokumente erstellt:

- Externe Referenzspezifikationen (ERS)
- Risikoeinschätzung
- Marketingplan
- Qualitätsplan

6.2
Design- (Entwurfs-) Phase

Das Ziel dieser Phase ist es, eine Lösung zu entwerfen, die 100% der definierten Anforderungen erfüllt und innerhalb des gegebenen Zeitrahmens implementiert werden kann. Alternative Lösungen werden formuliert, von dem Projektteam analysiert und schließlich wird die beste Lösung ausgewählt. Verifizierungsaktivitäten während der Design-Phase schließen die Überprüfung des Entwurfs auf Vollständigkeit, Richtigkeit und Konsistenz mit anderen Softwareprojekten innerhalb der Firma ein. Außerdem wird in Form einer Matrix überprüft, ob das Design alle in der ERS spezifizierten Anforderungen abdeckt. Gründliche Design Inspektionen sind von äußerster Wichtigkeit, weil die Korrektur von Softwaredefekten in dieser Phase viel weniger kostet, als wenn die Fehler zu einem späteren Zeitpunkt korrigiert werden müssen.

Details zu Bildschirmentwürfen, Reportlayouts, Datenbeschreibungen, Systemkonfigurationen, Systemsicherheit, Systemlimitierungen und Speicheranforderungen werden von den Systementwicklern definiert und formal von den Mitgliedern des Entwicklungsteams in speziell dafür vorgesehenen Meetings überprüft und besprochen. Ein Hauptergebnis dieser Phase sind die internen Designdokumente und Prototypen. Die Designdokumente basieren auf den ERS und sie können später als Ausgangspunkt für die technische Servicedokumentation verwendet werden.

In dieser Phase testet Bedienungspersonal mit unterschiedlicher Ausbildung und Vorkenntnissen die Benutzeroberfläche, ein Prozeß der als *User Interface Prototyping* bezeichnet wird. Ziel dieses Verfahrens ist es sicherzustellen, daß das Produkt später von Personen mit unterschiedlicher Ausbildung problemlos benutzt werden kann.

Während dieser Phase werden folgende Dokumente erstellt:

- Interne Designdokumente
- Berichte über Designinspektionen
- Berichte über die Benutzbarkeit
- GLP Validierungs- und Dokumentationsplan
- Pläne für die Überprüfung der Leistungsfähigkeit
- Überarbeitung des Qualitätsplans
- Pläne für Alpha- und Betatest

6.3
Implementierungsphase

In der Implementierungsphase wird der Quellcode geschrieben und überprüft, ob er den Designspezifikationen entspricht und das Programm das tut, was es tun soll. Die Erstellung der Programme erfolgt dabei nach festgelegten Programmierstandards. Bestimmte Funktionsgruppen werden programmiert und zunächst individuell durch die Programmierer getestet, bevor sie in eine größere Einheit oder in ein vollständiges System integriert werden. Überprüfungen in dieser Phase beziehen sich auf den Code und dessen internen Dokumentationen, auf die Testdesigns und auf alle Aktivitäten, die nachweisen sollen, daß die spezifizierten Anforderungen erfüllt wurden. Gleichzeitig mit der Implementierung des Quellcodes wird auch die Systemdokumentation, z.B. das Bedienungshandbuch vorbereitet. Die Dokumentation enthält eine Beschreibung der in dem Programm benutzten Algorithmen. In dieser Phase wird das System einer rigorosen Benutzbarkeitsüberprüfung unterzogen. Die Prüfer haben wiederum unterschiedliche Vorkenntnisse und Ausbildung. Das Ziel ist, daß Personen mit Erfahrung in Chromatographie das System ohne zusätzliche Informationen benutzen können.

Während dieser Phase werden folgende Dokumente erstellt:

- Quellcode mit entsprechender Dokumentation
- Berichte über die Codeinspektion
- Dokumentation der Tests als Vorbereitung auf die Testphase
- Überarbeiteter Marketingplan

6.4
Testphase

Sorgfältige Tests und Verifizierungen sind für jede Validierung außerordentlich wichtig. Bei jedem Softwareprojekt werden Tests und Verifizierungen praktisch in allen Phasen durchgeführt. Das Ziel ist eventuell vorhandene Fehler so früh wie möglich zu entdecken. Anforderungsspezifikationen und das Design werden in den entsprechenden Phasen überprüft und der Code wird zusammen mit dessen Dokumentation in der Implementierungsphase getestet. Das richtige Funktionieren der Software mit der Gerätehardware wird in der Testphase sowie vor und während des laufenden Betriebs verifiziert.

6.4.1
Testarten

Softwaretests können in strukturelle (white box) und funktionelle (black box) Tests eingeteilt werden. Strukturelle Tests der Software bezeichnet man als die detaillierte Untersuchung der internen Strukturen der Codes, einschließlich der Pfadanalysen und der Überprüfung, ob die Software in Übereinstimmung mit dem standardisierten Softwareentwicklungsverfahren entwickelt wurde. Dabei werden die logischen Pfade innerhalb der Softwarestruktur durch Er-

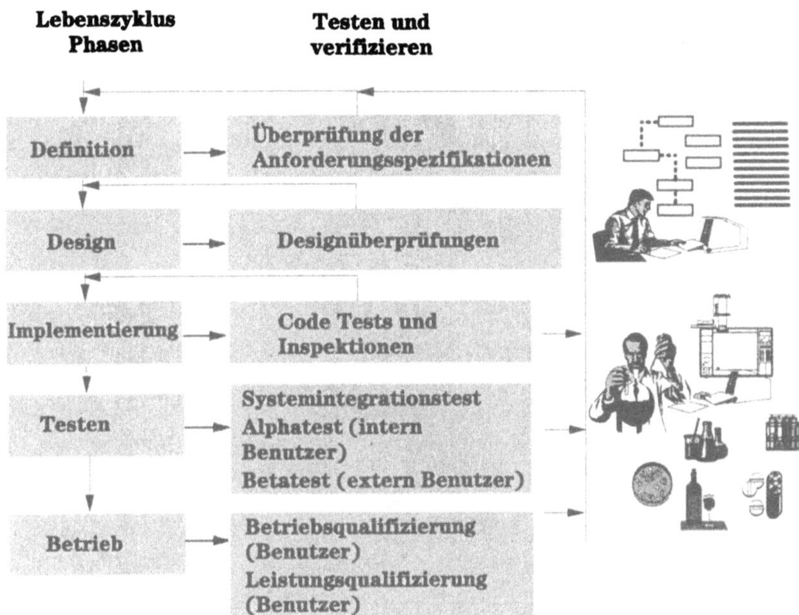

Abb. 6.2. Tests und Überprüfungen werden in allen Entwicklungs- und Betriebsphasen durchgeführt. Bei fremdbezogener Software werden die Tests teilweise vom Hersteller und teilweise vom Benutzer durchgeführt

stellen und Ablaufenlassen von verschiedenen Testbeispielen geprüft. Neben dem Quellcode werden auch andere Dokumente benötigt, wie zum Beispiel Flußdiagramme, Verzweigungsanalysen, Beschreibungen der Programmodule und die Definition aller Variablen.

Strukturelle Tests werden ausschließlich in der Entwicklungsabteilung hauptsächlich in der Implementierungsphase durchgeführt. Codemodule werden individuell von dem Programmierer geprüft und können je nach Komplexität von Kollegen formal inspiziert werden. Module werden dann zu einem System verknüpft und werden als Ganzes auf korrekte Funktionalität getestet. Damit soll sichergestellt werden, daß die definierten Entwürfe richtig implementiert und alle spezifizierten Anforderungen erfüllt werden.

Bei funktionellen Softwaretests werden verschiedene Programmfunktionen ausgeführt und die aktuellen Ergebnisse eines Programmes mit den erwarteten Werten verglichen. Bei computerkontrollierten analytischen Systemen enthalten funktionelle Tests immer die analytische Hardware um die richtige Kommunikation und den Datenfluß zwischen Gerät und Computer zu überprüfen. Der Quellcode wird für diesen Test nicht benötigt, dafür aber alle funktionalen Systemspezifikationen und eine genaue und nachvollziehbare Beschreibung der mathematischen Routinen.

Vor den Tests werden Testpläne erstellt. Sie beinhalten Testverfahren, die erwarteten Testergebnisse, Testaufgaben, die Testsysteme, Kriterien für die Akzeptanz der Ergebnisse und für die Freigabe zur Herstellung und die verantwortlichen Personen für die Leitung und Durchführung der Tests. Der Testplan definiert auch Funktionen, die nicht Bestandteil der Tests sind, falls es solche Funktionen überhaupt gibt. Bestandteil der Tests sind die Überprüfung der Funktionen, mathematische Einzelüberprüfung der vom Programm berechneten Ergebnisse, Überprüfung des Verhaltens bei unerlaubten Eingaben, Klassifizierung der Defekte und Vorschläge für Korrekturmaßnahmen.

6.4.2
Alphatests

Nachdem die Programmierer erste Korrekturen vorgenommen haben, werden die Systeme funktionellen Tests unter typischen Betriebsbedingungen unterzogen. Man bezeichnet diesen Test als Alphatest. Die Tests laufen normalerweise in mehreren Zyklen über mehrere Wochen. Testpersonen sind Applikationschemiker sowie andere firmeninterne und externe Personen mit unterschiedlicher Ausbildung. Für jede Person werden unterschiedliche Testbeispiele definiert und in einem Testbuch beschrieben, das von den einzelnen Testpersonen bei Abschluß der Tests unterschrieben werden muß. Das Ziel ist, das vollständige computergesteuerte System, wie in der ERS definiert, auf Funktionalität, Benutzbarkeit, Zuverlässigkeit, Leistung und Servicefreundlichkeit zu testen. Das Bedienungshandbuch und die On-line Hilfen werden vor den Alphatests geschrieben, um dem Testpersonal zu ermöglichen, deren Richtigkeit und Nützlichkeit zu überprüfen. Mindestens ein Testbeispiel enthält die Installation der Software und Hardware entsprechend den Installationsanweisungen.

Das System wird nicht nur unter typischen Betriebsbedingungen getestet, sondern auch in Grenzbereichen des Anwendungsbereichs. Man bezeichnet diesen Fall als ‚worst case‘, ‚gray box‘ oder ‚boundary‘ Test. Solche Testbedingungen sind außerordentlich wichtig, da erfahrungsgemäß die häufigsten Softwarefehler rund um die Grenzbereiche auftreten. Es werden auch Kombinationen von mehreren ‚worst cases‘ getestet. Zum Beispiel, falls die spektrale Datenaufnahmerate eines UV/Visible Diodenarray Detektors auf 10 Spektren/Sekunde spezifiziert wird, der Wellenlängenbereich auf 190-950 nm und maximal zwei Diodenarray Detektoren mit einem Computer verbunden werden können, soll mindestens in einem Fall getestet werden, ob die Daten noch richtig aufgenommen und übertragen werden, wenn als Parameter alle Grenzspezifikationen gewählt werden.

Softwaretests beinhalten auch sogenannte Streßtests. Dabei soll überprüft werden, wie sich das System bei falschen Eingaben verhält, beispielsweise wenn Zahleneingaben erwartet werden und statt dessen Buchstaben eingegeben werden, oder wenn die erlaubten Zahlenwerte oder Charakterlängen unter- oder überschritten werden. Die Erwartung ist, daß bei solchen Eingaben Daten nicht verfälscht werden oder das System ausfällt, sondern daß das System eine Fehlermeldung anzeigt und damit dem Benutzer die Möglichkeit gibt, Korrekturen vorzunehmen.

6.4.3
Betatests

Nachdem im Alphatest entdeckte Softwaredefekte und eventuell aufgetretene Probleme bei der Bedienungsoberfläche korrigiert wurden, kann die Software von ausgewählten Anwendern (zukünftigen Kunden) getestet werden. Diese Tests werden als Betatests bezeichnet. Das Wichtigste dabei ist, daß die Tests in einer typischen Anwenderumgebung durchgeführt und von einer Person überwacht werden, die nicht in dem Entwicklungsprozeß involviert ist. Eines der Ziele der Betatests ist die Auslieferung und die Installation zu testen. Ein geschulter Applikationsingenieur unterstützt dabei meist den Anwender bei der Installation und Prüfung des Softwareinstallationsverfahrens.

6.5
Nachverfolgung von Fehlern und Korrekturverfahren

Die Dokumentation von Softwarefehlern ist wichtig und eventuell aufgetretene Probleme sollten nicht beiläufig oder auf Zufallsbasis an den Programmierer zur Korrektur gemeldet werden, beispielsweise während einer Kaffeepause. Im Laufe der Tests entdeckte Probleme werden unter Einsatz des Hewlett-Packard internen Defect Control Systems (DCS) dokumentiert und nachvollzogen. Nach der Freigabe des Produktes werden Fehler von dem Hewlett-Packard Software Tracking and Response System (STARS) berichtet, dokumentiert, nachvollzogen und eventuell korrigiert. Fehler werden als ‚gering‘, ‚mittel‘, ‚schwer‘ oder ‚kritisch‘ klassifiziert. Die Anzahl der kritischen Defekte nach dem letzten Testzyklus muß für die Software null sein, um die Freigabekriterien zu erfüllen.

Schließlich werden die Pläne revidiert und alle Codes, Tests und Dokumentationen vervollständigt, um sicherzustellen, daß die Software für die Auslieferung und Installation für Kunden geeignet ist. Nach der Freigabe der Software erlaubt das System, Kunden über eventuell auftretende Probleme zu informieren.

Während dieser Phase werden folgende Dokumente erstellt:

- Testpläne mit Akzeptanzkriterien und Testfällen
- Testergebnisse
- Validierungsdokumente
- Berichte über Fehler
- Schulungsmaterial für Benutzer

6.6
Freigabe für Produktion und Installation

Nachdem der Test abgeschlossen ist und Fehler in dem Code korrigiert wurden, wird die Software für die Produktion und den Vertrieb freigegeben. Das Produkt ist zur Freigabe fertig, wenn es alle in dem Qualitätsplan spezifizierten Kriterien erfüllt hat und nachdem die Checklisten von allen Verantwortlichen abgezeichnet wurden. Eine weitere Voraussetzung dafür ist auch eine ausreichende Schulung der Serviceingenieure, die nicht nur die Software installieren und bedienen können müssen, sondern auch die Anwender schulen und Benutzerfragen beantworten sollen. Die Verfügbarkeit der Benutzerdokumentation in Form von kontextbezogenen On-line Hilfen und gedrucktem Bedienungshandbuch ist ein weiteres Freigabekriterium.

Die Produktionsabteilung verschickt das Produkt nach Auftragseingang entsprechend ihren Richtlinien. Zum Lieferumfang gehört eine *Erklärung der Systemvalidierung* (Declaration of System Validation). Das Dokument kann einem GLP/GMP Inspektor als Nachweis dafür vorgelegt werden, daß die Software während der Entwicklung entsprechend dem ISO 9001 Qualitätsstandard und gemäß dem Hewlett-Packard CAG Product Life Cycle validiert wurde. Auf Anfrage werden dem Benutzer weitere Dokumente mit mehr Details über die Softwareentwicklung und Validierung zur Verfügung gestellt.

Zur Vorbereitung der Installation auf der Anwenderseite erhält der Benutzer Informationen über Platzbedarf, über Anforderungen an die Stromversorgung und über erforderliche Umgebungsbedingungen. Während der Installation wird die Computerhardware mit der Schnittstelle zu den analytischen Geräten installiert. Jede Verkabelung wird auf richtige Verbindungen überprüft. Die Betriebs- und Anwendungssoftware wird geladen und die Peripheriegeräte wie Drucker und analytische Geräte werden konfiguriert. Alle Module, Verbindungskabel und das Gesamtsystem werden in der Betriebsumgebung getestet.

Die Installation beinhaltet auch eine Einweisung in das System. Systembediener lernen, wie die Einzelmodule und das Gesamtsystem bedient und gewartet werden. Ein Vertreter der Benutzerfirma sollte die korrekte Installation und die Abnahme formal abzeichnen. Damit hat das System die Installationsphase passiert.

Während dieser Phase wird folgendes Dokument erstellt:

- Installationsqualifikation (Installation Qualification)

6.7
Betrieb und Wartung

Nach der Freigabe des Produkts eventuell auftretende Probleme und Verbesserungsvorschläge werden von Kunden über die Hewlett-Packard Kundendienstorganisation an die verantwortlichen Personen im Werk gemeldet. Gemeldete Fehler werden aufgezeichnet, klassifiziert und in neueren Versionen korrigiert. Verbesserungsvorschläge werden von einem Expertenteam überprüft. Das Team besteht aus Systembenutzern und aus Vertretern der Marketing- und Entwicklungsabteilung. Nach der Überprüfung macht das Team entsprechende Vorschläge für weitere Maßnahmen, zum Beispiel für eine Softwareänderung. Softwareänderungen werden immer gemäß einem dokumentierten Änderungskontrollverfahren durchgeführt und erfordern eine teilweise oder eine vollständige Revalidierung.

Kunden mit einem Vertrag über Softwareunterstützung werden über neue Revisionen informiert. Kunden, die diese Dienstleistung nicht in Anspruch

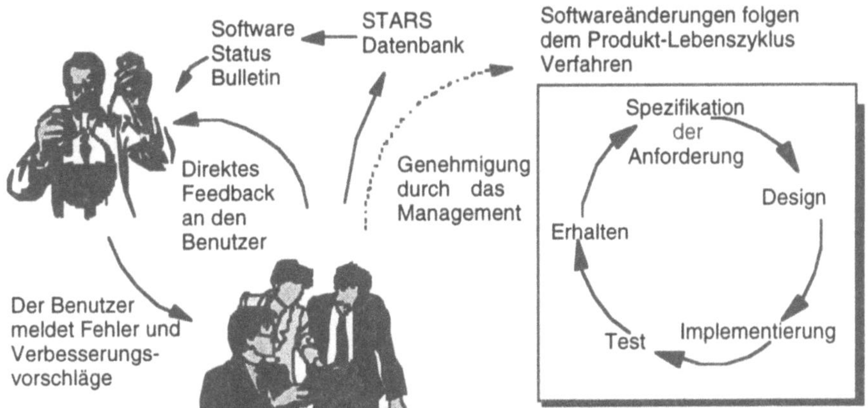

- Das Team verifiziert die Fehler und macht Vorschläge für Korrekturmaßnahmen
- Das Team untersucht und klassifiziert Verbesserungsvorschläge

Abb. 6.3. Behandlung von Fehlermeldungen und Verbesserungsvorschlägen

nehmen, erhalten die Information über *PEAK*, HP's kostenloses Journal für analytische Labors.

6.8
Änderungskontrolle

Ein sorgfältiges *Änderungskontrollverfahren* ist in dem Gesamtvalidierungsprozeß ein wichtiges Element. Damit wird genau kontrolliert warum, wie, wann und von wem das System verändert wird und wer eine Veränderung genehmigt. Der Einfluß von Softwareänderungen auf das Ausmaß der Verifizierung oder Revalidierung wird untersucht. Kriterien sind dabei die Anzahl und das Ausmaß der Veränderungen und insbesondere wieviele und welche Module davon betroffen sind. Im Prinzip folgen Softwareänderungen den gleichen Verfahren wie die Entwicklung neuer Softwareprodukte. Die Testdauer kann durch Benutzung von in vorherigen Tests gut charakterisierten Testdateien und automatischer Testverfahren verringert werden.

Alle Einzelheiten der Änderungen werden zusammen mit Details über durchgeführte Tests aufgezeichnet und dokumentiert. Für jede Softwarerevision wird ein Status Bulletin erstellt, das Informationen über bekannte Fehler und Vorschläge zu deren Umgehung enthält und zusammen mit der Software ausgeliefert wird.

Die Dokumentation zur Software enthält auch eine ‚Revision Historie', die den Unterschied von einer Revision zur nächsten beschreibt, zum Beispiel korrigierte Defekte und neue Funktionen. Der Einfluß, den die Veränderungen auf die Anwendungssoftware auf vorige Versionen haben könnte, wird ebenfalls aufgelistet. Wenn beispielsweise eine Chromatographiesoftware Macro Kommandos zur anwenderspezifischen Programmierung enthält, werden eventuelle Änderungen der Kommandos aufgeführt. Eine spezifische Software wird durch einen Produktnamen oder Nummer und eine Revisionsnummer charakterisiert. Es ist ein absolutes Muß, daß nur ein einziger Quellcode einer so charakterisierten Software zugeordnet wird.

6.9
Dokumentation

Die Dokumentation aller Validierungsaktivitäten während der Softwareentwicklung ist wichtig, weil sie auf der Seite des Anwenders für einen Audit erforderlich werden könnte. Die Softwaredokumentation ist auch wichtig, um die Kommunikation unter allen Personen zu erleichtern, die Systeme entwickeln, vermarkten, herstellen und schließlich benutzen. Für Softwareentwicklungsingenieure, die Veränderungen implementieren, ist eine gute Dokumentation ein absolutes Muß.

Der Quellcode für Hewlett-Packard Produkte ist gut dokumentiert. Das Entwicklungsumfeld, die Dateistruktur, Compilierverfahren, der Quellcode, erläuternde Kommentarlinien und Datenflußdiagramme werden gesammelt und in einem katastrophensicheren Archiv einer Fremdfirma (Bank) gelagert. Die Dokumentation kann von dazu bevollmächtigten Behörden bei Bedarf eingesehen werden.

Die ganze Systemdokumentation wird bereits während der Softwareentwicklung vollständig erstellt und nicht im nachhinein. Wichtige Validierungsdokumente können dem Benutzer auf Anfrage zur Verfügung gestellt werden, falls dies in Vorbereitung auf eine Inspektion erforderlich ist. Diese Dokumente beinhalten:

- Funktionelle Spezifikationen
- Testbeispiele mit Ergebnisausdrucken
- Verfahren für Leistungsverifizierungen
- Testergebnisse wie während der Validierung erhalten
- Beschreibung der Softwareentwicklung und des
- Validierungsprozesses

Algorithmen und Formeln für die Berechnung von Enddaten aus Rohdaten werden in einem Bedienungshandbuch dokumentiert. Das ist wichtig, um die korrekten Funktionen in der Benutzerumgebung zu verifizieren.

KAPITEL 7

Verantwortlichkeiten von Hersteller/Lieferant und Benutzer

Software zur Steuerung analytischer Geräte und zur Auswertung von Meßdaten wird überwiegend von Software- oder Geräteherstellern bzw. von Lieferanten bezogen. Die Begriffe Lieferant und Hersteller werden in diesem Buch wechselseitig benutzt. Der Hersteller kann, muß aber nicht gleichzeitig Lieferant sein. Mit der Veröffentlichung des Blue Book [3] hat die US FDA Bedenken über die Qualität fremdbezogener Software geäußert. Die Hauptbedenken gingen dahin, daß Software, die im gesetzlich geregelten Bereich eingesetzt wird, nicht in einer solchen Umgebung entwickelt wird. Deshalb macht die FDA die Benutzerfirma generell für die Gesamtvalidierung verantwortlich. Das gleiche fordert auch die OECD in ihrem GLP Konsens-Dokument (siehe Abb. 7.1) [50]. Das bedeutet aber nicht, daß der Benutzer mit dieser Aufgabe alleine gelassen wird. Das wäre in vielen Fällen recht schwierig, da der Benutzer der Software meistens weder die Kenntnis noch die entsprechende Dokumentation zur Verfügung hat, um eine professionelle Validierung der Entwicklungsphase durchzuführen. Die OECD Prinzipen machen deswegen einen Vermerk, daß die Validierung vom Hersteller bzw. Lieferanten im Auftrag des Benutzers durch-

▪ Der Anwender hat sicherzustellen, daß die Softwareprogramme validiert sind.

▪ Die Validierung kann vom Anwender oder vom Lieferanten durchgeführt werden, vorausgesetzt, der Anwender führt einen Akzeptanztest durch.

▪ Der Anwender soll gewährleisten, daß jede von außerhalb bezogene Software über einen anerkannten Lieferanten bezogen wurde. ISO 9001 Registrierung ist zweckdienlich.

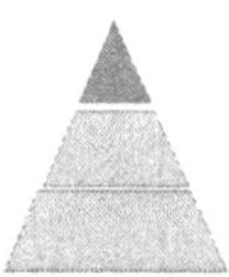

Referenz: OECD Environmental Monograph Nr. 49
Einhaltung der GLP Grundsätze durch Lieferanten

Abb. 7.1. Verantwortlichkeiten der Lieferanten und Benutzerfirmen nach dem OECD GLP Konsenspapier [50].

geführt werden kann. Das ist auch angewandte Praxis der US FDA, wie es von Tetzlaff, einem früheren FDA Inspektor, formuliert wurde: „Die Verantwortung der Systemvalidierung liegt beim Benutzer" [35].

Tetzlaff gibt gleichzeitig die Empfehlung, daß ohne vorherige schriftliche Bestätigung des Herstellers das Benutzerlabor nicht automatisch davon ausgehen sollte, daß der Hersteller die Software während der Entwicklung sachgemäß validiert hat: „Benutzerfirmen sollten ohne entsprechende Dokumentation nicht annehmen, daß fremdbezogene Software richtig validiert wurde. Eine solche Annahme ist häufig unbegründet und FDA-Beamte stoßen immer wieder auf Firmen, die automatische Systeme einsetzen, ohne einen entsprechenden Nachweis deren Validierung zu führen" [35].

Das Computer System Validation Committee der US Pharmaceutical Manufacturer Association veröffentlichte ein Dokument mit dem Titel: Beziehungen Lieferanten/Anwender [78], in dem firmenexterne und -interne Lieferanten gleichermaßen behandelt werden. Darin wird empfohlen, daß dokumentierte Verfahren zur Auswahl und Beurteilung von Lieferanten erstellt werden sollten. Auch hier wird die Gesamtverantwortung des Benutzers für die Einhaltung von Gesetzen betont: „Obwohl eine intensive Zusammenarbeit zwischen Hersteller und Anwenderfirma ein erstrebenswertes Ziel ist, sollte immer die Gesamtverantwortung der Benutzerfirma im Auge behalten werden" [78].

7.1
Softwarekategorien

Wie an vorangegangener Stelle bereits beschrieben, kann man Software in drei Kategorien einteilen:

1. Systemsoftware, z.B. Betriebssysteme wie UNIX®oder Microsoft DOS®.
2. Standardapplikationssoftware, die für analytische Geräte normalerweise von Lieferanten zur Verfügung gestellt und vom Benutzer nicht verändert wird.
3. Benutzerspezifische Applikationssoftware, die vom Benutzer selbst oder in dessen Auftrag erstellt wurde.

7.2
Systemsoftware

Es gibt grundsätzlich keine Meinungsverschiedenheiten über die Systemsoftware. Es wurde bisher von niemandem ernsthaft vorgeschlagen, daß sich der Anwender mit der Validierung von weitverbreiteter Systemsoftware beschäftigen sollte [18]. Man kann davon ausgehen, daß die richtige Funktionsweise jedesmal bestätigt wird, wenn die Applikationsprogramme erfolgreich ablaufen. Weiterhin werden Betriebssysteme in so großer Anzahl eingesetzt, daß eventuelle Fehler sehr frühzeitig bemerkt werden können. Programme mit schwerwiegenden Fehlern können sich schlichtweg nicht auf dem Markt behaupten. Man kann weiterhin davon ausgehen, daß große renommierte Softwarefirmen geeignete Qualitätssicherungsprogramme einsetzen.

7.3
Standardapplikationssoftware

Standard Chromatographiesoftware wird normalerweise von Geräte- oder speziellen Softwareherstellern entwickelt. Ein Teil der Validierung wird bei dem Hersteller durchgeführt, aber der Benutzer sollte Akzeptanztests und fortlaufende Leistungstests durchführen. Manchmal kommt es auch vor, daß für eine bestimmte Applikation Software an verschiedenen Stellen entwickelt wird. Beispielsweise kann der Benutzer unter Zuhilfenahme von entsprechenden Schnittstellen (Kommandos) selbst Programme als Zusatz zur Standard Software für seine eigenen spezifischen Zwecke schreiben. In diesem Fall wird der Gerätehersteller keinerlei Verantwortung für die Richtigkeit und Zuverlässigkeit der vom Benutzer geschriebenen Software übernehmen und der Benutzer sollte diesen Teil der Software vollständig validieren. Es kommt häufig vor, daß Anwender mit der Unterstützung des Herstellers solche Programme gegenseitig austauschen. Auch hier gilt, daß der Benutzer die volle Verantwortung für die Validierung hat.

7.4
Im Auftrag des Benutzers erstellte Software

Ein weiteres Szenario ist, daß der Hersteller im Auftrag und in enger Zusammenarbeit mit dem Benutzer spezielle Anwendungsprogramme, z.B. in Form von Macros erstellt, beispielsweise in einem regionalen Kundendienstbüro. In diesem Fall sollte der Benutzer klar und deutlich die Anforderungen spezifizieren und mit dem Programmierer besprechen. Die Anforderungsliste sollte vom Hersteller und dem Benutzer abgezeichnet werden. Nach Fertigstellung sollte der Benutzer entweder die Software selbst vollständig validieren und die Dokumente archivieren oder vom Hersteller die schriftliche Zusicherung bekommen, daß die Software nach dokumentierten Verfahren des Herstellers entwickelt und validiert wurde. Der Benutzer sollte wiederum einen Funktionstest in seiner Umgebung durchführen.

Manchmal kommt es auch vor, daß ein Benutzer eine spezialisierte Drittfirma, z.B. eine Softwarefirma, mit der Entwicklung solcher Zusatzsoftware beauftragt. In diesem Fall sollte sich der Benutzer versichern, daß die Software nach dokumentierten Verfahren entwickelt und validiert wurde. Falls die Softwarefirma diesen Nachweis nicht erbringen kann, kann sich der Benutzer durch einen direkten Audit selbst ein Bild verschaffen. Hierbei sollte auch geklärt werden, wo die Dokumentation, z.B. der Quellcode aufbewahrt wird.

Dieses Kapitel gibt praktische Hinweise für die Beziehung zwischen Lieferant und Benutzer insbesondere für den Fall, daß die Software vom Benutzer unverändert eingesetzt wird.

7.5
Verantwortung für die Validierung

Validierungsaktivitäten von fremdbezogener Software werden üblicherweise zwischen Hersteller- und Benutzerfirma aufgeteilt. Richtlinien dafür finden sich in dem *UK Pharmaceutical Industry Supplier Guide: Validation of Automated Systems in Pharmaceutical Manufacture* [39]. Es wurde dafür das V-Lebenszyklus-Modell vorgeschlagen (Abb. 7.2). Für benutzerspezifische Software wird empfohlen, daß die Spezifikationen von einem gemeinsamen Expertenteam bestehend aus Hersteller und Benutzer erstellt werden. Für Standardapplikationssoftware, z.B. Auswertesoftware für Chromatographie, sammelt der Hersteller entsprechende Informationen von einer Vielzahl späterer Anwender, um sicherzustellen, daß das Produkt auch die Marktanforderungen erfüllt. Der Hersteller erstellt daraufhin ein Dokument mit Benutzeranforderungen und leitet daraus Produktfunktionen und Leistungsspezifikationen ab. Der einzelne Benutzer hat danach so gut wie keine Möglichkeit mehr, auf die Softwareentwicklung Einfluß zu nehmen. Er hat lediglich die Möglichkeit den Hersteller, das fertige Produkt und eventuell bestimmte Optionen auszuwählen und nach Inbetriebnahme Verbesserungsvorschläge für die nächste Revision zu machen.

Design, Implementierung und Quellcodeüberprüfung sollten auf der Herstellerseite erfolgen während Hardware- und Systemakzeptanztest sowohl vom Hersteller als auch vom Benutzer in dessen typischen Umgebung durchgeführt werden.

Bestimmte Validierungskriterien sollten bei Abschluß eines Vertrags für den Fall berücksichtigt werden, daß Software direkt für den Anwender entwickelt wird. Beispielsweise sollte der Auftraggeber verlangen, daß die Software nach

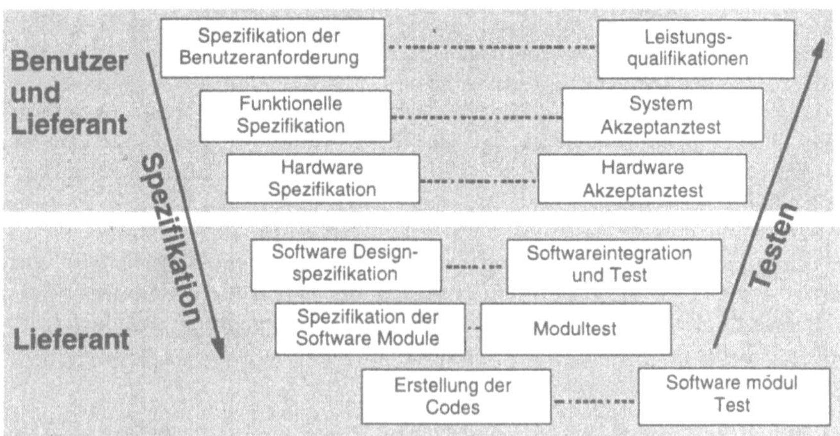

Ref.: UK Pharmaceutical Industry Supplier Guidance: *Validation of Automated Systems in Pharmaceutical Manufacture*, erhältlich von ISPE, NL, Fax: +31 70 345 66 75

Abb. 7.2. Die Verantwortlichkeiten von Lieferanten und Benutzerfirmen bei der Validierung sind in dem UK Pharmaceutical Supplier Guidance [41, 119] beschrieben

dokumentierten Verfahren von dazu qualifiziertem Personal entwickelt und validiert wird. Das Verfahren sollte entweder direkt vom Auftraggeber oder über eine dritte Organisation, z.B. über einen ISO 9001 Audit überprüft worden sein. Der ISO 9001 Qualitätsstandard bietet hier den Vorteil, daß danach zertifizierte Firmen den Nachweis erbracht haben, daß die Produktentwicklung und die Qualifizierung nach solchen dokumentierten Verfahren durchgeführt werden.

Der Hersteller sollte mit jedem Softwareprodukt eine Erklärung mitliefern, daß das jeweilige Produkt auch nach dem dokumentierten Verfahren entwickelt und validiert wurde. Weiterhin sollte der Hersteller sich bereit erklären, daß Dokumente, die während der Entwicklung verwendet oder entwickelt wurden, dem Benutzer und Regierungsbehörden zur Begutachtung zugänglich gemacht werden können.

7.6
Verfügbarkeit des Quellcodes

Der Quellcode wird für die Änderung von Software benötigt, beispielsweise zur Korrektur von Fehlern. Falls der Benutzer den Code von fremdbezogener Software nicht ändert, macht die Forderung der Verfügbarkeit des Quellcodes auf der Benutzerseite wenig Sinn. Eine detaillierte Überprüfung des Codes überfordert meist die Möglichkeiten des Benutzers und ist im Grunde für ein Softwareprojekt mit mehreren 100 000 Zeilen zur Aufdeckung von Fehlern auch wenig sinnvoll. Beispielsweise wurde berichtet [41], daß die Durchführung einer solchen Überprüfung für einen Code mit 1,5 Mio. Zeilen 40 Mannjahre erfordern würde, unter der Annahme, daß eine Person nicht mehr als 100 bis 150 Zeilen pro Tag bearbeitet. Der Aufwand für eine solche Überprüfung kann leicht die Zeit für die Softwareentwicklung übertreffen.

Trotz aller Argumente kommt es bei diesem Punkt immer wieder zu Diskussionen. Der Grund dafür ist der US FDA Policy Guide 132a.15 [15] von 1987, in dem die Verfügbarkeit von Anwendungssoftware am Arbeitsplatz des Benutzers gefordert wird. Dabei wird nicht unterschieden, ob die Software selbst entwickelt oder fremdbezogen wurde. Obwohl die Einhaltung dieser Richtlinie in der Praxis bei FDA Inspektionen weder überprüft noch verlangt wird, steht in dem im Jahre 1995 von der OECD freigegebenen GLP Konsens-Dokument, daß einzelne Länder eine solche Verfügbarkeit des Quellcodes verlangen können [126]. In Deutschland besteht diese Forderung nicht.

Es wird allerdings empfohlen, daß der Hersteller den Quellcode gut aufbewahrt und im Zweifelsfall Regierungsbehörden verfügbar machen kann. „Zur Absicherung des Benutzers sollte der Hersteller vertraglich zusichern, daß der Quellcode sicher aufbewahrt und dem Benutzer zugänglich gemacht wird, falls die Herstellerfirma sich aus dem Geschäft zurückzieht" [7].

Hersteller reagieren generell positiv auf diese Forderung. Hewlett-Packard erklärt offiziell in der *Erklärung zur Systemvalidierung*, die mit jeder HPLC, GC, UV/Visible und CE ChemStation verschickt wird, daß der Quellcode für diese Produkte Behörden zugänglich gemacht werden kann. Der Quellcode für die in Waldbronn, Deutschland, entwickelten Produkte ist in einem Banksafe aufbewahrt. Sisk [79] berichtete, daß Perkin-Elmer den Quellcode zur Absicherung der Kundenbedürfnisse ebenfalls bei einer unabhängigen Drittfirma aufbewahren läßt. Chapman gab in einer Veröffentlichung weitere Empfehlungen für typische Vertragsvereinbarungen zu diesem Thema [80].

7.7
Testen bei dem Hersteller und Bereitstellen von Spezifikationen

Der Hersteller sollte zusammen mit der Software eine detaillierte Liste mit Spezifikationen und mit notwendigen Umgebungsbedingungen für Computer- und Gerätehardware zur Verfügung stellen. Diese Bedingungen werden vor Freigabe des Produktes nach nationalen oder internationalen Standards, z.B. nach CSA (gültig für USA und Kanada), oder nach VDE (gültig für Deutschland) ermittelt und beinhalten zum Beispiel Umgebungstemperatur, Luftfeuchtigkeit oder elektromagnetische Verträglichkeit.

Computersysteme sollten vor Freigabe zur Produktion auf der Herstellerseite ausgiebigst getestet werden. Sowohl die US FDA als auch die OECD vertritt die Ansicht, daß Testergebnisse dem Benutzer zugänglich gemacht werden sollten, obwohl offensichtlich einige Benutzer dafür wenig Verständnis haben: „Einige Benutzer von fremdbezogener Software halten es für nicht praktikabel oder unrealistisch, daß der Hersteller Testdaten zur Verfügung stellt. Für die FDA ist das eine nicht akzeptable Annahme. Benutzerfirmen sollten alternative Hersteller in Erwägung ziehen, falls der Hersteller nicht in der Lage oder nicht bereit ist, Testdaten zur Verfügung zu stellen" [35]. In dem OECD GLP Konsens-Dokument: *Compliance of Laboratory Suppliers with GLP Prin-*

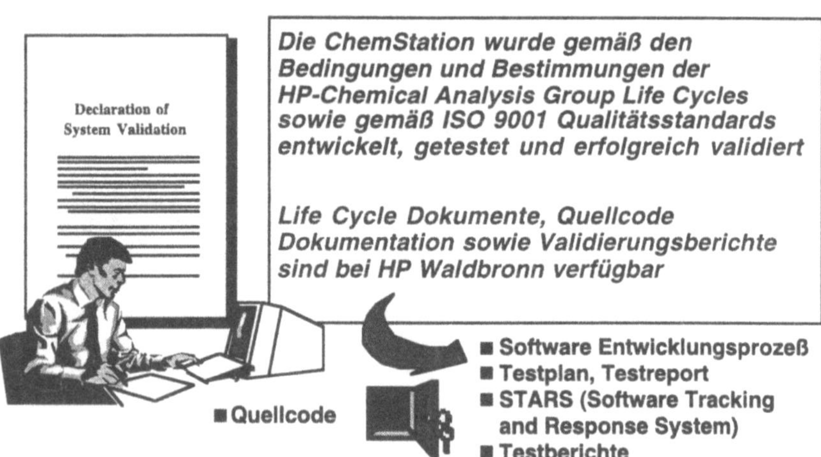

Abb. 7.3. Hewlett-Packard's Chemical Analysis Group validiert Softwareprodukte nach dem Product Life Cycle Dokument. Mit einer Erklärung zur Systemvalidierung wird bestätigt, daß das einzelne Produkt nach diesem Verfahren validiert wurde. Das Dokument kann als Nachweis für die Validierung während der Entwicklung herangezogen werden.

ciples [50] steht ebenso deutlich: „Von Herstellern wird erwartet, daß sie alle Informationen zur Verfügung stellen, die erforderlich sind, die korrekte Leistungsfähigkeit des Systems nachzuweisen."

Clark [37] führt zu diesem Themenkomplex weiterhin aus, daß die Dokumentation über eine erfolgreiche Validierung nicht aufwendig sein muß. Sie soll lediglich bestätigen, daß der Hersteller eine sorgfältige Validierung durchgeführt hat. Der Hersteller sollte alle Dokumentationen über die Validierung aufbewahren und im Bedarfsfall dem Benutzer zugänglich machen. Es genügt nicht, einfach nur darauf hinzuweisen, daß das System validiert ist.

7.8
Tests auf der Benutzerseite

Das Computersystem sollte im Labor des Anwenders getestet werden,

- bevor es für den laufenden Betrieb eingesetzt wird,
- wann immer schwerwiegende Änderungen an dem System durchgeführt werden,
- nach Reparaturen und
- in regelmäßigen Zeitabständen.

„Jede Computersoftware, einschließlich der von einem Lieferanten bezogenen, sollte einem Akzeptanztest unterzogen werden, bevor sie im Routinebetrieb eingesetzt wird" [50] und „Es ist die Verantwortung des Benutzers, einen Akzeptanztest durchzuführen, bevor die Software benutzt wird. Der Akzeptanztest sollte dokumentiert werden". Während des Akzeptanztests sollte überprüft werden, ob die beabsichtigten Funktionen richtig ausgeführt werden. Man bezeichnet diesen Test häufig als *Funktionstest* oder *Black Box Test*. Für ein computergesteuertes chromatographisches System beinhaltet ein solcher Test die richtige Kommunikation zwischen Computer und Meßgerät, die Datenaufnahme, Integration, Quantifizierung sowie das Abspeichern, Wiedereinlesen und Ausdrucken von Daten. Falls das System auch spektrale Funktionen beinhaltet, sollten auch diese getestet werden, z.B. Peakreinheitskontrollen und Peakidentifizierung über eine Spektrenbibliothek mit einem UV/Visible Diodenarray Detektor.

Der Hersteller kann bei der Vorbereitung und Durchführung der Tests in vielfältiger Weise behilflich sein. Beispielsweise kann er Testprozeduren mit entsprechenden Dateien zur Verfügung stellen, mit denen das System möglichst automatisch getestet werden kann. In der Chromatographie können dies Rohdaten- und Methodenfiles sowie Softwareroutinen für die automatische Durchführung der Integration, Quantifizierung und Berichterstattung sein. Die Verifizierung erfolgt über den Vergleich der jeweils neu berechneten Werte mit ursprünglich berechneten und auf einem Speichermedium elektronisch abgespeicherten Referenzwerten.

7.9
Unterstützung durch den Lieferanten

Der Lieferant sollte während der gesamten Laufzeit des Systems schnelle und qualitativ hochwertige Unterstützung gewährleisten. Das beinhaltet Hilfe bei der Auswahl des richtigen Produktes und der richtigen Optionen durch sachgemäße Beratung beim Kauf, eine reibungslose Inbetriebnahme durch zur Verfügungstellung von entsprechenden Checklisten und durch direkte oder telefonische Beratung für den Fall, daß der Benutzer Probleme mit dem Produkt oder der Bedienung hat. Der Hersteller sollte ebenfalls ein umfassendes Schulungsprogramm anbieten und vorbeugende Wartungsmaßnahmen empfehlen, um einen Ausfall während des Betriebs möglichst zu verhindern.

7.10
Kombinierte Standard- und benutzerspezifische Software

Es kommt häufig vor, daß auf einem System Funktionen ausgeführt werden, die auf einer Kombination von Standardprogrammen und benutzerspezifischen Programmen beruhen. Ein einfaches Beispiel hierfür ist eine modifizierte Reporterstellung über vom Benutzer erstellte Macros. Wie früher bereits ausgeführt, sollte die Validierung der vom Benutzer erstellten Software auch vom Benutzer durchgeführt werden.

Die Dokumentation sollte mindestens beinhalten:

- ☑ Aussage über den Zweck der Software
- ☑ Liste mit Benutzeranforderungen
- ☑ Beschreibung der Softwarefunktionen, Ausdruck des Programms
- ☑ Testplan und erwartete Testergebnisse
- ☑ Protokolle über ausgeführte Tests und Testergebnisse (Vergleich von manuell berechneten mit über das Programm ermittelten Ergebnissen)
- ☑ Benutzeranweisungen für die Installation und Inbetriebnahme
- ☑ Dokumentation über Schulungsmaßnahmen, falls erforderlich Hinweise für fortlaufende Tests zur Sicherstellung der langfristigen Leistung
- ☑ Verfahren für autorisierte Änderungen
- ☑ Genehmigungen
- ☑ Datum der Erst- und Nachfolgeinstallationen mit Versionsnummern und Angaben zu den jeweiligen Änderungen
- ☑ Name des Autors

Auch bei solchen Programmen empfiehlt sich die Erstellung von Testdateien und Testroutinen, mit denen sich eine automatische Funktionsüberprüfung durchführen läßt.

Bei solchen Kombinationen kann es zu Problemen kommen, wenn die Standardsoftware vom Hersteller geändert wird und die Änderung auch das vom Benutzer entwickelte Programm beeinflussen kann, beispielsweise wenn sich die Kommandos für die Macro-Programmierung geändert haben. In diesem Fall sollte der Benutzer eine ausführliche Information über die Änderung und

- Beschreibung des Zwecks
- Anforderungs-Spezifikation
- Programmbeschreibung, Ausdruck
- Testprotokolle und Ergebnisse
- Bedienungshinweise
- Schulung des Bedienungspersonals
- Sicherheitsmaßnahmen für Änderungen
- Name des Autors und Genehmigungen
- Datum der Installation

Abb. 7.4. Erforderliche Mindestdokumentation für die Validierung von Programmen, die vom Benutzer des Systems geschrieben wurden, z.B. Macros für Auswertesoftware

die Auswirkung auf Benutzerprogramme bekommen. In jedem Fall sollte der Benutzer das von ihm geschriebene Programm mit der neuen Standardsoftware des Herstellers testen.

Eine ähnliche Vorgehensweise sollte gewählt werden, wenn der Benutzer eigene Programme unabhängig von der Herstellersoftware entwickelt. Der Aufwand für die Validierung hängt in diesem Fall von der Komplexität des Programms ab. Falls der Quellcode für das Programm nur wenige Zeilen beinhaltet, kann der Aufwand für die Validierung niedrig gehalten werden. In diesem Fall würde es genügen:

1. Die Software und was damit erreicht werden soll kurz zu beschreiben.
2. Die Software zu entwickeln.
3. Einen Testplan mit den zu erwartenden Ergebnissen zu entwickeln.
4. Den Test in der Art durchzuführen, daß die Berechnung von bekannten Testdaten auf von dem Programm unabhängige Art ermittelt und die Ergebnisse mit den unter Verwendung des Programms ermittelten Ergebnissen verglichen wird.
5. Ein Verfahren über die autorisierte Änderung des Programms zu entwickeln.
6. Den gesamten Vorgang zu dokumentieren.

Schritt Nummer vier sollte möglichst automatisiert und in regelmäßigen Zeitabständen durchgeführt werden.

Das gleiche Konzept kann bei dem Einsatz von Tabellenkalkulationsprogrammen verwendet werden. In diesem Fall ist es nicht notwendig, von dem Hersteller den Nachweis einer Validierung zu verlangen sondern die richtige Funktionsweise für die spezielle Anwendung an Hand von einigen ausgewählten Beispielen zu überprüfen und die Ergebnisse zu dokumentieren.

Tabelle 7.1 enthält eine Zusammenfassung über die Verantwortlichkeiten von Herstellern und Benutzern für die Validierung.

Tabelle 7.1. Zusammenfassung von typischen Aufgaben von Hersteller und Benutzer

Hersteller	Benutzer
• Einsatz eines dokumentierten Qualitätsmanagementsystems für Entwicklung und Validierung vonSoftware	• Gesamtverantwortung für die Validierung
• Design und Quellcodeerstellung	• Definiere Benutzeranforderungen für ein spezielles Projekt oder Erstellung eines generellen Verfahrens zum Erwerb von Software
• Überprüfung des Quellcodes (structural testing)	• Auswahl und Qualifikation des Herstellers
• Funktionstest	• Auswahl des Produkts und entsprechender Optionen
• Bereitstellung von Spezifikationen	• Akzeptanztest (Funktionstest im Labor des Benutzers)
• Erstellung von Dokumenten zur Validierung	• Routinewartung
• Bereitstellung von Testverfahren	• Dokumentation von Kalibrierung und Wartung
• Bereitstellung von mathematischen Formeln	• Durchführung von Leistungsüberprüfungen
• Bereitstellung von Schulungsmaßnahmen	• Information des Herstellers über eventuell aufgetretene Probleme
• Erstellung eines Benutzer-Feedbacksystems	• Erstellung und Überwachung von Sicherheitsmaßnahmen
• Sichere Aufbewahrung des Quellcodes und der Dokumentation über die Validierung	• Durchführung und Dokumentation von Schulungsmaßnahmen

KAPITEL 8

Kalibrierung, Verifizierung und Validierung von Analysegeräten

Im Vergleich zur Software und Computersystemen gestaltet sich die Validierung und Verifizierung von Gerätehardware relativ einfach. Analytische Gerätehardware besteht häufig nur aus einem einzigen Modul und ist damit weit weniger komplex. Spezifikationen und Prüfbedingungen sind in der Regel verfügbar und im Gegensatz zur Software werden Hardwaregerätefehler bei der Inbetriebnahme und im laufenden Betrieb schneller erkannt. Hardware hat jedoch auch einen wesentlichen Nachteil: sie kann sich mit der Zeit durch normalen Gebrauch verschlechtern. Das kann die Leistungsfähigkeit und Zuverlässigkeit eines Systems negativ beeinflussen. Beispielsweise kann sich bei Verunreinigung einer HPLC Detektorzelle das Basislinienrauschen erhöhen und damit die Bestimmungsgrenze des Gesamtsystems verschlechtern.

Der Schwerpunkt bei den Hardwaremaßnahmen liegt mehr bei der Wartung, Reinigung, Kalibrierung und Leistungsfähigkeitsüberprüfung und soll vor allem die Teile abdecken, die sich im Laufe der Zeit verändern können. Die physische Verschlechterung über die Zeit soll beobachtet werden, beispielsweise die Alterung einer UV/Vis Lampe. In solchen Fällen soll eine häufigere Leistungsüberprüfung durchgeführt werden. Ähnlich wie bei der Software werden auch die Validierung und Verifizierung der Gerätehardware sowohl auf der Hersteller- als auch auf der Anwenderseite durchgeführt.

Die Validierung und Verifizierung von Hardware begleitet das Gerät während der gesamten Lebensdauer. Ein Validierungskonzept für Hardware wurde in dem UK Pharmaceutical Industry Supplier Guidance vorgeschlagen [41]. Die Lebenszeit wird ähnlich wie bei der Software in verschiedene Phasen eingeteilt: Spezifikation, Konstruktion, Installation und Betrieb. Während jeder Phase werden formale Checks durchgeführt um sicherzustellen, daß das Produkt in jeder Phase mit den Anforderungen übereinstimmt.

Normalerweise werden analytische Geräte von einem Hersteller bezogen. Validierungsaktivitäten laufen sowohl auf der Herstellerseite als auch beim Anwender ab. Während der Hersteller für die Erstellung der Spezifikation, die Konstruktion, die Entwicklung, Herstellung und für die Überprüfung der Spezifikationen verantwortlich ist, sollte der Benutzer die Leistungsfähigkeit in seinem Labor entsprechend der geplanten Verwendung überprüfen. Diese Überprüfung sollte sowohl bei der Inbetriebnahme als auch im laufenden Betrieb erfolgen.

Alle Produktentwicklungs-, Herstellungs- und Prüfaktivitäten auf der Herstellerseite sollten nach schriftlichen Verfahren durchgeführt werden und Teil

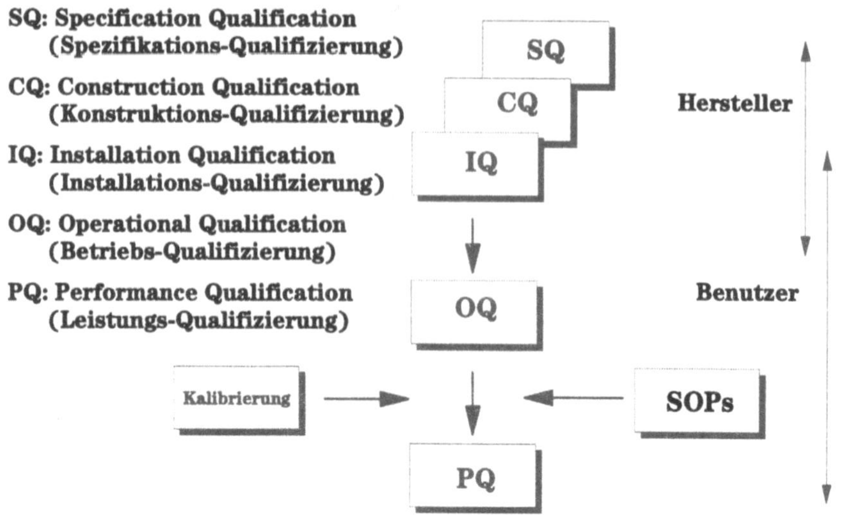

Abb. 8.1. Modell der Gerätevalidierung und Verantwortlichkeiten des Herstellers und Benutzers

eines integrierten Qualitätssicherungssystems sein. Das Qualitätssicherungssystem sollte von einer unabhängigen Organisation überprüft und zertifiziert worden sein, z.B. nach ISO 9001.

8.1
Validierung und Verifizierung bei dem Hersteller

Als Beispiel für die Validierung bzw. Verifizierung auf der Seite des Herstellers wird das Verfahren bei Hewlett-Packard, Werk Waldbronn, Deutschland, angeführt. Die Entwicklung und Verifizierung von Gerätehardware folgt einem ähnlichen Schema wie bereits in Kapitel sechs für Software beschrieben. Wie bei der Software wird auch der Gerätehardwarezyklus in verschiedene Phasen eingeteilt, wobei die einzelnen Phasen durch formale Meetings abgeschlossen werden.

Jede Produktentwicklung beginnt mit einer Marktuntersuchung in Form von direkten Besuchen, Telephoninterviews und durch Versendung von Fragebögen an Kunden. Als Ergebnis dieser Befragung wird das External Reference Specifications (ERS) Dokument erstellt. Außer den Funktionen des Gerätes und den Leistungsspezifikationen wie Präzision und Linearität werden darin auch andere Anforderungen wie zum Beispiel Zuverlässigkeit, Benutzbarkeit, Servicefreundlichkeit, Verkaufspreise und Betriebskosten definiert.

Für jedes Projekt wird ein Projektteam gebildet, das aus Mitgliedern der Entwicklung, Marketing, Qualitätssicherung, der Produktion und der Verwaltung besteht. In den verschiedenen Phasen werden Prototypen gebaut, die je nach Entwicklungsstand auf die anfangs erstellten Funktionen und Leistungen hin überprüft werden. Diese Tests beziehen sich auch auf die Zuverlässigkeit, Benutzbarkeit und Servicefreundlichkeit. Während allen Phasen werden die Herstellungskosten im Auge behalten, um sicherzustellen, daß die finanziellen Ziele der Firma erreicht und genügend Mittel für zukünftige Projekte erwirtschaftet werden.

Während allen Phasen werden Prüfverfahren entwickelt, die es erlauben, die Leistungsfähigkeit zu überprüfen. Die Verfahren werden schließlich so verfeinert und möglichst so automatisiert und dokumentiert, daß sie auch von den späteren Benutzern effizient eingesetzt werden können.

Zur Abschätzung der jährlichen Fehlerrate werden Streßtests unter extremen Umgebungsbedinungen durchgeführt. Beispielsweise werden die Geräte in Thermostaten bei extrem hohen und niedrigen Temperaturen und bei hoher Luftfeuchtigkeit betrieben. Zur Gewährleistung der Sicherheit werden Radiofrequenz-Interferenz-Tests in Übereinstimmung mit verschiedenen nationalen und internationalen Sicherheitsnormen durchgeführt. Diese Tests sind zum Beispiel erforderlich, um das CE-Zeichen für die Geräte zu bekommen.

Schon in frühen Phasen der Geräteentwicklung wird damit angefangen, die Dokumentation für den Benutzer zu erstellen. Dazu gehören das Bedienungshandbuch mit Anleitungen über die optimale Bedienung und Wartung des Gerätes, Standardarbeitsanweisungen mit detaillierten Prüfverfahren und Service-Handbücher für Wartung und Reparaturen.

Vor der Freigabe der Geräte für die Produktion und den Versand zum Kunden werden sie ausgiebig getestet. Die Tests werden sowohl intern im Applikationslabor als auch extern bei Kunden durchgeführt. Dabei wird besonders darauf geachtet, daß die Geräte mit möglichst vielen unterschiedlichen Proben getestet werden. Dadurch soll gewährleistet werden, daß sie für alle späteren Anforderungen geeignet sind.

Weiterhin werden auch Prüfverfahren erarbeitet, die es gestatten, das Einhalten der Spezifikation jedes einzelnen Gerätes beim Versand des Gerätes zu gewährleisten. Kritische Tests werden bei jedem Einzelgerät durchgeführt, andere in regelmäßigen Zeitabständen. Zu den Versandpapieren von jedem Gerät gehört eine Erklärung zur Konformität *(Declaration of Conformity)*. Das Dokument wurde gemäß ISO Guide 22 und EN 45014 erstellt und bestätigt, daß jedes Gerät dokumentierte Spezifikationen einhält, wenn es das Werk verläßt. Die *Declaration of Conformity* ist ein Auszug aus dem detaillierten Testbericht und enthält folgende Informationen:

- Name und Anschrift des Herstellers
- Deutliche Produktidentifikation (Bezeichnung, Produktnummer, Seriennummer)
- Ort und Datum, wo und wann die Erklärung erstellt wurde
- Name und Unterschrift der Testperson
- Liste mit getesteten Funktionen

Wenn die Geräte verschickt sind, werden eventuell bei den Kunden auftretende Fehler erfaßt und in eine Datenbank eingegeben. Jeder Fehler wird analysiert und einem bestimmten Herstellungsprozeß zugeordnet. Die Datenbank enthält auch eine Liste von Teilen, die am häufigsten ausfallen. Falls erforderlich, ver-

Für Gerätehardware

- Erklärung, daß das Gerät mit den dokumentierten Spezifikationen übereinstimmt
- Beinhaltet Produktnummer, Seriennummer, Testparameter, Unterschrift

Konform mit
ISO Guide 22 und
EN 45014

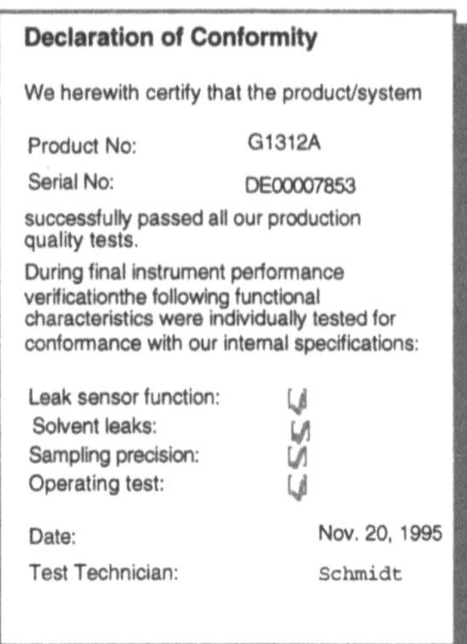

Abb. 8.2. Erklärung zur Konformität *(Declaration of Conformity)* gemäß EN 45014 und ISO Guide 22.

anlaßt die Qualitätssicherungsabteilung einen Plan mit Korrekturmaßnahmen, der zusammen mit der Entwicklungs- und Produktionsabteilung implementiert wird.

8.2
Aktivitäten am Ort des Benutzers

Analytiker gehen im allgemeinen davon aus, daß alle von namhaften Herstellern gelieferten und von bekannten Spediteuren transportierten Geräte umfassend überprüft und bei Ankunft am Bestimmungsort allen veröffentlichten Spezifikationen entsprechen. Eine solche Annahme ist nur bedingt gerechtfertigt. Häufig testen Hersteller ihre Geräte nur unter ganz bestimmten, ausgewählten Aspekten auf Übereinstimmung mit Spezifikationen oder sie testen nur einen bestimmten Prozentsatz von Geräten.

Es gibt einen zweiten Grund, warum Geräte beim Benutzer getestet wurden: die Umgebung kann total unterschiedlich sein. Beispielsweise können Hochfrequenzmotoren in der Nähe des Gerätes die Datenübertragung zwischen einem Detektor und dem Computer beeinflussen.

Schon bevor ein Gerät eintrifft, kann der Benutzer Maßnahmen zur Sicherstellung einer reibungslosen Installation und Inbetriebnahme treffen. Die Aktivitäten des Benutzers können in drei Phasen eingeteilt werden:

- Bestellung
- Installation
- Betrieb

Die Hauptaktivitäten jeder Phase sind in Tabelle 8.1. aufgelistet.

Tabelle 8.1. Hauptaktivitäten bei der Bestellung, Installation und Inbetriebnahme

Bestellung
- Auswahl der richtigen Analysentechnik
- Auswahl des geeigneten Lieferanten
- Auswahl des Gerätes mit den geeigneten Leistungsmerkmalen und Funktionen

Installation
- Vorbereitung des geeigneten Raums, des Laborplatzes, der elektrischen-, Gas- und Wasserversorgung entsprechend den Empfehlungen des Herstellers
- Überprüfung der Gerätelieferung auf Richtigkeit und Vollständigkeit. Die Überprüfung sollte auch das Zubehör wie Kabel, Ersatzteile und Dokumentation beinhalten.
- Durchführung eines Funktionstests
- Schulung des Bedienungspersonals

Betrieb
- Überprüfung der Leistungsfähigkeit für den geplanten Anwendungsbereich
- Entwicklung eines Plans zur kontinuierlichen Leistungsüberprüfung im Routinebetrieb
- Erstellung eines Wartungsplans

Die Auswahl der optimalen Gerätekonfiguration sollte von einem Expertenteam getroffen werden, das sich aus Vertretern des Lieferanten und des Benutzers zusammensetzt. Von der Seite des Benutzers sollten Sachverständige aus dem Labor, der Qualitätssicherungseinheit und dem Informationsmanagement involviert sein. Die letztgenannte Abteilung ist wichtig, falls das System in ein firmeninternes Netzwerk eingebunden werden soll.

Für komplexere Systeme sollten Applikationsingenieure des Herstellers hinzugezogen werden, um das Gerät optimal für die Anwendung des Benutzers zu konfigurieren. Dafür ist es notwendig, daß die richtigen Optionen und das richtige Zubehör ausgewählt werden. Es sollte ein Vertrag zwischen der Hersteller- und Benutzerfirma abgeschlossen werden, der Fragen zur Installation, Validierung, Garantie, Support, und Wartung abklärt.

In den folgenden Kapiteln werden die erforderlichen Aktivitäten am Ort des Benutzers näher erläutert.

KAPITEL 9

Auswahl und Qualifizierung des Geräteherstellers

Eine der wichtigsten Entscheidungen bei der Validierung von fremdbezogenen Geräten ist die Auswahl eines geeigneten Geräteherstellers. Ohne die Hilfe des Geräteherstellers und der entsprechenden Dokumentation kann praktisch kein Nachweis erbracht werden, daß Software während der Entwicklung validiert wurde. Der Hersteller kann auch durch direkte Hilfe bei der Installation und Inbetriebnahme den dafür normalerweise erforderlichen Zeitaufwand verkürzen. Eine erhebliche Zeit- und Kostenersparnis erfolgt weiterhin durch Arbeitsanweisungen, zertifizierte Standards und Software für die automatische Geräteüberprüfung vor und während des laufenden Routinebetriebs. In diesem Kapitel werden Hinweise gegeben, was bei der Auswahl des Geräteherstellers im Hinblick auf eine schnelle, effiziente und zuverlässige Validierung zu beachten ist.

9.1
Auswahl des Geräteherstellers/Lieferanten

Die wichtigste Voraussetzung für die Auswahl des Geräteherstellers ist die Verfügbarkeit von Geräten mit den erforderlichen Leistungsmerkmalen. Dazu kann es erforderlich werden, sich von der Leistungsfähigkeit entweder selbst durch entsprechende Tests oder durch Drittpersonen zu überzeugen. Da sich jedoch zumindest bei den konventionellen Analysetechniken die Leistungsmerkmale und Funktionen immer ähnlicher werden, spielen heute andere Faktoren bei der Auswahl der Lieferanten eine genauso wichtige Rolle: Investitions- und Betriebskosten, Bedienungsfreundlichkeit, Wartungsfreundlichkeit, Zuverlässigkeit, Einbindung in vorhandene Computersysteme und eingebaute Funktionen für Kalibrierung und Qualifizierung. Auf einer Konferenz von GLP-Praktikern, die 1991 in Deutschland stattfand, referierte einer der Redner über die bei der Wahl des Gerätelieferanten für GLP-Prüfungen zugrundezulegenden Kriterien. Interessanterweise standen dabei nicht die Leistungsmerkmale der Geräte im Vordergrund, sondern die Vertrautheit des Lieferanten mit GLP-spezifischen Fragen, sein Kundendienstangebot und die Frage, ob er in der Lage ist, Validierungspakete für die Überprüfung der Geräte bereitzustellen. Nachfolgend wird auf diese Kriterien im einzelnen eingegangen.

9.1.1
Wie vertraut ist der Lieferant mit Fragen der GLP/GMP?

Dies ist die erste und wichtigste Frage. Ein Unternehmen, das nicht mit den GLP/GMP-Bestimmungen vertraut ist, kann weder Produkte noch Dienstleistungen anbieten, die dem Anwender GLP/GMP-konformes Arbeiten ermöglichen.

9.1.2
Ist der Hersteller bereit, eine Inspektion zuzulassen?

Obwohl Lieferantenaudits meist wenig sinnvoll sind und auch selten durchgeführt werden, sollte sich ein Lieferant grundsätzlich dazu bereit erklären.

9.1.3
Bietet der Lieferant einen angemessenen Kundendienst?

Entsprechende Fragen sollten die Response-Zeit, die Mitarbeiterschulung und den Support für nicht mehr gefertigte Produkte betreffen. Es wurde ausdrücklich darauf hingewiesen, daß von großen Unternehmen mit größerer Wahrscheinlichkeit eine langfristige Unterstützung erwartet werden kann, da diese in der Regel über eine gesicherte Marktposition verfügen.

9.1.4
Verfügen die Geräte über alle erforderlichen Funktionen?

Analytische Geräte müssen in der Lage sein, die anstehenden Anwendungsprobleme im Hinblick auf GLP zu lösen. Geräte sollten über eingebaute Diagnose- und Kalibrierfunktionen verfügen. Die Software sollte in der Lage sein, Gerätequalifizierungen und Systemeignungsprüfungen automatisch durchzuführen und die Integrität der Daten zu gewährleisten.

9.1.5
Garantiert der Lieferant den Zugriff auf den Quellcode?

Behörden können den Zugriff auf den Quellcode und auf Validierungsdokumente verlangen. Obwohl auch dieser Fall recht selten eintreten dürfte, sollte der Hersteller dafür eine Garantie abgeben. Der Quellcode sollte an einem sicheren Ort aufbewahrt werden und auch dann zur Verfügung stehen, wenn sich der Hersteller aus dem Geschäft zurückzieht.

9.1.6
Stellt der Hersteller Algorithmen zur Berechnung von Daten zur Verfügung?

In vielen Fällen kann die richtige Funktion einer Software nur überprüft werden, wenn die Berechnungsformeln vorliegen. Der Hersteller sollte deshalb Formeln zur Berechnung von Endergebnissen aus Rohdaten zur Verfügung stellen.

9.1.7
Hat der Hersteller ein zertifiziertes Qualitätsmanagementsystem?

Ein zertifiziertes Qualitätsmanagementsystem ist heute fast schon ein Muß
für einen Gerätehersteller. Benutzerfirmen sind meist selbst zertifiziert und
verlangen das gleiche auch von ihren Lieferanten. Es sollte darauf geachtet
werden, daß die Zertifizierung nicht nur Produktion und Vertrieb sondern
auch die Entwicklungsabteilung und den Support betrifft.

9.1.8
Hilft der Lieferant bei der Validierung vor Ort?

Geräte sollten bei der Installation und für den Betrieb qualifiziert werden
(IQ/OQ). Hersteller sollten in der Lage sein, diese Qualifizierungen im Auftrag der Benutzerfirma in deren Labors durchzuführen.

9.2
Qualifizierung des Geräteherstellers

Die Benutzer von Software sind letztendlich für die Gesamtvalidierung verantwortlich. Teile der Validierung, z.B. Validierung während der Entwicklung,
können an den Hersteller übertragen werden. Behörden und die pharmazeutische Industrie empfehlen daher den Benutzern von Standardapplikationssoftware die Hersteller oder Lieferanten zu qualifizieren. Dafür gibt es mehrere
Möglichkeiten:

- Nachweis über die Anwendung eines anerkannten Qualitätssicherungssystems, z.B. ISO 9001
- Einsenden von Checklisten und zufriedenstellende Beantwortung entsprechender Fragen.
- Direkter Audit

Audits von Herstellern durch die pharmazeutische Industrie werden manchmal als Teil des Validierungsplans durchgeführt. Beispielsweise hatte Hewlett-
Packard schon mehrere solcher Audits. Sisk [79] von Perkin-Elmer berichtete,
daß das Werk von PE-Nelson in Cupertino, USA, fast jeden Monat einen solchen Audit hat. Allerdings sind solche Audits nicht sehr effektiv. Ein solches
System könnte beispielsweise nicht aufrecht erhalten werden, wenn bei jedem Gerätekauf jede Benutzerfirma jeden Hersteller auditieren würde. Deshalb
wurde auf der *Management Forum Conference* [39] empfohlen, daß Kunden
ihre Erfahrungen mit Herstellern austauschen sollten, wenn die Auditinhalte
die gleichen sind. „Falls ein anderer Kunde den Lieferanten bereits aus dem
gleichen Grund auditiert hat, dann mag ein solcher Audit für den zweiten
Kunden nicht mehr erforderlich sein, falls der erste Kunde seine Erfahrung
mit dem zweiten austauscht“. Das trifft natürlich auf Standardapplikationssoftware ohne benutzerspezifische Programmteile immer zu. Das gleiche Dokument empfiehlt auch, Audits nach ISO 10011 Teil 1 [75] durchzuführen.

Wünschenswert wäre ein System, das Hersteller durch Zertifizierung nach einem anerkannten Qualitätssicherungssystem qualifiziert und daß eine solche Qualifizierung auch von allen Behörden als ausreichend anerkannt würde. ISO 9001 bietet dafür einen guten Ansatz, wird aber derzeit weder von Behörden noch von der pharmazeutischen Industrie in allen Fällen als ausreichend erachtet [42]. Als Grund wird dabei angeführt, daß bei solchen Audits die fachlichen Inhalte insbesondere Fragen der Sicherheit nicht genügend berücksichtigt werden. Trotzdem ist die Registrierung nach ISO 9001 bei direkten Audits durch Benutzerfirmen immer vorteilhaft. Beispielsweise ist die für alle Audits erforderliche Dokumentation, z.B. Standardarbeitsanweisungen über Entwicklung und Validierung oder Dokumentation über Personalqualifikation schon vorhanden.

Bisher wurden gute Erfahrungen mit sogenannten Mail-Audits gemacht. Dabei übersendet die Benutzerfirma dem Hersteller einen Katalog mit Fragen, wie sie normalerweise bei Audits gestellt werden. Falls alle Fragen zur Zufriedenheit beantwortet werden, wird ein direkter Audit nicht mehr erforderlich sein. Tabelle 9.1. enthält Beispiele für solche Fragen. Die Information stammt dabei insbesondere von der Erfahrung, die der Autor mit mehreren solcher Audits gemacht hat sowie von mehreren Veröffentlichungen zu diesem Thema. Beispielsweise hat das US PMA Computer System Validation Committee mit den Autoren Christoff und Sakers [78] ein Dokument über Hersteller-Benutzer-Beziehungen mit einer Liste von Empfehlungen über die Qualifizierung von Herstellern publiziert. Abel [83] veröffentlichte ebenfalls Empfehlungen über die Durchführung von Audits bei Herstellern.

Tabelle 9.1. Checkliste für Qualifizierung von Lieferanten

Information über die Firma

☑ Firmenvergangenheit: wie lange ist die Firma in dem Geschäft?
☑ Finanzielle Lage (versuchen Sie, einen Geschäftsbericht zu bekommen)?
☑ Ist die Firma zur Zeit in Verkaufsverhandlungen?
☑ Größe (Anzahl der Mitarbeiter)?
☑ Wie hoch ist der Anteil der Ausgaben für Produktentwicklung?
☑ Ist die Firma in dem Markt etabliert?
☑ Gibt es Firmengrundsätze zur Qualität, Sicherheit etc.?
☑ Gibt es ein Qualitätsmanagementsystem?
☑ Ist die Firma nach einem anerkannten Qualitätsstandard zertifiziert, z.B. nach ISO9001 (verlangen Sie das Zertifikat).
☑ Wurde die Firma bereits von vergleichbaren Kunden auditiert?

Organisation

Gibt es eine formale Qualitätssicherungseinheit (verlangen Sie Organisationscharts)?

Softwareentwicklung

☑ Wird die Software gemäß anerkannten Softwareentwicklungsstandards durchgeführt (z.B. IEEE, ANSI, ISO9000-3)?
☑ Gibt es ein Qualitätssicherungsprogramm für die Softwareentwicklung?
☑ Gibt es ein dokumentiertes Verfahren für die Softwareentwicklung und Freigabe, z.B. nach dem Modell der Lebenszyklusphasen?
☑ Gibt es formale Checklisten für die einzelnen Phasenabschnitte?
☑ Wird die Gesamtsoftware von dem Lieferanten entwickelt?
☑ Falls nicht, wie stellt der Lieferant sicher, daß die extern entwickelte Software nach den gleichen Qualitätskriterien entwickelt und validiert wird?

Prüfungen/Tests

☑ Wer entwickelt die Prüfpläne?
☑ Werden die Anforderungsspezifikationen in allen Phasen überprüft?
☑ Werden Designinspektionen durchgeführt?
☑ Werden Funktionstests nach einem festgelegten Testplan durchgeführt?
☑ Wer testet?
☑ Gibt es Prüfprotokolle?
☑ Werden die Testergebnisse aufgezeichnet, überprüft und archiviert?
☑ Gibt es Freigabekriterien?
☑ Werden die Prüfpläne und -protokolle genehmigt

Support/Service/Schulung

☑ Wieviel Servicepersonal gibt es?
☑ Spricht das Servicepersonal die Landessprache?
☑ Gibt es für die Servicetechniker Schulungsprogramme für sachgemäße Installation, Verifizierung/Qualifizierung, Bedienung, Wartung und Reparatur der Geräte?
☑ Wie erfolgt die Kundenunterstützung (vor Ort, telefonisch)?
☑ Wo liegt das nächste Servicebüro?
☑ Wie ist die Ansprechzeit (Arbeitsstunden/-tage)?
☑ Besteht die Möglichkeit für einen Servicevertrag und was beinhaltet er (Installation, Applikationsunterstützung, Wartung, Reparatur)?
☑ Bietet die Firma personelle Unterstützung bei der Gerätequalifizierung und -verifizierung an?
☑ Ist die Serviceorganisation nach ISO 9002/3 zertifiziert?
☑ Für wie lange werden Softarerevisionen supportet?
☑ Für wie lange wird die Ersatzteillieferung garantiert?
☑ Bietet die Firma Schulungsmaßnahmen für Benutzer an (wie häufig, wo, in welcher Sprache)?
☑ Ist Trainingsmaterial verfügbar, z.B. On-line Tutorial?

Handhabung von Fehlerberichten und Verbesserungsvorschlägen

☑ Gibt es ein formales System für die Handhabung von Fehlerberichten und Verbesserungsvorschlägen?
☑ Wie erfolgt die Rückantwort an Kunden, die die Feherberichte erstellt haben?
☑ Wie werden andere Kunden über Fehler informiert?
☑ Gibt es Aufzeichnungen und statistische Auswertung von Fehlern?

Tabelle 9.1. Fortsetzung

Änderungskontrolle

☑ Wer veranlaßt Änderungen?
☑ Wer genehmigt Änderungen?
☑ Gibt es ein dokumentiertes Verfahren für Änderungen?
☑ Beinhalten die Verfahren Überprüfungen, wie sich die Änderung auf andere Programmteile oder Systemmodule auswirken kann?
☑ Beinhaltet das Verfahren die Revalidierung der Software?
☑ Gibt es ein Revisionskontrollsystem?
☑ Gibt es Verfahren zur Überarbeitung der Benutzerdokumentation nach Änderungen von Programmteilen?
☑ Wie werden Kunden über Änderungen informiert?

Qualifikation der Mitarbeiter

☑ Werden die Mitarbeiter über gesetzliche Anforderungen informiert (trifft nur zu, falls das entwickelte Produkt im gesetzlich geregelten Bereich eingesetzt wird)?
☑ Werden Schulungsmaßnahmen der Mitarbeiter dokumentiert?

Das Produkt/Projekt

☑ Wann wurde mit der Entwicklung des Produktes begonnen?
☑ Wann wurde die erste Version freigegeben?
☑ Wie viele Einheiten sind installiert?
☑ Wie häufig werden neue Versionen entwickelt?
☑ Wie viele Personen arbeiten an dem Projekt?
☑ Gibt es eine Liste mit Funktionsspezifikationen?
☑ Gibt es Beispiele für Reportausdrucke?
☑ Wie alt sind die ältesten Datenfiles, die mit dem heutigen System noch ausgewertet werden können?

Archivierung und Dokumentation der Software

☑ Was wird wie lange archiviert (Quellcode, Revisionen, Dokumentation)?
☑ Wo ist der Quellcode archiviert?
☑ Kann der Quellcode Behörden zugänglich gemacht werden und wie lange?
☑ Wird eine periodische Überprüfung der Datenintegrität durchgeführt?

Sicherheit

☑ Wie wird die physische Sicherheit der Softwareentwicklungsabteilung gewährleistet?
☑ Welche logische Sicherheitsmaßnahmen werden durchgeführt, um den Zugriff auf das Entwicklungssystem auf dafür autorisierte Personen zu beschränken?

Gerätehardware

☑ Hat das Gerät das CE Zeichen (seit 1.1.1996 Pflicht in allen EU Ländern)?
☑ Gibt es ein dokumentiertes Verfahren für Geräteentwicklung?
☑ Gibt es ein Verfahren, nach dem Produktspezifikationen verifiziert werden?
☑ Sind Funktions- und Leistungsspezifikationen verfügbar?
☑ Werden Prüfberichte für jedes einzelne Gerät archiviert und wie lange?
☑ Wird eine Erklärung zur Konformität nach EN 45014 mit dem Gerät ausgeliefert?
☑ Sind Geräte, die für Prüfungen eingesetzt werden, kalibriert und ist die Kalibration rückführbar auf nationale Standards?
☑ Existiert eine Statistik über die vertragsgemäß rechtzeitige Auslieferung der Geräte?
☑ Gibt es dokumentierte Verfahren zur Installation mit Checklisten und Protokollen zur Installationsqualifizierung?
☑ Werden SOPs für die Kalibrierung und Überprüfung der Leistungsspezifikationen mit dem Gerät ausgeliefert (fragen Sie auch nach der Sprache und nach dem Format: Papier und/oder elektronisch)?
☑ Wird Software für die automatische Leistungsüberprüfung der Hardware angeboten?
☑ Werden chemische Standards für die Leistungsüberprüfung der Hardware angeboten?
☑ Gibt es Bedienungsanleitungen in deutscher Sprache?
☑ Wird die Überprüfung der Leistungsspezifikationen vor Ort als Dienstleistung angeboten?

KAPITEL 10

Installation und Betrieb

Die Installation und Inbetriebnahme erfolgt in drei Phasen:

1. Vorbereitung des Raumes und des Arbeitsplatzes
2. Installation der Hardware und Software
3. Kalibrierung und Leistungstests (Akzeptanztests, Betriebsqualifizierung)

Es ist wichtig darauf hinzuweisen, daß das Gerät in der Umgebung des Benutzers überprüft wird, obwohl Einzelmodule und eventuell auch das komplette System bereits bei dem Hersteller getestet wurden. Die Überprüfung der Leistung am Ort des Benutzers kann sich auf die Funktionen und Anwendungsbereiche beschränken, für die das Gerät später in der Routine auch verwendet wird.

10.1
Vorbereitung für die Installation

Bevor das Gerät in das Anwenderlabor kommt, sollten der Raum und der Platz für das Gerät gut vorbereitet werden. Der Anwender sollte vom Hersteller informiert werden über:

- räumliche Anforderungen
- geeignete Umgebungsbedingungen, wie maximale Feuchtigkeit und Temperatur
- Platzbedarf
- Strombedarf (bei Geräten mit überdurchschnittlichem Strombedarf)
- zusätzliche Gebrauchsmaterialien, wie beispielsweise komprimierte Gase oder Kühlwasser

Es sollte auch dafür gesorgt werden, daß die Stromversorgung sowie Kabel für die Datenübertragung den Spezifikationen des Herstellers entsprechen. In manchen Fällen sollten spezielle Sicherheitsvorschriften beachtet werden, zum Beispiel wenn radioaktive Meßgeräte eingesetzt werden.

10.2
Installation

Wenn die Lieferung mit dem Gerät ankommt, sollte sie von dem Benutzer auf Vollständigkeit überprüft werden. Neben dem Gerät selbst sollen auch andere Teile überprüft werden, zum Beispiel die Kabel, anderes Zubehör und die Dokumentation. Es sollte eine visuelle Inspektion der gesamten Hardware folgen, um eventuelle physische Beschädigungen aufzuzeigen. Für komplexere Systeme sollte ein Verkabelungsdiagramm erstellt werden, falls es nicht mit dem Gerät mitgeliefert wurde. Danach sollte ein elektrischer Funktionstest aller Module erfolgen.

Der Einfluß von elektromagnetischen Feldern, die eventuell von benachbarten Geräten erzeugt werden, auf das Analysengerät sollte überprüft werden. Wenn beispielsweise geringe Spannungen zwischen Detektor und Integrator oder Computer übertragen werden, kann es durch elektromagnetische Energie, die durch Lampen eines Fluoreszenzdetektors oder von schlecht abgeschirmten Motoren ausgestrahlt werden, zu einer Störung der Datenübertragung kommen. Alfred und Clark veröffentlichten Empfehlungen über die Überprüfung von elektrischem Rauschen [11].

Die Installation sollte mit der Erzeugung und der Abzeichnung des Installationsberichts beendet werden, ein Dokument, das in der pharmazeutischen Industrie als Installations-Qualifikations(IQ)-Dokument bezeichnet wird. Es wird empfohlen, bei der gesamten Installation Checklisten und für den Installationsbericht vorgedruckte Formulare zu benutzen.

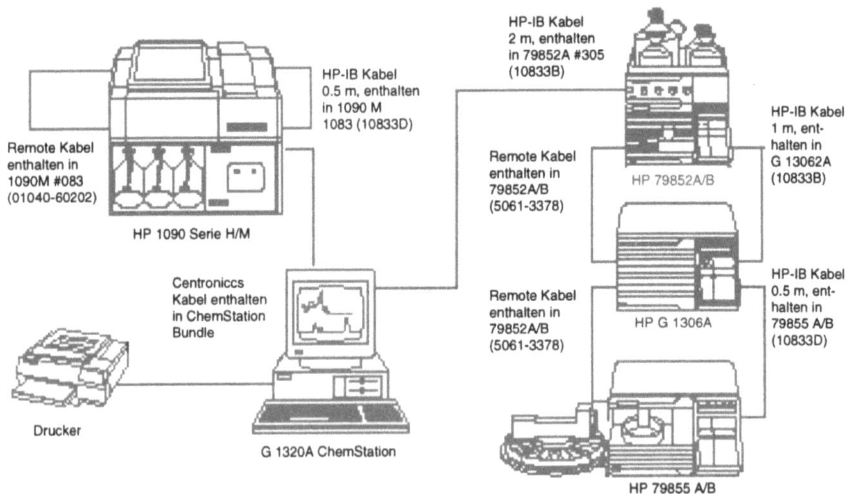

Abb. 10.1. Beispiel für ein Systemdiagramm einer computergesteuerten HPLC Anlage

Tabelle 10.1. Formular zur Eingabe von Daten für ein Computersystem

Computer Hardware	
Hersteller	
Modell (Nummer,Bezeichnung)	
Seriennummer	
Prozessor	
Co-prozessor	
Speicher (RAM)	
Graphikkarte	
Videospeicher	
Maus	
Festplatte	
CD-ROM	
Platzbedarf	
Drucker	
Hersteller	
Modell	
Seriennummer	
Platzbedarf	
Systemsoftware	
Betriebssystem (Bezeichnung, Revision)	
Benutzerschnittstelle	
Applikationssoftware 1	
Beschreibung	
Hersteller/Lieferant	
Produktbezeichnung mit Revision	
Erforderlicher Speicherplatzbedarf	
Applikationssoftware 2	
Beschreibung	
Hersteller/Lieferant	
Produktbezeichnung mit Revision	
Erforderlicher Speicherplatzbedarf	

Wenn die Installation beendet ist, sollten die Hardware und Software gut dokumentiert werden. Für größere Labors mit vielen Geräten ist es ratsam eine Datenbank anzulegen. Einträge für jedes Gerät sollten folgendes beinhalten:

- ☐ Firmeneigene Identifikationsnummer (Assetnummer)
- ☐ Bezeichnung des Gerätes (Name, Seriennummer)
- ☐ Name, Adresse und Telefon/Faxnummer des Geräteherstellers und, falls vorhanden, die Nummer des Servicevertrags
- ☐ Revision der Firmware
- ☐ Software mit Produkt und Revisionsnummer
- ☐ Datum des Geräteeingangs
- ☐ Der gegenwärtige Standort
- ☐ Größe, Gewicht
- ☐ Gerätezustand bei Eingang, zum Beispiel neu oder gebraucht
- ☐ Eine Liste mit autorisierten Benutzern und verantwortlichen Personen

Es wird empfohlen von allen wichtigen Dokumenten zumindest eine Kopie zu erstellen. Eine Kopie sollte in der Nähe des Gerätes vorhanden sein, das Original oder eine weitere Kopie sollten an einem sicheren Ort aufbewahrt werden. An dem Gerät sollte ein Aufkleber mit Informationen über Gerätenummer und Firmenassetnummer angebracht werden.

10.3
Das Gerätelogbuch

Für jedes Gerät sollte ein gebundenes Logbuch angefertigt werden, in dem Wartungsarbeiten, Reparaturen und ähnliche Aktivitäten in chronologischer Reihenfolge aufgezeichnet werden. Die Information in dem Logbuch sollte beinhalten:

- Logbuch Identifikation (Nummer, gültiger Zeitbereich)
- Geräteidentifikation (Hersteller, Modellname/Nummer, Seriennummer, Servicekontakte)
- Eingabefelder für das Datum der aufgezeichneten Vorgänge, zum Beispiel Installation und Kalibrierungen, Veränderungen an dem Gerät, z.B. Aufrüstung mit neuer Software oder Firmware, Ausfälle, Reparaturen, Leistungsüberprüfungen, Qualitätskontrollprüfungen und Wartungsaktivitäten. Außerdem sollten Eingabefelder für den Namen und die Unterschrift des Technikers, der die Eintragung gemacht hat, vorhanden sein.

Tabelle 10.2 enthält eine Liste mit Dokumenten und deren groben Inhalte, die für computergesteuerte Systeme erstellt werden sollten.

Logbuch Nummer, gültig ab:	HPLC 14, gültig vom 15. Juni 1995
Gerätebezeichnung:	Flüssigkeitschromatograph mit ChemStation
Hersteller:	Hewlett-Packard
Modellname:	HP1090 Serie II
Seriennummer:	A14367G
Servicekontakt:	HP Ratingen xxxx-xxxxx

Datum	Vorgang	Name	Unterschrift
3/7/95	*Detektorlampe ausgetauscht* *Intensitätsprofil aufgenommen*	*K.Weber*	*K.Weber*
6/7/95	*Säule ausgetauscht* *Systemeignungstest durchgeführt*	*K.Weber*	*K.Weber*
12/10/95	*Dichtung ausgetauscht* *Systemeignungstest durchgeführt*	*K.Weber*	*K.Weber*
14/11/95	*Neuer Drucker installiert* *ChemStation Leistungsüberprüfung* *durchgeführt*	*M.Bauer*	*M.Bauer*
Seite 3			

Abb. 10.2. Auszug aus einem Gerätelogbuch einer HPLC Anlage

10.4
Schulung des Bedienungspersonals

Gut geschultes Bedienungspersonal ist eine wichtige Voraussetzung für das richtige Funktionieren von Analysensystemen, da das beste Gerät keine guten und konsistenten Ergebnisse produziert, wenn es falsch bedient wird. Deshalb sollte das Bedienungspersonal geschult werden,

- wie das Gerät richtig bedient wird,
- wie es auf seine Leistung getestet wird,
- wie es gewartet wird und
- wie es optimal betrieben wird.

Das Bedienungspersonal sollte außerdem in der Lage sein, Systemfehler oder abnormales Verhalten zu erkennen und den Fehler entweder selbst zu beheben oder an die zuständige Person weiterzuleiten. Die Geräteschulungsmaßnahmen sollten Bestandteil eines kontinuierlichen Mitarbeiterschulungsprogrammes sein. Durchführung und Erfolg der Schulungen sollten dokumentiert werden.

10.5
Vorbereitung für den Betrieb

Bevor das Gerät in Betrieb genommen wird, sind eventuell weitere Maßnahmen erforderlich. Beispielsweise soll ein HPLC-System vor einer Leistungsüberprüfung im Gradientenbetrieb mit Lösungsmittel gespült werden, um abgelagerte organische Verunreinigungen auszuwaschen. Ein Gaschromatograph, der für Spurenanalysen benutzt wird, muß eventuell vor der Inbetriebnahme passiviert werden, um Meßfehler durch Absorption der Spurenkomponenten zu verhindern. Maßnahmen solcher Art sollten für jeden Gerätetyp und eventuell für bestimmte Anwendungen spezifiziert und dokumentiert werden.

10.6
Betrieb

Nach der Installation der Hardware und Software sollte eine Leistungsüberprüfung für den Routinebetrieb erfolgen, ein Vorgang, der in der pharmazeutischen Industrie als Betriebsqualifikation (Operational Qualification, OQ) bezeichnet wird. OQ ist definiert als: „Der Prozeß, in dem nachgewiesen wird, daß das Gerät kontinuierlich die spezifizierte Leistung über alle geplanten Anwendungsbereiche erbringt" [41]. Das US PMA Pharmaceutical Computer System Validation Committee hat OQ so definiert: „Dokumentierte Überprüfung, daß das Gesamtsystem oder Teilsysteme die erwartete Leistung über repräsentative oder den gesamtem geplanten Anwendungsbereich erbringt" [41]. Das Ziel ist nachzuweisen, daß das System ausführt, was von ihm erwartet wird. Der gleiche Vorgang wird in ISO Guide 25 [59] als Verifizierung bezeichnet.

Tabelle 10.2. Dokumentation, die entweder vom Hersteller erhalten oder erstellt werden sollte

---

Bedienungsanleitungen

Sie werden normalerweise vom Hersteller zur Verfügung gestellt. Sie werden hauptsächlich bei der Inbetriebnahme
benötigt, später meist nur noch als Referenz. Sie sollten eine Liste von Ersatzteilen mit Bestellinformation enthalten.
Bedienungsanleitungen für Software sollten Berechnungsalgorithmen enthalten. Heute werden
Bedienungshandbücher in zunehmendem Maße zusätzlich zum Papierformat in elektronischer Form angeboten. Das
hat den Vorteil, daß bei intelligentem Aufbau durch Verbindung von Hypertextverknüpfungen die Suche nach bestimmten Inhalten erheblich schneller wird.

Standardarbeitsanweisungen (SOPs)

Sie können vom Hersteller zur Verfügung gestellt oder selbst erstellt werden. Besonders vorteilhaft ist es, wenn SOPs
vom Hersteller in elektronischer Form zur Verfügung gestellt werden. Sie können dann leicht vom Benutzer den fir-
menspezifischen Anforderungen angepaßt werden. SOPs sollten existieren für:
- Grundbedienungsfunktionen
- Routinewartungsarbeiten
- Kalibrierung
- Leistungsfähigkeitsüberprüfung

Logbuch

Das sollte ein gebundenes Buch mit vorgedruckten Seitenzahlen sein. Es sollte folgende Einträge beinhalten:
- Logbuchidentifizierung (Nummer, Zeitbereich)
- Geräteidentifizierung
- Eingangsaufzeichnungen über die Installation und Inbetriebnahme
- Laufende Einträge über
  - Wartung
  - Kalibrierung
  - Leistungsüberprüfungen
  - Besondere Ereignisse (Ausfälle, Reparaturen)

Ringbuchordner

Der Ordner sollte Hintergrundinformationen zu den Logbucheinträgen enthalten
- Gerätebroschüre (falls es eine gibt)
- Gerätespezifikationen (sollten vom Hersteller geliefert werden)
- Erklärung zur Konformität der Spezifikationen für Gerätehardware (sollte vom Hersteller geliefert werden)
- Erklärung zur Sytemvalidierung für Software und Computersysteme (sollte vom Hersteller geliefert werden)
- Liste mit von dem Gerät ausgeübten Funktionen und dem Anwendungsbereich (sollte vom Benutzer erstellt werden)
- Installationsprotokoll (IQ Dokument)
- Protokolle über die Betriebsqualifizierung und/oder den Akzeptanztest
- Zusätzliche Dokumentation über Kalibrierungen und Leistungsüberprüfungen, z.B. Chromatogramme und
  Reportausdrucke

Eine Betriebsqualifizierung für ein automatisiertes GC oder GC/MS System
kann zum Beispiel die richtige Kommunikation zwischen dem Computer und
dem Gerät beinhalten. Weitere Beispiele sind der Nachweis der Detektoremp-
findlichkeit und der Präzision von Retentionszeiten und Peakflächen. Der Hersteller soll ausführliche Verfahren für die Tests, Grenzwerte für die Akzeptanzkriterien und Empfehlungen für den Fall zur Verfügung stellen, daß diese
Kriterien nicht eingehalten werden können.

Der Ausdruck ,geplanter Anwendungsbereich' in der Definition der Betriebsqualifikation ist außerordentlich wichtig. Er bedeutet, daß das Gerät nicht
für alle Funktionen getestet werden muß oder entsprechend den Spezifikationen des Geräteherstellers, falls nicht alle Funktionen des Gerätes benutzt

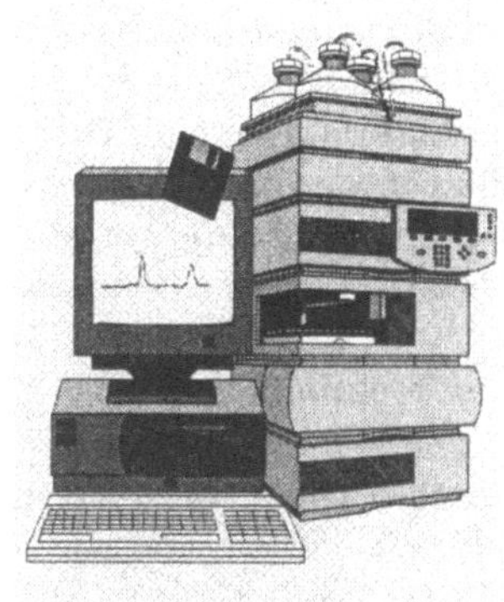
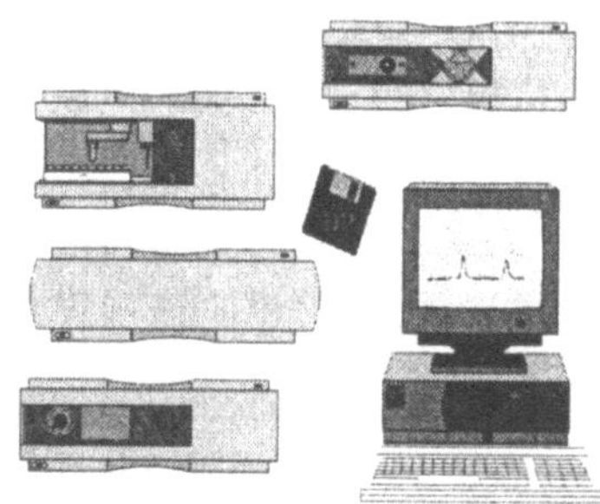

Systemtest
(empfohlen für
Leistungstests)

Modultest
(empfohlen für Kalibrierung
einzelner Module, z.B.
Wellenlängengenauigkeit und für
Untersuchung von Fehlern)

Abb. 10.3. System- (holistic) gegen Modultest

werden oder falls es nicht innerhalb aller Gerätespezifikationen benutzt wird. Das bedeutet auch, daß der Anwender den ‚geplanten Anwendungsbereich' spezifizieren sollte, bevor der Test für die Betriebsqualifikation beginnt. Eine HPLC Pumpe kann beispielsweise mit einem 4-Kanal Proportionierungsventil bezogen werden, um automatisch zwischen den unterschiedlichen Mobilen Phasen umzuschalten. Obwohl in diesem Fall die Pumpe für Gradientenanalysen ausgelegt ist, muß die Leistungsfähigkeit für den Gradientenbetrieb nicht überprüft werden, falls sie ausschließlich für isokratische Analysen benutzt wird. Oder falls ein HPLC UV/Visible Detektor ausschließlich für die Messung von relativ hohen Konzentrationen verwendet wird, ist es nicht erforderlich, die Leistungsfähigkeit an der Gerätenachweisgrenze des Gerätes zu messen.

Das hat auch einen erheblichen Einfluß auf die Häufigkeit der durchzuführenden Wartungsarbeiten. Um das Basislinienrauschen eines UV/Visible Detektors innerhalb der Herstellerspezifikationen zu gewährleisten, sind häufige Reinigungen der Detektorzellen und äußerst reine Mobile Phasen notwendig und die Lampen müssen häufiger gewechselt werden. Falls für die Geräteapplikation nicht die höchste Empfindlichkeit erforderlich ist, kann man solche Wartungsarbeiten dadurch reduzieren, daß bei Geräteüberprüfungen Grenzwerte für das Basislinienrauschen der Anwendung angepaßt werden und höher gesetzt werden.

Für ein System, das aus mehreren Hardwaremodulen besteht, z.B. ein HPLC System, können Betriebsprüfungen sowohl für das ganze System als auch für jedes Modul durchgeführt werden. Vollständige Systemtests werden als ganzheitliche Tests (holistic tests) bezeichnet. Tests, bei denen Teile einzeln getestet werden, werden als modulare Tests bezeichnet [85].

Für diese Diskussion muß berücksichtigt werden, daß für die meisten HPLC Gerätetests wie die Präzision der Flußrate, die Präzision des Injektionsvolumens oder die Detektorlinearität mehr als ein HPLC Modul erforderlich ist. Zum Beispiel werden in der Praxis immer ein Pumpensystem und ein Detektor für das Testen der Präzision der Injektionssysteme benötigt. Auf der anderen Seite ist ein Injektionssystem für das Testen der Pumpenpräzision durch die Analyse einer Serie von Standards und Messungen der Standardabweichungen der Peak Retentionszeit erforderlich. Einige wichtige Leistungskenngrößen werden von mehreren Modulen des Gesamtsystems beeinflußt.

Ein Beispiel ist die Präzision von Peakflächen. Sie wird sowohl durch die Präzision des Injektionsvolumen als auch durch die Stabilität des Lösungsmittelfördersystems beeinflußt. In einigen besonderen Fällen, insbesondere wenn Standards benutzt werden, die Peakflächen im Bereich eines Signal-Rauschverhältnisses von weniger als 100 erzeugen, kann die Präzision des Integrators die Systempräzision bestimmen. Wegen dieser Abhängigkeiten und weil das richtige Funktionieren eines Einzelmoduls nicht immer das Einhalten der Systemspezifikationen zur Folge hat, ist in jedem Fall ein Systemtest vorzuziehen. Beispielsweise wird das Basislinienrauschen bei einer Anlage mit einem Refraktionsindexdetektor nicht nur von den Detektoreigenschaften, sondern auch von einer gleichmäßigen Förderleistung der Pumpe beeinflußt. Ein Detektor mit einem relativ schlechten Basislinienrauschen kann in Zusammenarbeit mit einer ausgezeichneten Pumpe immer noch ein zufriedenstellendes Ergebnis liefern, kann aber nicht mehr ausreichend sein, wenn eine durchschnittliche Pumpe verwendet werden würde.

Falls das Gesamtsystem nicht die erwartete Leistung erbringt, können individuelle Module systematisch ausgetauscht werden, um die Ursache des Systemproblems herauszufinden. Modultests werden deshalb ausschließlich zur Suche von Systemfehlern empfohlen. Eine Ausnahme von diesen Empfehlung bildet die Kalibrierung einzelner Module, die völlig unabhängig von anderen Modulen und ohne großen Zeitaufwand durchgeführt werden kann. Hierzu gehört beispielsweise die automatische Kalibrierung der Wellenlängengenauigkeit von HPLC UV/Visible Detektoren mit eingebauten Holmiumoxidfiltern.

Die Installation und die Betriebsqualifizierung fremdbezogener Geräte können entweder von einem Vertreter der Herstellerfirma oder von der Benutzerfirma durchgeführt werden. In jedem Fall sollten die Qualifizierungen nach schriftlichen Verfahren und vorzugsweise gemäß den Empfehlungen des Herstellers durchgeführt werden.

Vor und während der Routineanalysen sollten die Geräte unter anwendungstypischen Bedingungen getestet werden. Hiermit soll der Nachweis erbracht werden, daß das Gerät auch unter realen Einsatzbedingungen richtig funktioniert. Dieser Vorgang wird in der pharmazeutischen Industrie als Leistungsqualifikation (performance qualification, PQ) bezeichnet. PQ ist definiert als: „Die dokumentierte Überprüfung, daß der Gesamtprozeß und/oder das Gesamtsystem über alle geplanten Anwendungsbereiche die vorgesehene Leistung erbringt" [41]. Für ein computergesteuertes Chromatographiesystem bedeutet PQ den Nachweis zu erbringen, daß das System die in der Analysenmethode spezifizierten Leistungsmerkmale erbringt. Systembestandteil sind dabei nicht nur Gerätehardware und Computerhardware und Software, sondern auch die chromatographische Säule, Lösungsmittel und Reagenzien. Der Test wird unter Verwendung von bekannten Standards oder Kontrollproben durchgeführt und wird auch als Systemeignungstest bezeichnet. Er wird in nachfolgenden Kapiteln ausführlich beschrieben.

Der Nachweis der Eignung eines Gerätes für eine bestimmte Methode durch Systemeignungstests oder die Analyse von Kontrollproben ist ausreichend für eine Betriebsqualifizierung (OQ), falls das Gerät ausschließlich für diese Anwendung eingesetzt wird. In diesem Fall sollten die Systemtests jedoch auch Prüfungen in den Grenzbereichen, zum Beispiel an der unteren und oberen Quantifizierungsgrenze, beinhalten.

Vor dem Einsatz einer bestimmten Methode auf dem neuen Gerät sollte überprüft werden, ob die Methode bereits validiert wurde und ob der Validierungsbereich der Methode das neue Gerät abdeckt. Falls dies nicht zutrifft, sollte die Methode unter Verwendung des neuen Gerätes validiert oder revalidiert werden.

Tabelle 10.3. Empfohlene Maßnahmen und Dokumentation vor und während des Betriebs von Geräten

Aktivitäten	Dokumentation
Vor der Installation	
• Fordern Sie vom Hersteller Empfehlungen für die Vorbereitung des Geräteplatzes an	• Emfehlungen des Herstellers über die Vorbereitung des Raumes/Platzes
• Überprüfen Sie den Ort/Platz auf Übereinstimmung mit den Empfehlungen des Herstellers (Strom-, Wasser-, Gasversorgung, Umgebungsbedingungen)	• Checkliste für die Vorbereitung des Raumes/Platzes
• Schaffen Sie Platz für die Bedienungshandbücher, SOPs, Disks etc.	
Installation (Installationsqualifizierung)	
• Legen Sie ein Gerätelogbuch an	• Kopie des Bestellauftrags
• Vergleichen Sie, ob die erhaltenen Geräte mit dem Bestellauftrag übereinstimmen (einschließlich Zubehör, Ersatzteile, Dokumentation)	Checklisten für die Vollständigkeit der Geräte, des Zubehörs und der Ersatzteile
• Überprüfen Sie das Gerät auf eventuelle Beschädigungen	• Systemzeichnungen
• Installieren Sie die Hardware (Computer, Geräte, Kabel, Leitungen, Säulen)	• Dokumentation der Schulung des Bedienungspersonals Installationsprotokoll (IQ Dokument)
• Installieren Sie die Software	• Eintrag in das Gerätebuch über die durchgeführten Maßnahmen
• Machen Sie von der Software einen Back-up	
• Konfigurieren Sie die Computerperipherie (Drucker) und Gerätemodule	
• Überprüfen Sie den eventuellen elektromagnetischen Einfluß von benachbarten Geräten	
• Fertigen Sie Systemdiagramme an	
• Bereiten Sie die Installationsberichte vor	
• Veranlassen Sie die Schulung des Bedienungspersonals	
Vorbereitung für den Betrieb	
Beispiele	
• Spülen Sie die HPLC Leitungen mit Lösungsmittel	• Eintrag in das Gerätebuch über die durchgeführten Maßnahmen
• Passivieren Sie den Gaschromatographen	
• Kalibrieren Sie die Wellenlänge des HPLC UV/Visible Detektors	
Betrieb (Akzeptanztest, Betriebsqualifizierung)	
• Spezifizieren Sie die beabsichtigten Funktionen und Anwendungsbereiche	• Spezifikationen über die Funktionen und den geplanten Anwendungsbereich
• Entwickeln Sie Arbeitanweisungen für die Überprüfung der Leistungsfähigkeit von Gerätehardware und Software	• Testprozeduren für das Gesamtsystem mit Akzeptanzkriterien
• Überprüfen Sie die korrekten Funktionen und Leistungsfähigkeit des Gerätes für den geplanten Anwendungsbereich	• Das Dokument sollte Eingabefelder für die Geräteidentifizierung, Testergenisse, Korrekturmaßnahmen für den Fall, daß die Spezifikationen nicht eingehalten wurden, sowie für den Namen und die Unterschrift der Testperson enthalten
• Dokumentieren Sie die Ergebnisse, z.B. in einem Dokument zur Betriebsqualifizierung (OQ)	
• Zeichnen Sie das Dokument zur Betriebsqualifizierung ab	• Unterzeichnete Dokumente für die Betriebsqualifizierung
	• Eintrag der durchgeführten Maßnahmen in das Gerätebuch

Tabelle 10.3. Fortsetzung

Aktivitäten	Dokumentation

Nach der Installation

- Kleben Sie einen Aufkleber an das Gerät mit der firmeninternen Assetnummer, dem Namen des Herstellers, der Produktbezeichnung und der Seriennummer
- Kleben Sie einen Aufkleber an das Gerät mit der Seriennummer und dem jeweiligen Datum der letzten und der nächsten geplanten Kalibrierung und/oder Leisungsüberprüfung
- Nehmen Sie das neue Gerät in die bestehende Geräteliste oder Datenbank auf
- Erstellen Sie einen Plan für die regelmäßige Wartung, Kalibrierung und Leistungsüberprüfung des Gerätes
- Entwickeln Sie eine Strategie für die Sicherheit des Computersystems (falls noch nicht vorhanden)

- Aufkleber zur Geräteidentifizierung
- Aufkleber mit Angaben der letzten und nächsten Kalibrierung bzw. Leistungsüberprüfung
- Gerätelisten in papier- oder elektronischer Form
- Liste von auf dem Computersystem geladenen Softwareprogrammen, mit der erforderlichen Speicherkapazität und dem Installationsdatum
- Verfahren und Zeitplan zur regelmäßigen Wartung, Kalibrierung und Leistungsüberprüfung

Laufende Leistungsüberprüfung im Routinebetrieb (Performance Qualification, PQ)

- Verknüpfen Sie das Gerät mit der Analysemethode, den Säulenund mit dem Referenzmaterial zu einem Analysensystem
- Spezifizieren Sie Systemeignungstests oder Kontrollanalysen mit Akzeptanzkriterien
- Spezifizieren Sie die Häufigkeit der Systemeignungstests oder Kontrollanalysen
- Führen Sie die Tests durch und dokumentieren Sie die Ergebnisse
- Entwickeln Sie Verfahren mit der Definition von Rohdaten sowie für die Verifizierung der Roh- und verarbeiteten Daten (falls solche Verfahren nicht bereits im Qualitätshandbuch beschrieben sind)

- Prüfprotokolle
- Datenblätter mit Akzeptanzkriterien für die Systemleistung und aktuellen Prüfergebnissen
- Kontrollcharts (Regelkarten)
- Verfahren für die Definition von Rohdaten sowie für die Verifizierung von Roh- und verarbeiteten Daten

KAPITEL 11

Validierung von analytischen Methoden

Analytische Methoden, die in GLP-Studien oder in der Qualitätskontrolle verwendet werden, sollten validiert sein. Methodenvalidierung ist gleichermaßen wichtig für solche Labors, die eine Akkreditierung nach EN 45001 oder ISO/IEC Guide 25 anstreben und weiterhin für alle, die an zuverlässigen und reproduzierbaren analytischen Daten interessiert sind.

Methodenvalidierung bezeichnet man als den Prozeß, mit dem nachgewiesen wird, daß eine Methode für deren geplanten Verwendung geeignet ist. „Die Validierung einer Methode stellt durch Laboruntersuchungen fest, ob die Leistungskenndaten der Methode den Anforderungen der geplanten Verwendung der analytischen Ergebnisse entsprechen" [60]. Für möglichst genaue Analysenergebnisse sollte der Einfluß aller Verfahrensschritte auf die Methode untersucht werden und Teil der Gesamtvalidierung sein. Dazu gehören die Probenahme, Probenvorbereitung, Probenaufgabe, Trennung, Detektion und Datenauswertung. Es sollte von der gleichen Probenmatrix ausgegangen werden, wie sie in der späteren Routineanalyse vorliegt. Die verwendete Methodik der Validierung sowie die Ergebnisse sollten dokumentiert werden.

11.1
Überprüfung von Standardmethoden

Ein Labor, das eine bestimmte Methode einsetzt, sollte den dokumentierten Nachweis erbringen, daß die Methode entsprechend ihrem Einsatzbereich auch validiert ist. Der Benutzer einer Methode ist auch für deren sachgemäße Validierung und Dokumentation verantwortlich. Das trifft in gleichem Maße sowohl für im Labor selbst entwickelte als auch für sogenannte Standardmethoden wie ASTM, ISO, EN oder DIN Methoden zu. Im allgemeinen kann man davon ausgehen, daß Standardmethoden während der Entwicklung auch validiert wurden. Man sollte sich jedoch vergewissern, daß der in dem Standard angegebene Anwendungsbereich, z.B. Probenmatrix, dynamischer Bereich und Nachweisgrenze auch mit dem im Labor geplanten Anwendungsbereich übereinstimmt. Außerdem sollte man sich vergewissern, daß die Standardmethoden nach den heutigen Anforderungen validiert wurden. Leider trifft dies für ältere Methoden nicht immer zu.

Falls keinerlei Information aufzufinden ist, ob und gegebenenfalls wie die Standardmethode validiert wurde, ist eine vollständige Validierung im La-

bor empfehlenswert. Selbst wenn die Standardmethode entsprechend validiert
wurde, sollte mit einigen Tests nachgewiesen werden, daß die Methode unter den gegebenen Laborbedingungen (Gerät, Trennsäule, Bedienungspersonal) auch die erforderliche Leistung erbringt. „Werden Standardmethoden benutzt, überprüfen die Laboratorien ihre eigene einwandfreie Leistung anhand
der dokumentierten Leistungskenndaten der Methode, bevor Proben analysiert werden" [60]. Man bezeichnet diesen Test als Systemeignungstest. Die
Testergebnisse sollten dokumentiert und bei GLP-Studien archiviert werden.

11.2
Strategien für die Methodenvalidierung

Die Validierung von analytischen Methoden sollte nach einem schriftlichen
Verfahren durchgeführt werden. Das Ziel ist die geforderte Meßgenauigkeit
bei möglichst geringem Aufwand sicherzustellen. Als erstes sollten der Zweck,
der Geltungsbereich und die Validierungsparameter festgelegt werden. Die
Festlegung dieser Parameter sollte aufgrund entsprechender Erfahrungen mit
ähnlichen Methoden und in enger Zusammenarbeit mit dem Abnehmer des
Analysenergebnisses (Kunden) erfolgen. Hierzu gehören unter anderem:

- die Probenkomponenten,
- die Matrix,
- die erforderlichen Bestimmungsgrenzen,
- der dynamische Bereich und
- die Genauigkeit.

Der Geltungsbereich sollte auch die Gerätetypen sowie die verschiedenen Labors beinhalten, in denen die Methode zum Einsatz kommen wird. Diese Informationen sind für das Ausmaß der Robustheitstests wichtig. Wenn beispielsweise sicher ist, daß die Methode immer nur mit dem Gerät eines bestimmten
Herstellers in demselben Labor durchgeführt wird, kann die Validierung auch
auf diesen Gerätetyp und auf das spezifizierte Labor beschränkt werden. Der
Geltungsbereich bezüglich des Bedienungspersonals sollte immer auf eine Per-
sonengruppe und nicht auf eine Einzelperson festgelegt werden. Andernfalls
muß die Methode revalidiert werden, wenn das Gerät von einer anderen Person als der angegebenen bedient wird. Beispiele für den Geltungsbereich sind
in Tabelle 11.1 angegeben.
    Bevor ein Gerät für die Validierung einer Methode eingesetzt wird, sollte es
auf seine Leistungsfähigkeit hin überprüft werden. Diese sollte insbesondere
die Funktionen und Leistungsmerkmale beinhalten, die für die Methode wichtig sind. Wenn beispielsweise für eine Methode das Detektionslimit wichtig
ist, zum Beispiel für die Bestimmung der Nachweisgrenze, sollte eine solche
Überprüfung das Basislinienrauschen des Detektors beinhalten.
    Das Bedienungspersonal sollte nicht nur mit den Bedienungsfunktionen des
Gerätes vertraut sein, sondern sollte auch mit der Analysentechnik und der
Methode vertraut sein und in der Lage sein, das Gerät auf optimale Leistung hin
zu optimieren. Die Genauigkeit von Referenzmaterialien und die erforderliche

Tabelle 11.1. Beispiele für den Geltungsbereich einer HPLC Methode (ohne Leistungsmerkmale)

Parameter	Beispiele
Gerät	• Ausführung nur auf demselben Gerät
	• Gleicher Hersteller, gleicher Typ, (z.B. HP 1100 Serie Quaternäre Pumpe von Hewlett-Packard)
	• Gleiche Kategorie, alle Hersteller (z.B. Hochdruckgradienten-Pumpen mit einem Totvolumen von < 1 ml)
Benutzer	• Ausführung von der gleichen Person
	• Alle Personen mit entsprechender Ausbildung
Chemikalien	• Gleiche Reinheit, alle Lieferanten
Labor	• Ausführung nur in dem gleichen Labor
	• In allen Labors in dem gleichen Werk
	• In allen Labors der gleichen Firma
	• In allen Labors ohne Einschränkung
Matrix	• Bodenproben
Analysen-parameter	• Säulentemperatur: 20 bis 25 °C
	• Flußrate: 0.9 bis 1.1 ml/min
Probe	• Polyzyklische Aromatische Kohlenwasserstoffe(die Einzelkomponenten werden aufgelistet)

- **Erstelle einen Validierungsplan**
- **Definiere den Zweck der Methode, den Geltungsbereich und Leistungsmerkmale**
- **Definiere Validierungsexperimente**
- **Verifiziere die Leistung der Geräte**
- **Qualifiziere Materialien**
- **Führe Vorversuche durch**
- **Passe die Spezifikationen den Versuchsergebnissen an, falls erforderlich**
- **Führe alle Validierungsexperimente durch**
- **Entwickle SOPs für die Ausführung in der Routine**
- **Definiere Kriterien für die Revalidierung**
- **Definiere Art und Häufigkeit von Systemeignungstests und/oder Kontrollanalysen mit Akzeptanzkriterien**
- **Dokumentiere den ganzen Vorgang**

Abb. 11.1. Strategie für die Validierung von Analysenmethoden

Reinheit von Lösungsmittel und Reagenzien sollte gewährleistet sein. Für die quantitative Bestimmungsgrenze und die Linearität ist die Verwendung von zertifiziertem Referenzmaterial empfehlenswert.

Während der Methodenentwicklung sollten Standardarbeitsanweisungen für

- die routinemäßige Durchführung der Methode,
- Kriterien für die Revalidierung sowie
- Art und Häufigkeit von Systemeignungstests oder Kontrollanalysen und deren Akzeptanzkriterien

entwickelt werden. Beispielsweise sollten dabei die Abweichungen für die Warn- und Kontrollgrenzen bei Kontrollanalysen ermittelt und verifiziert werden.

11.3
Parameter für die Methodenvalidierung

Den Validierungskriterien für analytische Methoden ist in der Literatur und seitens der Aufsichtsbehörden viel Aufmerksamkeit gewidmet worden [68, 86–99, 135,136]. Die Interpretationshilfe für die EN 45000 Serie und den ISO Guide 25 enthält ein Kapitel über die Validierung von Methoden [60] mit einer Liste von neun Validierungsparametern. Die International Conference for Harmonization (ICH) of Technical Requirements for Registration of Pharmaceuticals for Human Use [93] hat ein Draftkons-Dokument über analytische Methoden veröffentlicht. Das Dokument enthält eine Begriffsbestimmung von acht Parametern für die Methodenvalidierung. Eine Erweiterung mit Angaben über genaue Prozeduren zur Bestimmung der einzelnen Parameter ist ebenfalls in Vorbereitung [137]. Die United States Pharmacopeia (USP) hat spezifische Richtlinien für die Validierung von Methoden veröffentlicht [68]. Für biologische Flüssigkeiten liegen bisher keine offiziellen Richtlinien vor. Die pharmazeutische Industrie verwendet die in neuerer Literatur veröffentlichten Methoden [94, 100, 101]. Das umfassendste diesbezügliche Dokument ist der Bericht der Konferenz über *Analytical Methods Validation: Bioavailability, Bioequivalence and Pharmacokintetic Studies*, die 1990 in Washington stattfand [100]. Der Bericht enthält Empfehlungen für die Validierung von Prüfungen biologischer Flüssigkeiten. Es ist damit zu rechnen, daß der Bericht bei der Entwicklung offizieller Richtlinien zugrundegelegt werden wird. Die wichtigsten Parameter für Methodenvalidierung sind in Tabelle 11.1 zusammengestellt.

Die nachfolgende Erörterung der Validierungsparameter gilt hauptsächlich für Chromatographie und Kapillarelektrophorese. Viele andere analytische Methoden wie Spektroskopie, Dissolutiontests und Bestimmung der Teilchengröße werden hier nicht diskutiert, sie sind aber gleichermaßen wichtig und werden in zukünftigen Ausgaben dieses Buches erörtert werden.

Die mathematischen Grundlagen hinter bestimmten hier diskutierten Parametern wie Linearität oder Bestimmung der Selektivität mit Hilfe von UV/Visible Diodenarray Detektoren sind sehr komplex und werden hier nicht

Tabelle 11.2. Parameter für Methodenvalidierung

- Selektivität und Spezifität
- Genauigkeit (Überbegriff für Richtigkeit und Präzision)
- Richtigkeit
- Präzision (Wiederholbarkeit, Vergleichbarkeit)
- Linearität
- (Dynamischer) Bereich
- Bestimmungsgrenze
- Nachweisgrenze
- Robustheit
- Stabilität

angesprochen. Die hier gemachten Erörterungen sollen dem Praktiker helfen, die Parameter für die Methodenvalidierung auszuwählen und die Validierung möglichst schnell und effizient durchzuführen.

11.4
Selektivität und Spezifität

Die Begriffe Selektivität und Spezifität werden häufig wechselweise benutzt. Der Begriff spezifisch bezieht sich auf eine Methode, die auf eine bestimmte Substanz anspricht und das Ergebnis nicht durch andere in der Probe vorhandene Komponenten verfälscht wird. Der Begriff selektiv bezieht sich auf eine Methode oder ein Analysenverfahren, das auf eine Reihe chemischer Stoffe anspricht. Unter Selektivität versteht man die Fähigkeit der Methode, verschiedene Komponenten nebeneinander zu bestimmen. Die USP-Monographie [26] definiert Selektivität als die Fähigkeit einer Methode, die zu messende Komponente in Anwesenheit von Störeinflüssen wie synthetische Zwischenstoffe, Arzneistoffträger, Enantiomere und bekannte (bzw. wahrscheinliche) Abbauprodukte präzise zu bestimmen. In der Chromatographie erreicht man Selektivität durch die Wahl geeigneter Säulen sowie durch Verwendung entsprechender Bedingungen (Zusammensetzung der Mobilen Phase, Säulentemperatur sowie Art und Betriebsbedingung des Detektors).

Für die Validierung der Selektivität stehen verschiedene Möglichkeiten zur Verfügung. Nach Ansicht von Karnes [101] ist der einfachste Test für eine chromatographische Analyse, daß eine Blindprobe einer biologischen Matrix nicht auf den Test anspricht. Es ist gute chromatographische Praxis, Blindproben unterschiedlicher Herkunft innerhalb des erwarteten Zeitfensters für den größten Peak zu untersuchen. Derselbe Autor schlägt noch einen zweiten Ansatz vor: prüfen, ob die extrapolierte Eichkurve durch den Nullpunkt geht. Shah und Mitarbeiter [100] schlagen vor, für die Bestimmung der Selektivität/Spezifität biologische Proben von sechs verschiedenen Quellen derselben Matrix einzusetzen.

Eine der Hauptschwierigkeiten beim Nachweis der Selektivität besteht darin, innerhalb eines Chromatogramms zu erkennen, ob die von der Säule eluierenden Peaks von einer oder von mehreren Verbindungen stammen, d.h.

ob die Peaks rein sind. Für die Bestimmung der Reinheit von chromatographischen Peaks gibt es mehrere Verfahren. Szepesi [94] sowie Marr und Mitarbeiter [104] haben vorgeschlagen, die Reinheit von Peaks mit einem UV/Visible Diodenarray Detektor zu prüfen. Der Detektor erfaßt die Spektren on-line während des gesamten Chromatogramms. Aus den Spektraldaten können mehrere Signale gebildet werden und Spektren und Signale können für die spätere Auswertung elektronisch gespeichert werden. Das Prinzip der Diodenarray Detektion in der HPLC und ihre Anwendung im Zusammenhang mit der Peak-Reinheitsbestimmung werden in einem Leitfaden von Hewlett-Packard sowie in einem Textbuch über Diodenarray Detektion in der HPLC ausführlich beschrieben [103, 105]. Für die Bestimmung der Peak-Homogenität mittels Diodenarray Detektor stehen verschiedene Methoden zur Verfügung:

- Auftragen des Absorptionsverhältnisses zweier Signale bei unterschiedlichen Wellenlängen.
- Normalisierung und Vergleich der UV-Spektren von verschiedenen Peak-Segmenten.
- Berechnung der Flächenverhältnisse zweier, bei unterschiedlichen Wellenlängen erfaßten Peaks.
- Normalisierung der bei unterschiedlichen Wellenlängen erfaßten Signale und Vergleich ihrer Retentionszeiten.

Die experimentell einfachste Lösung besteht darin, Signale bei zwei unterschiedlichen Wellenlängen aufzunehmen und das Verhältnis zwischen den beiden Signalen zu bilden und graphisch aufzutragen. Ein konstantes Verhältnis entlang der Peakelution weist auf einen homogenen Peak hin. Diese Methode kann jedoch nur angewandt werden, wenn die Spektren des zu bestimmenden

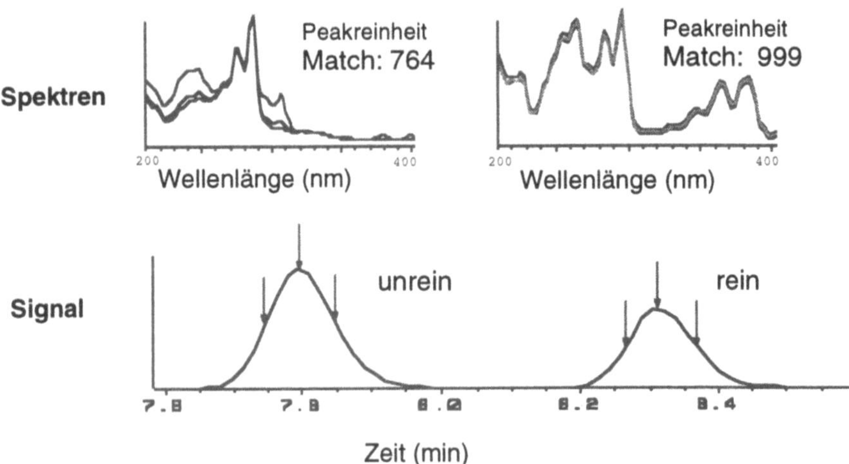

Abb. 11.2. Beispiele für reine und unreine HPLC Peaks. Signale von chromatographischen Peaks deuten auf reine Peaksubstanzen hin. Erst die spektrale Untersuchung deckt die Verunreinigung des Peaks bei 7.8 Minuten auf.

Stoffs und der Störkomponente ausreichend bekannt sind. Die zu wählenden Wellenlängen müssen im Bereich des höchsten Absorptionsunterschiedes liegen.

Die genaueste Lösung besteht darin, Spektren während der Eluierung des Peaks zu erfassen. Die Spektren werden normalisiert und graphisch überlagert dargestellt. Der einfachste und häufigste benutzte Algorithmus für die Bestimmung der Peakreinheit durch Überlagerung der Peakspektren besteht darin, drei an verschiedenen Punkten eines Peaks aufgenommene Spektren miteinander zu vergleichen: auf der aufsteigenden Flanke, an der Peakspitze und auf der absteigenden Flanke. Das Problem bei dieser Lösung besteht darin, daß Verunreinigungen, die zu Beginn und am Ende eines Peaks eluieren, nicht erfaßt werden. Aus diesem Grunde wurde kürzlich ein neuer Algorithmus entwickelt, der alle Peakspektren mit einem oder mehreren vorab definierten Referenzspektren vergleicht. Das Maß an Übereinstimmung wird berechnet und entlang dem Peak aufgetragen. Dieses Verfahren ist in der Tat äußerst genau. Einzelheiten hierzu, einschließlich Empfindlichkeitsdaten, finden sich in einer von Sievert und Drouen zur Diodenarray Detektion in der HPLC veröffentlichten Monographie [105]. Die Empfindlichkeit dieser Methode hängt im wesentlichen von drei Faktoren ab:

- Spektraldifferenz zwischen Hauptkomponente und Verunreinigung,
- relative Absorption sowie
- Unterschiede in den Retentionszeiten.

Für Routinenanalysen können die rechnerisch ermittelten Werte ausgedruckt werden. Zusätzlich können für jeden Peak die Reinheitsfaktoren und die Retentionszeiten ausgegeben werden.

11.5
Präzision

Unter der Präzision einer Methode versteht man das Maß an Übereinstimmung zwischen einzelnen Testergebnissen, wenn gleiche Proben unter denselben Bedingungen analysiert werden. Die Präzision wird durch Analyse einer Reihe von Standards oder realen Proben gemessen. Die gemessene Standardabweichung läßt sich in zwei Kategorien unterteilen:

- die Wiederholbarkeit und
- die Vergleichbarkeit.

11.5.1
Wiederholbarkeit

Die Wiederholbarkeit einer Methode läßt sich dadurch bestimmen, daß eine Analyse mit derselben Geräteausstattung innerhalb einer relativ kurzen Zeitspanne im selben Labor durch ein- und dieselbe Person mehrfach ausgeführt wird. Üblich sind sechs bis zehn Bestimmungen. Die ICH [137] fordert ent-

Run #	meas Ret. Time [min]
1	3.1218
2	3.1209
3	3.1309
4	**3.1070<**
5	**3.1339>**
6	3.1246
Mean:	3.1256
S.D.:	0.0078
RSD[%]:	0.2510
StdErr.:	0.0202

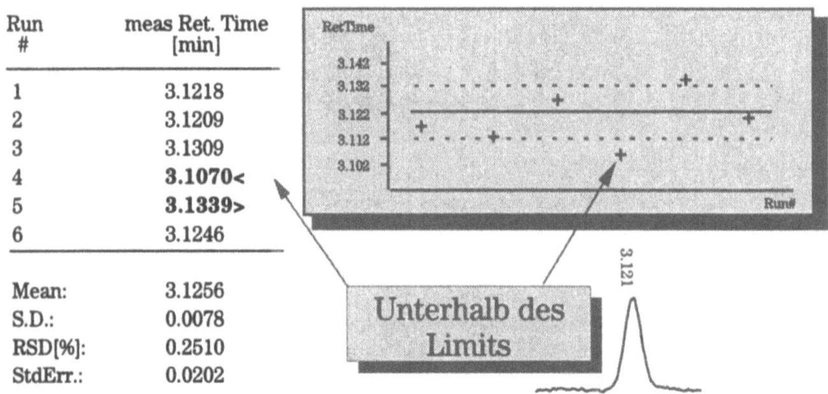

Abb. 11.3. Kommerziell erhältliche Software mit direkter statistischer Auswertung beschleunigt die Methodenvalidierung

weder mindestens neun Bestimmungen über drei Konzentrationen (z.B. 3x3) oder mindestens sechs Bestimmungen bei einer einzelnen Konzentration.

11.5.2
Intermediäre Präzision

Das ICH Dokument [137] spezifiziert noch den weiteren Begriff der „intermediate precision", den man dem Sinn nach mit „langfristiger Präzision" übersetzen könnte. Es wird darunter der Einfluß aller Parameter innerhalb eines Labors wie zeitliche Verschiebung über mehrere Tage, unterschiedliches Bedienungspersonal, unterschiedliche Geräte und unterschiedliche Chargen von Säulen und Reagenzien verstanden. Der Begriff überschneidet sich insofern mit der im nachfolgenden Abschnitt erläuterten Vergleichbarkeit, mit dem Unterschied, daß die Vergleichbarkeit Messungen zwischen Labors beinhalten kann.

11.5.3
Vergleichbarkeit

Unter Vergleichbarkeit versteht man die langfristige Variabilität des Meßvorgangs, die sich entweder durch Ausführung einer bestimmten Methode innerhalb ein und desselben Labors, aber an unterschiedlichen Tagen oder von unterschiedlichen Labormitarbeitern auf unterschiedlichen Geräten und in verschiedenen Labors bzw. einer Kombination aus allen Parametern bestimmen läßt. Die Validierung der Vergleichbarkeit zwischen verschiedenen Labors ist natürlich besonders dann wichtig, wenn gleiche Methoden in unterschiedlichen Labors verwendet werden und von gleichen Proben dieselben Ergebnisse erhalten werden sollen. Die Standardabweichung für die Vergleichbarkeit ist in der Regel um den Faktor 2 oder 3 größer als die für die Wiederholbarkeit.

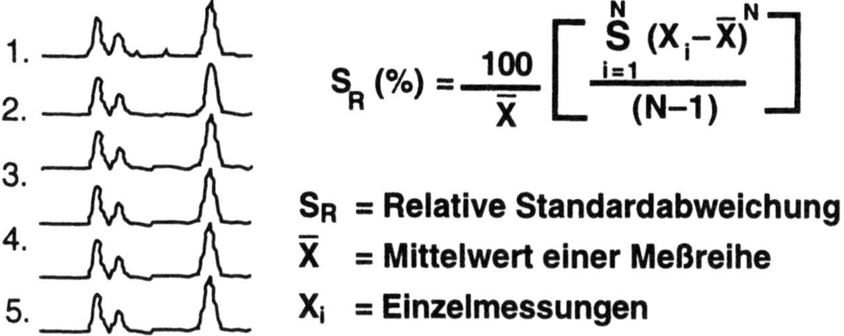

Abb. 11.4. Bestimmung der Präzision in der Chromatographie

11.5.4
Präzision in der Chromatographie

Die Präzision der Retentionszeiten und der Peakflächen oder -höhen sind ein wichtiges Kriterium für ein Trennsystem. Die Präzision der Retentionszeit ist deshalb wichtig, weil sie ein wichtiges Kriterium für die Identifizierung eines Peaks ist.

Die Präzision der Peakflächen ist in der Chromatographie wichtig, weil Peakfächen ein direktes Maß für die Berechnung der Konzentrationen sind. Die Präzision sollte jeweils anhand von mindestens fünf Chromatogrammreplikaten ermittelt werden.

Bei biologischen Proben sollte die Präzision bei mindestens drei Konzentrationen überprüft werden. Dieser Vorgang sollte an unterschiedlichen Tagen wiederholt werden, um die Präzision einerseits für ein- und denselben Tag (inter day) sowie anderseits für mehrere Tage hintereinander (intra day) zu ermitteln [100].

11.6
Richtigkeit

Die Richtigkeit einer Analysenmethode bezeichnet das Maß an Übereinstimmung zwischen den mit einer Methode ermittelten Ergebnissen und dem tatsächlichen Wert. Jede Methodenvalidierung sollte eine Abschätzung der ermittelten Meßergebnisse von dem wahren Wert beinhalten. Der für die Beurteilung der Richtigkeit erforderliche tatsächliche Wert läßt sich auf zwei verschiedenen Wegen ermitteln. Der erste Weg besteht darin, die Ergebnisse einer Methode mit den Ergebnissen einer Referenzmethode zu vergleichen. Bei diesem Ansatz geht man davon aus, daß die Referenzmethode frei von systematischen Fehlern ist. Der zweite Weg besteht darin, die zu analysierende Probenmatrix mit einer bekannten Konzentration eines Referenzmaterials anzureichern. Nachdem der zu analysierende Stoff aus der Probenmatrix extrahiert und in ein Analysengerät injiziert wurde, kann die Anzeige des Gerätes mit der Anzeige für das mit einem reinen Lösungsmittel versetzte Referenzmaterial verglichen werden.

Die absolute Wiederfindungsrate wird aus dem Verhältnis der Geräteanzeige des reinen Standards zu der Anzeige eines extrahierten Standards berechnet [101]. Die relative Wiederfindungsrate wird dadurch gemessen, daß die Anzeige der Matrix (z.B. Plasma) mit der Anzeige des reinen Lösungsmittel (z.B. Wasser) verglichen wird.

In der Chromatographie lassen sich Wiederfindungsraten mit externen oder internen Standards ermitteln. Die Quantifizierung nach einem externen Standard ist die direkteste Methode. Die durch den Standard erzeugten Peaks werden mit den Peaks aus der Probe verglichen. Die Konzentration der Standardlösung soll dabei der erwarteten Konzentration in der Probelösung möglichst nahe kommen. Die erhaltenen Peaks werden nach Peakfläche oder Peakhöhe ausgewertet.

Bei Verwendung eines internen Standards wird der Probe zum frühestmöglichen Zeitpunkt eine Substanz beigemischt, um Probeverluste während der Extraktion, der Reinigung und der abschließenden chromatographischen Analyse auszugleichen.

Ein interner Standard muß von allen anderen Peaks des Chromatogramms vollständig getrennt werden und sollte im Hinblick auf seine chemischen und physikalischen Eigenschaften der zu bestimmenden Substanz möglichst ähnlich sein. Es versteht sich von selbst, daß der interne Standard nicht in der Probe enthalten und kein potentielles Abbauprodukt der zu bestimmenden Substanz sein darf. Er muß in möglichst reiner Form vorliegen und über den Meßzeitraum stabil sein. Substanzen, die häufig als interne Standards verwendet werden, sind Analoge, Homologe und Isomere. Wenn in ein und derselben Probe zwei oder mehr Substanzen mit unterschiedlichen chemischen oder physikalischen Eigenschaften bestimmt werden müssen, sollte eine entsprechende Anzahl interner Standards für diese Substanzen verwendet werden.

Die Analyse von Blindproben ist für die Richtigkeit der qualitativen und quantitativen Ergebnisse von großer Bedeutung. Es handelt sich dabei um Proben, die den Analyten nicht enthalten. Je nach Problemstellung sind gegebenenfalls mehrere Arten von Blindproben erforderlich, darunter Blindproben für Reagenzien, interne Standards und Lösungsmittel.

11.7
Linearität

Unter Linearität wird die Fähigkeit einer Analysenmethode verstanden, Meßergebnisse zu liefern, die innerhalb eines gegebenen Bereichs direkt oder anderweitig proportional zu den Konzentrationen der zu bestimmenden Substanzen sind. Die Linearität eines Analysengeräts wird durch Injektion einer Reihe von Standards mit unterschiedlichen Konzentrationen bestimmt. Es wird die

Verwendung von fünf verschiedenen Konzentrationen von 50 bis 150% des erwarteten Bereichs empfohlen. Das Meßergebnis (Peakfläche, Peakhöhe) wird über der Konzentration aufgetragen. Die Steigung ist ein Maß für die Empfindlichkeit der Methode. Eine auf die Ergebnisse angewandte lineare Regressionsgleichung sollte einen Y-Achsenabschnitt ergeben, der nicht signifikant von Null abweicht.

11.8
Meßbereich

Der Meßbereich einer Analysenmethode ist der Bereich zwischen dem oberen und dem unteren Meßbereichs-Endwert (die beiden Endwerte eingeschlossen), innerhalb dessen Meßwerte mit der geforderten Präzision, Richtigkeit und Linearität ermittelt werden können. Der Bereich wird auch oft als dynamischer Bereich bezeichnet. Er wird durch die obere und untere Bestimmungsgrenze festgelegt. Der Bereich wird normalerweise in derselben Einheit angegeben (z.B. % oder ppm) wie die durch die Analysenmethode gewonnenen Ergebnisse.

11.9
Nachweisgrenze/Detektionsgrenze

Die Nachweisgrenze ist der Punkt, an dem ein Meßwert wiederholbar größer ist als der Unsicherheitsfaktor. Sie bezeichnet die niedrigste Konzentration der zu bestimmenden Substanz, die noch erfaßt, aber nicht unbedingt auch quantifiziert werden muß. In der Chromatographie ist die Nachweisgrenze als die injizierte Menge definiert, die einen Peak liefert, der mindestens doppelt oder dreimal so hoch ist wie das Basislinienrauschen. Der Peak muß zuverlässig als solcher erkannt werden. Für die Messungen sollte man vorzugsweise eine Matrix verwenden, die der realen Probe möglichst nahe kommt.

11.10
Bestimmungsgrenze

Man unterscheidet zwischen der oberen und der unteren Bestimmungsgrenze. Die obere Bestimmungsgrenze wird durch den obersten Punkt der Kalibrierkurve festgelegt. Die untere Bestimmungsgrenze ist die injizierte Menge, die zu einer wiederholbaren Messung der Peakflächen führt. In der Chromatographie sollen die Peaks etwa 10 bis 20 mal höher sein als das Basislinienrauschen. Die Bestimmungsgrenze wird im wesentlichen durch die geforderte Präzision bestimmt. Ein praktikables Verfahren wurde von Eurachem/D vorgeschlagen [60]. Man geht dabei so vor, daß Verdünnungsreihen erstellt und die einzelnen Konzentrationen im Bereich des zwei- bis 100-fachen der Nachweisgrenze mehrfach injiziert werden. Die relativen Standardabweichungen werden gegen die Konzentrationen aufgetragen. Die Konzentration, die der geforderten Wiederholbarkeit entspricht, wird als Bestimmungsgrenze definiert.

1. Spezifiziere die erforderliche Präzision
2. Versetze eine probenfreie Matrix mit der Probe
3. Verdünne und analysiere jede Verdünnung sechsmal
4. Berechne die %RSD des Signals für jede Konzentration
5. Trage die Präzision gegen die Konzentration auf
6. Konzentration bei spezifizierter Präzision = Bestimmungsgrenze

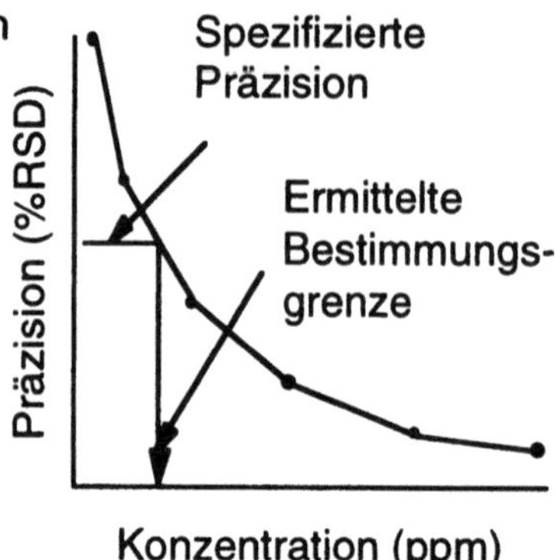

Abb. 11.5. Ermittlung der Bestimmungsgrenze über die spezifizierte Standardabweichnung

11.11
Empfindlichkeit

Empfindlichkeit ist die Differenz in der Analytkonzentration, die der kleinsten mit der Methode detektierbaren Signaldifferenz entspricht. Sie läßt sich aus dem Anstieg der Kalibrierkurve berechnen oder sie kann experimentell anhand von Proben mit unterschiedlichen Analytkonzentrationen ermittelt werden [60]. Der Begriff Empfindlichkeit wird oft anstelle der Begriffe Bestimmungsgrenze und Nachweisgrenze falsch benutzt.

11.12
Stabilität

Obwohl die Stabilität üblicherweise nicht zu der eigentlichen Methodenvalidierung gehört, sollte sie doch erwähnt werden, da die Stabilität von Standards und realen Proben Analysenergebnisse erheblich beeinflussen kann.

Viele gelöste Substanzen zerfallen bereits vor der Durchführung der chromatographischen Analyse, z.B. während der Probenvorbereitung, der Extraktion, der Aufarbeitung, beim Phasentransfer sowie bei der Lagerung der vorbereiteten Probenflaschen z.B. in Kühlschränken oder automatischen Probengebern. Wo dies zu erwarten ist, soll im Zusammenhang mit der Entwicklung einer Methode die Stabilität der zu bestimmenden Substanzen untersucht werden.

Der Begriff Systemstabilität wurde eingeführt, um die Stabilität der in einer aufbereiteten Probe nachzuweisenden Substanz definieren zu können. Sie ist ein Maß für den systematischen Fehler, der in den mit ein und derselben Lösung über einen vorgewählten Zeitraum, z.B. stündlich über eine Zeitspanne von bis zu 46 Stunden, ermittelten Meßergebnissen enthalten sein kann [94]. Die Systemstabilität ist durch wiederholte Analyse der Probenlösung zu ermitteln. Sie gilt als angemessen, wenn die auf der Basis der Prüfergebnisse

rechnerisch ermittelte relative Standardabweichung bei zu unterschiedlichen
Zeiten wiederholten Messungen 20% des Wertes für die Präzision des Systems
nicht übersteigt.

Lagerungsbedingte Einflüsse und die Beeinflussung der Probe durch Ein-
frieren und Auftauen können dadurch untersucht werden, daß eine mit einem Standard angereicherte Probe unmittelbar nach der Vorbereitung sowie
an darauffolgenden Tagen der voraussichtlichen Lagerzeit analysiert wird. Es
sind mindestens zwei Analysezyklen bei zwei verschiedenen Konzentrationen
auszuführen.

11.13
Robustheit

Die Robustheit zeigt sich als Varianz der Meßergebnisse bei Analyse derselben Proben unter unterschiedlichen Analysenbedingungen. Bei Tests zur
Überprüfung der Robustheit einer Methode wird untersucht, ob apparative
und umgebungsbedingte Einflüsse noch zuverlässige Meßergebnisse innerhalb
der spezifizierten Grenzen ermöglichen. Tabelle 13.3 enthält Parameter, die zu
unterschiedlichen Ergebnissen führen können.

Eine Methode gilt dann als robust, wenn die Ergebnisse durch labortypische Variable nicht beeinflußt werden. Solche Variable sind z.B. eine geringe
Sorgfalt im Umgang mit Proben und Geräten durch unterschiedliche Personen, unterschiedliche Verfahren, z.B. unterschiedliche Integrationsverfahren,
apparative Unterschiede und unterschiedliche Umgebungsbedingungen. Die
Robustheit einer Methode kann sowohl innerhalb eines einzelnen Labors als
auch zwischen verschiedenen Labors ermittelt und überprüft werden. Bei der
Überprüfung in unterschiedlichen Labors werden Proben homogener Chargen
in unterschiedlichen Labors, von unterschiedlichen Analytikern unter appara-
tiven und Umgebungsbedingungen analysiert, die unterschiedlich sind, aber
noch im Rahmen der für die Methode spezifizierten Parameter liegen (la-
borübergreifende Tests). Die Validierung der Robustheit zwischen verschiedenen Labors überschneidet sich mit der vorher erläuterten Vergleichbarkeit.

Soll die Robustheit einer Methode innerhalb eines Labors überprüft wer-
den, dann werden eine Reihe chromatographischer Parameter (z.B. Flußrate,
Säulentemperatur, Detektionswellenlänge, Zusammensetzung der mobilen
Phase) innerhalb realistischer Grenzen variiert und der quantitative Einfluß

Tabelle 11.3. Labortypische
Parameter mit einem Ein-
fluß auf die Robustheit einer
HPLC Methode

- Unterschiede in der Raumtemperatur und Luftfeuchtigkeit
- Bedienungspersonal mit unterschiedlicher Erfahrung und unterschiedlicher
  Sorgfalt
- Geräte mit unterschiedlicher Leistung (z.B. Totvolumen in der HPLC)
- Geräte von unterschiedlichem Alter
- Säulen von unterschiedlichen Lieferanten oder von unterschiedlichen Chargen
- Lösungsmittel, Reagenzien oder andere Materialien mit unterschiedlicher
  Qualität

dieses Parameters untersucht. Liegt dieser Einfluß der Parameter innerhalb
eines vorher festgelegten Toleranzbereiches, dann gilt die Methode als robust.

11.14
Revalidierung

Toleranzbereiche sollten entweder aufgrund von Erfahrungen mit ähnlichen
Methoden festgelegt oder bei der Methodenentwicklung ermittelt und bei der
Validierung überprüft werden. Sie sollten Bestandteil der Methodencharakte-
risierung sein. Falls der Toleranzbereich genau definiert ist, vereinfacht sich
auch die Frage, wann eine Methode revalidiert werden soll. Eine Revalidierung ist immer dann erforderlich, wenn nach einer Änderung der Methode
die neuen Parameter außerhalb der ursprünglich ermittelten und validierten Toleranzgrenzen liegen. Liegen beispielsweise die Toleranzgrenzen für die
Säulentemperatur einer HPLC Methode zwischen 30 und 40°C, muß die Methode wieder validiert werden, wenn eine neue Temperatur von 41°C festgelegt wird. Falls der Toleranzbereich für die Flußrate einer Pumpe zwischen 1
und 1.5 ml/min festgelegt ist, muß eine Revaildierung erfolgen, wenn die neu
gewählte Flußrate darunter oder darüber liegt.

KAPITEL 12

Wartung und Leistungskontrolle im Routinebetrieb

Wenn die Installation und die Qualifizierung für den Betrieb erfolgreich abgeschlossen sind, kann das Gerät im Routinebetrieb eingesetzt werden. Auch im Routinebetrieb sollten Verfahren vorhanden sein, die sicherstellen, daß das Gerät in Zukunft das ausführt, was es tun soll. Jedes Labor sollte ein Qualitätssicherungsprogramm zur

- Vermeidung,
- Erkennung,
- Aufzeichnung und Beseitigung

von Fehlern haben, das sowohl von dem Laborpersonal als auch von dem Management verstanden und akzeptiert wird. Die Absicht ist sicherzustellen, daß jeder Zeit Analysenergebnisse von akzeptabler Qualität erhalten werden. Mögliche Maßnahmen dafür sind:

- Vorbeugende Gerätewartung,
- Leistungsverifizierung,
- Kalibrierung,
- Systemeignungstests,
- Analysen von Blind- und Kontrollproben und
- Maßnahmen zur Sicherheit des Systems und der damit erzeugten Daten.

In dem folgenden Paragraphen werden unterschiedliche Mechanismen beschrieben, mit denen gewährleistet und der Nachweis erbracht werden kann, daß die Systeme wie erwartet funktionieren. Das bedeutet nicht, daß immer alle beschriebenen Verfahren angewandt werden sollten.
Die Art und Häufigkeit der Leistungskontrollen hängt ab

- von dem Gerätetyp,
- von den verwendeten Funktionen,
- von dem Anwendungsbereich sowie
- von den Anforderungen an die Meßgenauigkeit.

Bei der Art und Häufigkeit der Maßnahmen sollte man immer im Auge behalten, welche Maßnahmen getroffen werden müßten, wenn für das Gerät plötzlich die geforderten Spezifikationen nicht mehr erreicht werden sollten. Im schlimmsten Fall müßten alle in der Zeit zwischen der letzten erfolgreich abgeschlossenen Überprüfung und dem neuen nicht bestandenen Test durchgeführten Analysen in Frage gestellt und je nach Ursache und Auswirkung auf Ergebnisse eventuell sogar Kunden über das Mißgeschick informiert werden.

12.1 Wartung

Für alle Systeme und Systemteile, die eine periodische Wartung erfordern, sollten Zeitpläne und Verfahren vorliegen. Der Sinn von vorbeugender Wartung ist sicherzustellen, daß Verschleißteile ausgetauscht werden, bevor das Gerät ausfällt oder fehlerhafte Ergebnisse erzeugt werden. Kritische Teile sollten aufgelistet werden und in der Nähe des Gerätes gelagert sein. Alle Wartungsaktivitäten sollten in dem Gerätelogbuch dokumentiert werden. Gerätehersteller sollten eine Liste mit empfohlenen Wartungsmaßnahmen und Anweisungen für deren Durchführung zur Verfügung stellen. Einige Hersteller bieten auch Wartungsverträge für vorbeugende Wartung in festgelegten Zeitintervallen an. Dabei wird eine Reihe von Diagnoseroutinen durchgeführt und kritische Ersatzteile werden ausgetauscht.

12.2 Kalibrierung

Nach einer bestimmten Betriebsdauer müssen Systemteile kalibriert und eventuell justiert werden, zum Beispiel die Wellenlängengenauigkeit der optischen Einheit von HPLC UV/Visible Detektoren, andernfalls können sie die Qualität von Analysenergebnissen negativ beeinflussen. Für solche Geräte oder Teile sollten ein Zeitplan und Verfahren für die regelmäßigen Kalibrierungen festgelegt sein. Der Vorgang und die Ergebnisse sollten in dem Gerätelogbuch

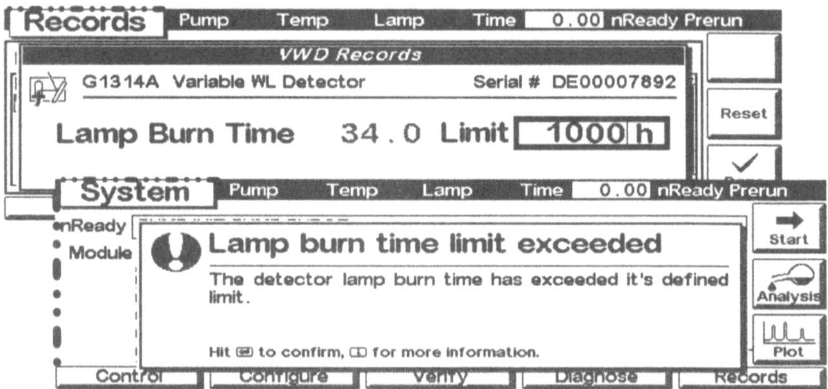

Abb. 12.1. Neuere HPLC Geräte zeigen die Zeit des bisherigen Gebrauchs von Verschleißteilen an. Nach Überschreiten eines vorgebenden Limits macht das Gerät den Benutzer darauf aufmerksam. Die Wartung kann so rechtzeitig durchgeführt werden, bevor das Gerät fehlerhafte Ergebnisse liefert.

aufgezeichnet werden. Die Systemmodule sollten mit einem Aufkleber versehen werden, in dem das jeweilige Datum der letzten erfolgreichen und der nächsten Kalibrierung zusammen mit den Initialen und der Unterschrift des Testingenieurs eingetragen werden: „Der Prüfstatus muß durch Anwendung von Markierungen, zugelassenen Stempeln, Anhängern, Etiketten, Begleitkarten, Prüfaufzeichnungen oder Prüfsoftware identifiziert werden" [144].

12.3 Leistungsüberprüfung

Die Leistung von analytischer Gerätehardware kann sich mit der Zeit durch normale Alterung oder durch Verschmutzung verschlechtern. Beispiele dafür sind die Lampe und Flußzelle eines HPLC Detektors und die Dichtung einer Pumpe. Deshalb sollte die Leistung von Geräten während der gesamten Lebensdauer in regelmäßigen Abständen überprüft werden. Eurachem/D [60] beschreibt die Forderung nach Leistungsverifizierung so: „Der korrekte Einsatz zusammen mit regelmäßiger Wartung, Reinigung und Kalibrierung garantiert nicht immer die einwandfreie Funktion eines Gerätes. Wo es angemessen ist, werden regelmäßige Funktionstests durchgeführt (z.B. Ansprechempfindlichkeit, Stabilität und Linearität von Quellen, Sensoren und Detektoren, die Trennfähigkeit chromatographischer Systeme, Einstellung und Wellenlängengenauigkeit von Spektrometern etc.)".

Der Benutzer von Geräten trägt die volle Verantwortung für diese Aktivitäten. Der Lieferant sollte Empfehlungen zur Verfügung stellen, was mit welcher Häufigkeit und nach welchem Verfahren überprüft werden sollte. Die Arbeitsanweisungen sollten auch Ratschläge enthalten, was gemacht werden soll, falls das Gerät die Prüfung nicht besteht. Für die Aufzeichnung der Ergebnisse wird die Verwendung von firmeneinheitlichen Formularen empfohlen. Ein Beispiel dafür ist in Abbildung 12.3 dargestellt. Der Vorgang und eine Zusammenfassung der Ergebnisse sollten in dem Gerätelogbuch aufgezeichnet

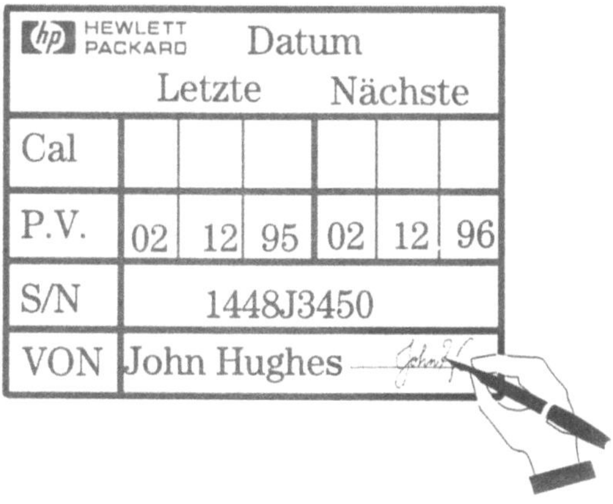

Abb. 12.2. Beispiel für einen Aufkleber mit Informationen über die letzte und nächste Leistungsüberprüfung

HEWLETT PACKARD	Datum					
	Letzte			Nächste		
Cal						
P.V.	02	12	95	02	12	96
S/N	1448J3450					
VON	John Hughes					

Gerät:	HP 1050 Series VW Detector
Seriennummer:	1448J3450
Benutzer/ Spezifikation:	Basislinienrauschen
Test:	1.0×10^{-4} AU (HP's Limit 1.5×10^{-5} AU)
Testhäufigkeit:	Alle 12 Monate (HP's Empf. alle 12 Monate)

Datum	Gemessener Wert	Korrekturmaßnahmen	Endwert	Testingenieur Name	Unterschrift
2/3/93	1.4x10-5			Hughes	

Abb. 12.3. Beispiel für ein Formular zur Ergebnisdarstellung einer Leistungsüberprüfung

werden. Die Leistungsverifizierung kann entweder vom Benutzer oder vom
Lieferanten bzw. von einer anderen dritten Partei im Auftrag des Benutzers
durchgeführt werden. Wer auch immer die Leistungsverifizierung durchführt,
sollte einen dokumentierten Nachweis dafür haben, daß sie/er dafür auch qualifiziert ist. Dies kann eine Bescheinigung über eine erfolgreiche Teilnahme an
einer Schulung sein.

Eine häufig gestellte Frage ist, welche Leistungseigenschaften verifiziert werden sollten und wie oft. Eurachem/D [60] gibt eine Empfehlung über die
Häufigkeit der Leistungsprüfungen: „Die Häufigkeit von solchen Leistungstests wird von der Erfahrung bestimmt und basiert auf Bedarf, Art und vor-
herigem Einsatz der Geräte. Die Intervalle zwischen den Prüfungen sollten
kürzer werden als die Zeit, in der das Gerät erfahrungsgemäß beginnt, akzeptable Grenzwerte zu überschreiten." Diese Interpretation bedeutet auch, daß
die Häufigkeit der Leistungsprüfungen für ein spezifisches Gerät von den ‚ak-
zeptablen Grenzwerten‘, wie sie vom Benutzer spezifiziert werden, abhängt. Je
enger die Grenzwerte sind, desto eher wird das Gerät die Werte über- bzw.
unterschreiten und desto häufiger müssen auch Leistungsprüfungen durchgeführt werden. Die Zeitabstände für Prüfungen sollten für jedes Gerät aus
der Erfahrung heraus spezifiziert und dokumentiert werden. Bei der Grenz-
wertfestlegung sollte man immer darauf achten, daß diese nicht enger gewählt
werden, als die vom Hersteller definierten Spezifikationen. Es mag zwar vorkommen, daß für ein Einzelgerät die Spezifikationen enger gewählt werden
könnten, wenn es sich um ein besonders gutes Gerät handelt. Man muß jedoch
bei nachfolgenden Geräten damit rechnen, daß diese dann zwar die Herstellerspezifikationen einhalten, aber nicht mehr die besseren Spezifikationen wie
sie vom Benutzer definiert wurden.

Anhang B der Eurachem/D Interpretationshilfe [60] enthält eine Liste von Parametern, die bei Chromatographen (einschließlich der Flüssigkeits- und Ionenchromatographen), bei Elektroden, Heiz- und Kühlgeräten, Gefriertrocknern, Heißluftsterilisiergeräte, Inhaliergeräte, Spektrometer, Mikroskope und Autosampler geprüft werden sollten. Für andere Geräte wie Waagen, Glasgeräte zur Volumenmessung, Barometer und Zeitschaltgeräte werden auch Angaben über die Häufigkeit der Prüfungen gemacht.

DIN ISO 10012 Teil 1 enthält eine sehr ausführliche Tabelle mit fünf Methoden zur Revision der Intervalle von Kalibrierungen:

1. Automatische oder schrittweise Anpassung
2. Qualitätsregelkarte
3. Kalenderzeit
4. Einsatzdauer
5. Black-Box (nur Zwischenprüfung)

Die Empfehlungen können sinngemäß auch auf die Überprüfung von Leistungsmerkmalen angewandt werden. Die Tabelle enthält eine Bewertung der einzelnen Methoden mit Vor- und Nachteilen und zu jeder Methode eine Empfehlung für die Anwendung.

Die Frage der Häufigkeit der Überprüfungen wäre dann nicht mehr so wichtig, wenn die entsprechenden Funktionen bereits in die Geräte eingebaut wären und der Vorgang automatisch ablaufen würde. Hier sind die Hersteller gefragt und in Zukunft wird die Auswahl von Lieferanten mehr und mehr von solchen Funktionen beeinflußt werden. Die möglichst automatische Kalibrierfähigkeit eines Gerätes und der Komfort bei der Leistungsüberprüfung werden so wichtig werden wie die analytischen Leistungsmerkmale. Die automatische Wellenlängenkalibrierung eines HPLC UV/Visible Detektors [145] und die in eine HPLC Anlage eingebaute automatische Betriebsqualifizierung und Leistungsüberprüfung [146] sind bereits sehr gute Ansätze dafür.

12.4
Systemeignungstests (system suitability testing) und analytische Qualitätskontrolle

Die Eignung eines Analysensystems für dessen geplanten Einsatz sollte laufend überprüft werden. Dafür sollte die gleiche Gerätekonfiguration einschließlich der Trennsäulen, die gleichen Bedingungen für Probenvorbereitung, Probenaufgabe, Detektion und Auswertung und die gleichen Referenzstandards wie für die Analyse der unbekannten Proben verwendet werden.

Es gibt im Prinzip zwei Mechanismen für die laufende Qualitätskontrolle:

- Typische Systemeignungstests mit mehrmaligen Analysen von Standards zu Beginn und eventuell am Ende einer Analysensequenz
- Regelmäßige Analyse von Kontrollproben zu Beginn und während einer Analysensequenz und die anschließende Erstellung von Langzeitkontrollcharts (Regelkarten).

Es wird empfohlen, die Systemtests mindestens einmal am Tag durchzuführen. Die genaue Häufigkeit und Art der Durchführung hängt von der Stabilität des Gesamtsystems und der geforderten Analysengenauigkeit ab. Sie sollten während der Methodenentwicklung ermittelt und Bestandteil der Validierung sein, da hierbei gute praktische Erfahrungen über die Stabilität und Präzision der Methode gewonnen werden.

Systemeignungstests. Systemeignungstests wurden für Chromatographiesysteme von der US Pharmacopeia [68] und anderen Pharmacopöen vorgeschlagen. Im Vergleich zur Methodenvalidierung erfordern die Systemeignungstests weniger Einzelmessungen. Generell wird empfohlen, nur solche Parameter zu überprüfen, die für die erforderliche Analysengenauigkeit kritisch sind und die sich innerhalb der Zeitspanne zwischen den Tests ändern können. Falls beispielsweise chromatographische Bestimmungen an der unteren Nachweisgrenze durchgeführt werden müssen, sollte das Basislinienrauschen und -driften Bestandteil des Tests sein. Die Auflösung zwischen zwei Peaks sollte überprüft werden, falls die Trennung kritisch und gleichzeitig wichtig für die Quantifizierung einer oder beider Komponenten ist. Die Reproduzierbarkeit der Retentionszeit sollte überprüft werden, falls die Fenster für die Identifizierung eng gelegt werden müssen.

Die US Pharmacopeia [68] hat für einige Parameter Auswertemethoden und auch Angaben für die Häufigkeit der Messungen gemacht und zwar für:

- Präzision der Peakflächen (Systempräzision)
- Auflösung zwischen zwei Peaks
- Tailing Faktor

Nach der Empfehlung wird die Systempräzision durch wiederholte Dosierung einer Standardlösung und Berechnung der Standardabweichung der Peakflächen oder Peakhöhen bestimmt.

Es sollen fünf Analysen durchgeführt werden, wenn die relative Standardabweichung 2% oder weniger beträgt. Bei mehr als 2% Abweichung sollen sechs Dosierungen vorgenommen werden. Bei biologischen Proben dürfen die %RSDs normalerweise 15%, am Detektionslimit 20% nicht unterschreiten [101].

Die US-Pharmacopeia schreibt zur Zeit vor, daß alle Messungen zur Wiederholbarkeit vor der eigentlichen Probenserienanalyse durchgeführt werden sollen. Das hat zu erheblicher Kritik geführt, weil dadurch Veränderungen eines Systems während der Serienanalyse nicht erkannt werden. Deshalb wurde vorgeschlagen, Doppelbestimmungen von Standards während einer Serienanalyse durchzuführen, wobei die Abweichungen nicht größer als 0,5% sein sollten.

Qualitätskontrolle unter Verwendung von Kontrollproben mit Kontrollcharts. Die Analysen von Qualitätskontrollproben und die Konstruktion der Kontrollcharts wurde als ein Weg vorgeschlagen, Qualität in die Ergebnisse einzubauen und zwar praktisch zum gleichen Zeitpunkt, zu dem sie erzeugt wurden. Solche

Prüfungen können on-line Hinweise darauf geben, wenn folgende Probleme vorliegen:

- Reagenzien sind verunreinigt
- GC Trägergas ist verunreinigt
- das HPLC Lösungsmittel ist verunreinigt
- die Leistung der Säule hat sich verändert
- Geräteeigenschaften haben sich über die Zeit hinweg geändert.

Während einer Serienanalyse von unbekannten Proben werden gut charakterisierte Kontrollproben vor, zwischen und eventuell nach den unbekannten Proben gemessen. Die erhaltenen quantitativen Ergebnisse werden mit den Sollwerten verglichen. Die erforderliche Häufigkeit der Kontrollproben im Verhältnis zu den unbekannten Proben wird hauptsächlich von der Stabilität des Meßsystems abhängen. Ein stabiles System benötigt nur eine gelegentliche Überwachung. Eurachem/D [60] gibt an, daß bei einfachen Routineanalysen 5% des Probendurchsatzes aus Kontrollproben bestehen sollten. Dieser Wert kann für komplexere und weniger stabile Systeme auf 20% bis 50% ansteigen.

Kontrollproben sollten eine hohe Ähnlichkeit zu den zu untersuchenden Proben haben; ansonsten kann man keine zuverlässige Schlußfolgerung für die Leistung des gesamten Meßvorgangs ziehen. Kontrollproben sollen so homogen und stabil sein, daß deren zeitliche Veränderungen geringer sind als die des Meßvorgangs. Wenn es sich bei den Proben um homogene Flüssigkeiten handelt, können Kontrollproben durch Zusammenmischen von Standards hergestellt werden. Sie können entweder als zertifiziertes Referenzmaterial bezogen oder im Labor selbst hergestellt werden. Im letzteren Fall sollten in einer Charge genügend Mengen hergestellt werden, um zu gewährleisten, daß die

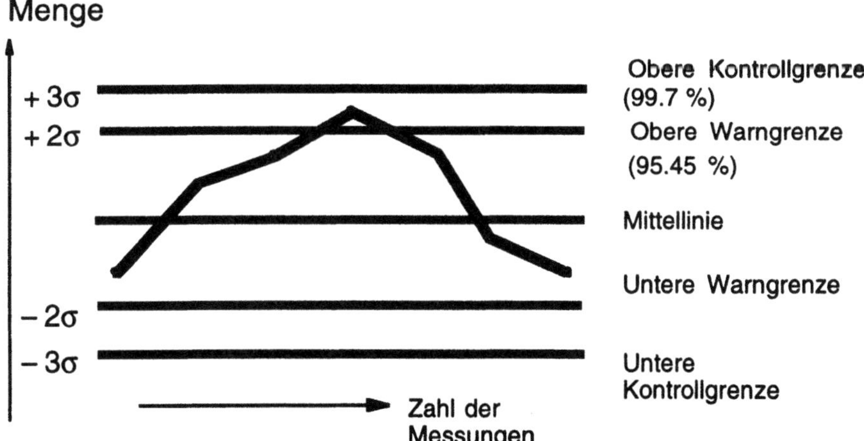

Abb. 12.4. Kontrollcharts mit Warn- und Kontrollgrenzen

gleichen Proben über eine längere Zeitperiode benutzt werden können. Ihre Stabilität sollte über die Zeit hinweg geprüft und ihre absolute Richtigkeit verifiziert werden. Verfahren dafür sind:

- der Vergleich mit zertifiziertem Material
- Ringversuche oder
- Bestimmung mit anderen unabhängigen Analysenmethoden.

Im Falle von homogenen Flüssigkeiten können Kalibrierstandards als Kontrollproben verwendet werden. In diesem Fall soll die Rekalibrierung jeweils nach der Kontrollmessung erfolgen.

Das am meisten benutzte Auswerteverfahren für die Analyse von Kontrollproben ist die Erstellung von Kontrollcharts (Regelkarten). Dabei werden die erzielten quantitativen Meßwerte als zeitliche Funktion der Einzelmessungen aufgetragen. Die gemessenen Konzentrationen von Einzelmessungen oder der Durchschnitt von mehreren Messungen werden auf der vertikalen Achse aufgetragen und die Reihenfolge der Messungen auf der horizontalen Achse.

Kontrollcharts stellen ein einfaches graphisches Mittel dar, mit dem

- Meßabläufe laufend überwacht,
- Meßprobleme schnell erkannt und
- Messungen einfach dokumentiert und später leicht nachvollzogen werden können.

In der Literatur wurden mehrere Methoden für die Erstellung von Kontrollcharts beschrieben [106]. Die heutzutage am meisten benutzten Kontrollcharts sind X-Charts und R-Charts, die von Shewhart entwickelt wurden. X-Charts bestehen aus einer zentralen Linie, die entweder die bekannte Konzentration der Kontrollprobe repräsentiert oder in 10 bis 20 vorangegangenen Bestimmungen ermittelt wurde. Die zu erwartenden relativen Standardabweichungen wurden während der Methodenentwicklung ermittelt und werden dafür benutzt, die Kontrollinien in den Kontrollcharts festzulegen. Kontrollgrenzen stellen die Grenzwerte dar, bei deren Überschreitung das System definitionsgemäß außer Kontrolle gerät.

Je nach Analysenanforderung kann es sich bei Kontrollmessungen um Einzel- oder Mehrfachbestimmungen handeln. Auch kann die Bestimmung entweder bei einer einzigen Konzentration oder bei mehreren Konzentrationen durchgeführt werden. Der Aufwand für die Kontrollproben hängt immer von der jeweiligen Situation ab.

Kontrollcharts enthalten meist eine Mittellinie und jeweils zwei innere und äußere Kontrollinien: Eine Warngrenze bei $\pm 2\sigma$ und eine Aktionslinie mit $\pm 3\sigma$ Standardabweichung. Laut Statistik liegen mehr als 95.45 Prozent aller Bestimmungen innerhalb der Warngrenzen und mehr als 99.7 Prozent innerhalb der Kontrollgrenzen. Die Mittellinie stellt definitionsgemäß den richtigen Wert dar und entspricht entweder dem in Vorversuchen ermittelten Mittelwert oder, falls bekannt, dem absolut wahren Wert.

Wenn der Meßvorgang unter statistischer Kontrolle abläuft, sind die Ergebnisse der Kontrollproben um die Mittellinie verteilt. Ein Wert von etwa

20 Bestimmungen liegt statistisch außerhalb der Warngrenzen und einer von etwa 200 außerhalb der Kontrollgrenzen. Es werden bestimmte Vorgehensweisen empfohlen, falls ein oder mehrere Werte außerhalb der Warngrenzen liegen. Wenn ein Einzelwert außerhalb der Warnlinien liegt aber innerhalb der Aktionslinien, und der nächste liegt wiederum innerhalb der Warnlinien, ist keinerlei Handlungsbedarf erforderlich. Liegen jedoch zwei aufeinanderfolgende Werte außerhalb der Warnlinien, ist der Meßvorgang nicht länger unter statistischer Kontrolle. Man bezeichnet einen solchen Zustand als „Außer Kontrollsituation". Weitere solche Zustände sind in Abbildung 12.5 angeführt. Bei solchen Situationen muß die Analysensequenz abgebrochen werden und es sollten Maßnahmen getroffen werden, die Ursache des Problems herauszufinden. Die Maßnahmen sollten dokumentiert und das Bedienungspersonal sollte mit ihnen vertraut sein. Mögliche Maßnahmen sind:

- Überprüfung des Gerätes (Hardware, Software, korrekte Integration?)
- Überprüfung der Materialien (Reagenzien, Lösungsmittel, Stabilität, korrekte Einwaage, neuer Lieferant?)
- Überprüfung der Probe (korrekte Einwaage, wurde die Analyse innerhalb der geforderten Zeit für die Probenstabilität durchgeführt?)
- Überprüfung der Lagerbedingungen für Probe und Reagenzien
- Überprüfung der Methodenvalidierung (sind die spezifizierten Grenzen zu eng gewählt?)
- Bedienungspersonal (wurden neue Mitarbeiter eingestellt?)

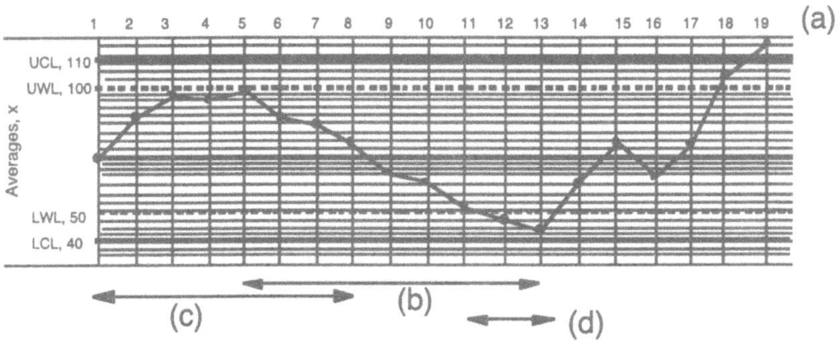

Abb. 12.5. Mögliche Außerkontroll-Situationen

12.5
Korrekturmaßnahmen

Im Prinzip gibt es zwei verschiedene Arten von Korrekturmaßnahmen: Sofortmaßnahmen und längerfristige Maßnahmen. Sofortmaßnahmen werden bei kleineren Problemen getroffen, beispielsweise falls eine Detektorlampe ausgetauscht werden muß. Diese Maßnahmen werden normalerweise von dem Bedienungspersonal durchgeführt und erfordern keine Änderung des Meßverfahrens. Der Vorgang sollte lediglich in das Gerätelogbuch eingetragen werden. Größere Probleme führen zu längerfristigen Maßnahmen. Diese sind erforderlich, wenn die Ursache des Problems nicht gleich offensichtlich ist. In diesem Fall sollte eine Einzelperson damit beauftragt werden, die Verantwortung für das Herausfinden der Ursache zu übernehmen und Maßnahmen zur Behebung des Problems vorschlagen.

12.6
Der Umgang mit defekten Geräten

Der ISO/IEC Guide 25 [59] enthält Empfehlungen für die Vorgehensweise bei defekten Geräten. Danach sollten dem Bedienungspersonal klare Anweisungen mit Maßnahmen zur Verfügung stehen, die durchgeführt werden sollen, falls ein Gerät ausfällt oder nicht mehr ordnungsgemäß funktioniert. Empfehlungen sollten gegeben werden, in welchen Fällen das Personal versuchen sollte, das Problem selbst zu beheben und wann es den Kundendienst des Geräteherstellers zu Rate ziehen sollte. Für jedes Gerät sollte es eine Liste mit möglichen Fehlern und daraufhin erforderlichen Maßnahmen geben.

Nach ISO/IEC Guide 25 ist es nicht immer ausreichend, im Falle eines Fehlers das Gerät on-site zu reparieren und den Meßvorgang einfach fortzusetzen. Der Fehler sollte klassifiziert werden und je nach Ursache in einfache und schwierige Probleme eingestuft werden. Ein einfaches Problem wie eine defekte Lampe eines UV/Visible Detektors sollte sofort behoben werden, und nach einem Funktionstest kann das Gerät wieder für weitere Analysen benutzt werden. Der Fehler, die Reparatur und das Ergebnis des Funktionstests sollten in das Gerätelogbuch eingetragen werden. Für schwerwiegende Fehler, die nicht direkt von dem Bedienungspersonal repariert werden, kann nach dem Schema in Abbildung 12.6 vorgegangen werden:

- Das Problem sollte dem Laborvorgesetzten oder der Person, die für das Gerät verantwortlich ist, gemeldet werden. Der Vorgesetzte oder die verantwortliche Person entscheiden dann über das weitere Vorgehen.
- Das Gerät soll von dem Meßplatz entfernt werden und an einem dafür vorgesehenen Ort gelagert werden. Falls das wegen der Größe nicht praktisch

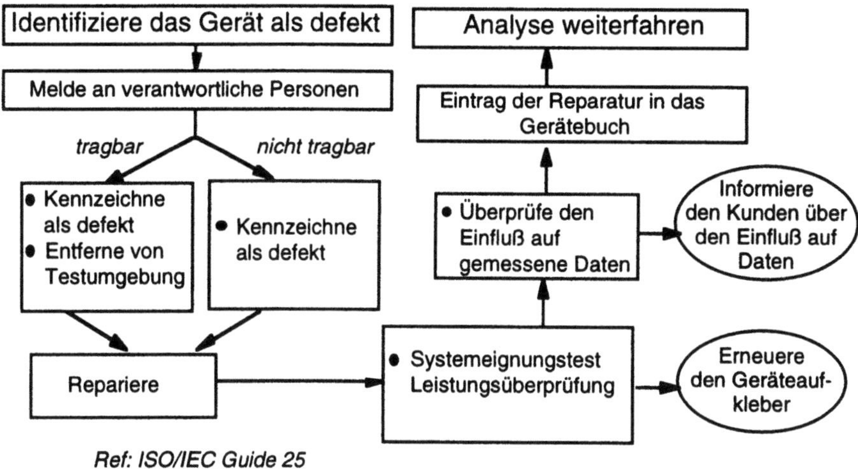

Abb. 12.6. Handhabung von Geräten mit schwerwiegenden Fehlern

ist, sollte es gut sichtbar als „defekt" gekennzeichnet werden. Zum Beispiel sollten kleine tragbare Geräte wie ein pH-Meter von dem Meßplatz entfernt werden. Größere Geräte wie ein GC oder ein ICP-MS System sollten mit ‚defekt' gekennzeichnet werden.

- Nach der Reparatur sollte die richtige Funktion durch Tests verifiziert werden. Die Art der Tests hängt von dem Fehler und dessem möglichen Einfluß auf das System ab. In einfachen Fällen kann ein Systemeignungstest genügen, bei schwerwiegenden Reparaturen kann eine volle Leistungsüberprüfung aller Funktionen erforderlich werden.
- Der Einfluß des Fehlers auf vorhergehende Testergebnisse soll untersucht werden.
- Kunden sollten informiert werden, falls der Fehler die Gültigkeit von Testdaten beeinflußt hat.
- Der Fehler, die Reparatur, die Durchführung und das Ergebnis der Leistungsverifizierung sollten in das Gerätelogbuch eingetragen werden.

KAPITEL 13

Überprüfung von chromatographischen Computersystemen

Chromatographische Computersysteme führen unterschiedliche Aufgaben aus. Dies können die Kontrolle von Geräten, die Datenaufnahme, Peakintegration, Peakidentifizierung, Berechnung von quantitativen Ergebnissen und Berichterstattung sowie die Abspeicherung und Übertragung von Daten auf andere Programme in demselben Computer oder über Netzwerke auf andere Computer sein. Zusätzlich ermöglichen auch einige Systeme die Kontrolle von spektrometrischen Detektoren, die dreidimensionale Datenauswertung und Peakreinheitsüberprüfungen sowie die Identifizierung über Spektren.

Chromatographische Computersysteme werden während der Entwicklung und Herstellung vom Hersteller ausgiebig getestet. Bevor ein computerkontrolliertes analytisches System jedoch vom Benutzer für Routineanwendungen eingesetzt wird, sollten auch im Labor des Anwenders Funktionstests (Akzeptanztests) durchgeführt werden. Dadurch soll sichergestellt werden, daß das System auch in einer typischen Benutzerumgebung das ausführt, was es tun soll. Das OECD GLP Konsenspapier [50] schlägt vor, daß die Validierung während der Softwareentwicklung vom Lieferanten im Auftrag des Benutzers durchgeführt werden kann, der Benutzer sollte jedoch einen formellen Akzeptanztest durchführen: „Es ist die Verantwortung des Benutzers, sicherzustellen, daß das Softwareprogramm validiert wurde" und „Es ist akzeptabel, daß die Validierung der Anwendungssoftware vom Lieferanten im Namen des Benutzers durchgeführt wird, vorausgesetzt, der Benutzer führt einen formalen Akzeptanztest durch" [50]. Akzeptanztests werden verschiedentlich auch als Funktionstests oder Abnahmetests bezeichnet.

In den GALP Empfehlungen [20] schlägt die US EPA vor, Akzeptanztests mit Akzeptanzkriterien und SOPs für die Durchführung der Akzeptanztests zu entwickeln: „Akzeptanzkriterien sollten für neue oder geänderte Software spezifiziert werden. Schriftliche Verfahren sollten für die Akzeptanztests vorhanden sein, in denen festgelegt wird, was wann und von wem getestet werden sollte. Testergebnisse sollten dokumentiert, überprüft und genehmigt werden."

Im Zusammenhang mit Akzeptanztests sollte folgendes beachtet werden:

- Akzeptanztests sollten vom Benutzer in einer typischen Benutzerumgebung durchgeführt werden, unabhängig davon, ob die Software von der Benutzerfirma oder von einem Gerätehersteller entwickelt wurde.
- Die Akzeptanzkriterien sollten definiert werden, bevor der Test beginnt.

- Die Dokumentation der Tests sollte die Akzeptanzkriterien, eine Zusammenfassung der Ergebnisse und Name und Unterschrift der Person, die den Test durchführt, enthalten.

Eine häufig gestellte Frage ist, welche und wieviele Tests durchgeführt werden sollten. Die Art und Anzahl der Tests hängen im wesentlichen von zwei Faktoren ab:

1. von der Komplexität des Systems
2. von dem beabsichtigten Einsatz

Anzahl und Auswahl der Tests sollten auf einer guten analytischen Beurteilung beruhen. Sie sollten so ausgewählt werden, daß damit der Nachweis erbracht wird, daß das System genaue und zuverlässige Ergebnisse erzeugt.

Die meisten computergesteuerten Geräte enthalten viel mehr Funktionen als in der Praxis benötigt werden. Um Zeit und Kosten zu sparen, sollten Akzeptanztests auf solche Funktionen begrenzt werden, die im Labor des Benutzers auch Verwendung finden. Zum Beispiel kann Chromatographiesoftware auch Programme für die Auswertung von Spektren beinhalten. Falls diese Teile der Software nicht benutzt werden, müssen sie auch nicht getestet werden. Auf der anderen Seite kann es vorkommen, daß der Benutzer Zusatzprogramme erstellt, um das System seinen speziellen Bedürfnissen anzupassen, zum Beispiel Macros für eine spezielle Berichterstattung. Diese Software sollte nicht nur Bestandteil von Akzeptanztests sein, sondern sollte vom Benutzer während der Entwicklung validiert werden.

Der Gerätehersteller sollte für Software und jedes Computersystem eine Liste mit allen Funktionen zur Verfügung stellen, die das System ausführen kann. Bevor der Plan für die Akzeptanztests geschrieben wird, sollte der Benutzer aus dieser Liste alle Funktionen definieren, die in der Routine benutzt werden. Der Hersteller sollte auch Testroutinen zur Verfügung stellen, mit denen die wichtigsten Funktionen automatisch getestet werden können. Zum Beispiel sollte ein chromatographisches Datensystem Tests für die Verifizierung der Kommunikation zu den analytischen Geräten, Datenaufnahme, Peakintegration, Quantifizierung, Berichterstattung sowie für das Abspeichern und Wiedereinlesen von Daten beinhalten.

In diesem Kapitel werden spezielle Tests von chromatographischen Computersystemen diskutiert. Es werden Beispiele für

- funktionelle Spezifikationen eines Chromatographiesystems,
- für einen manuellen modularen Softwaretest,
- ein Konzept für einen integrierten Softwaretest sowie

Tabelle 13.1. Typische Funktionen einer Software Kontrolle und Auswertung von Chromatographen

☐ Instrumentkontrolle		☐ Quantitative Auswertung
☐ Datenaufnahme		☐ Berichterstattung
☐ Peakidentifizierung		☐ Abspeicherung und Wiedereinlesen der Daten
☐ Peakintegration		☐ Datenübertragung über Netzwerke

- ein Verfahren für die automatische Verifizierung eines integrierten Systems gegeben.

Bei integrierten Systemtests werden die neu ermittelten Testergebnisse mit bereits im Labor vorliegenden Ergebnissen von bestehenden Geräten verglichen. Ein modularer Test der einzelnen Programm- oder Systembestandteile erfordert viel mehr Zeit und sollte auf jeden Fall vom Hersteller durchgeführt werden. Auf der Anwenderseite wird er ausschließlich für Diagnosezwecke empfohlen, falls der Gesamtsystemtest die Kriterien nicht erfüllt oder wenn auf der Anwenderseite wenig oder keine Erfahrung mit der Analysentechnik vorliegt.

13.1
Beispiele für Spezifikationen und Tests für ein computergesteuertes HPLC System

13.1.1
Spezifikationen

Bevor ein chromatographisches Computersystem getestet wird, sollten zunächst die Spezifikationen definiert werden. Während normalerweise bei Gerätehardware Leistungsspezifikationen definiert werden, z.B. Präzision des Injektionsvolumens, ist das bei Software und Computersystemen nicht praktikabel. Ein Leistungsmerkmal könnte beispielsweise die Geschwindigkeit der Integration eines Chromatogramms mit einer bestimmten Länge und einer bestimmten Anzahl von Peaks sein. Das Problem ist, daß die Rechengeschwindigkeit nicht nur von der Art der Programme, sondern mehr noch von der Computerhardware bestimmt wird. Hersteller sind deshalb dazu übergegangen, für Software keine Leistungsspezifikationen sondern funktionale Spezifikationen zu definieren. Bei der Verifizierung wird überprüft, ob die Funktionen richtig ausgeführt werden. Diese Art der Verifizierung wird oft auch als Softwareleistungsverifizierung bezeichnet. Ein Beispiel von ausgewählten funktionellen Spezifikationen für ein HPLC System wird in der Tabelle 13.2 angegeben [107].

13.1.2
Modulare Funktionstests

Für das Testen der individuellen Module wird die Verwendung von Vordrucken empfohlen. Sie sollten Eingabefelder für die Testumgebung, die Instrumentenkonfiguration, die Softwarebezeichnung und die Revisionsnummer enthalten. Es ist wichtig, daß die Vordrucke auch Eingabefelder für aktuelle Beobachtungen und für aktuelle Ergebnisse beinhalten, da eine einfache akzeptiert/nicht akzeptiert Information nicht ausreicht und vielfach von Aufsichtsbehörden nicht anerkannt wird. Die Tests sollten

- Werte aus dem normalen Anwendungsbereich,
- Werte aus den Grenzbereichen,
- Werte außerhalb des Anwendungsbereiches und
- unplausible Werte

Tabelle 13.2. Ausgewählte Beispiele für Spezifikationen eines automatischen HPLC Systems

---

Gerätekontrolle

Beispiel - Fluoreszenz Detektor

Die Anregungs- und Emissionswellenlänge des HP 1046A Fluoreszenzdetektors kann von 190 bis 800 in Schritten von 1 nm eingestellt werden. Verstärkung (Gain), die Ansprechzeit und die Lampenfrequenz können ebenfalls eingestellt werden. Die Verstärkung und die Wellenlängen können zeitprogrammiert werden. Die Software ermöglicht die Aufnahme und Auswertung von Scans für die Optimierung der Anregungs- und Emissionswellenlängen.

Statusanzeige

Beispiel - Gerätestatusanzeige

Der Zustand des Gerätes wird während einer Analyse kontinuierlich überwacht und angezeigt. Dazu gehört auch die Anzeige der abgelaufenen Analysenzeit.

Datenauswertung

Beispiel - Manuelle Integration

Die 'manuelle Integration' erlaubt die Integration von Peaks, die eine besondere Interpretation von Seiten des Benutzers erfordern. Die Funktion erlaubt dem Benutzer die Anfangs- und Endpunkte frei zu wählen und die zwischen den Punkten festgelegte Fläche zu ermitteln und für die Quantifizierung zu verwenden. Die mit dieser Funktion ausgewerteten Peaks werden in dem Report besonders gekennzeichnet.

Datenauswertung

Beispiel - Quantifizierung

Die Quantifizierung kann durch verschiedene Methoden erfolgen. Dazu gehören Flächenprozent- (Area%), Normalisierung- (Norm%), Externe Standard- (ESTD) und Interne Standard (ISTD) Auswertung. Die Kalibration kann über mehrere Bereiche und unter Verwendung von mehreren internen Standards durchgeführt werden.

Datenauswertung

Beispiel - Reporterstellung und Ausgabeformate

Für Ergebnisdarstellung bzw. Abspeicherung können Ausgabegeräte und das Datenformat angegeben werden.

Automatisierung

Beispiel - Methodensequenzierung

Die Software kann mehrere Methoden zu einer Sequenz verknüpfen. Innerhalb einer Sequenz können bis zu 100 Probeflaschen definiert werden.

Rückführbarkeit der Daten

Beispiel - Aufzeichnung aktueller Geräteparameter

Aktuelle Gerätezustände (Druck, Fluß, Temperatur) können während der Analyse aufgezeichnet und zusammen mit den Rohdaten in binären quersummengeschützten Dateien abgespeichert werden. Für eine optimale Nachvollziehbarkeit können diese Zustände zusammen mit dem Chromatogramm auf dem Bildschirm sichtbar gemacht und mit Hilfe eines Druckers zu Papier gebracht werden.

---

enthalten. Bei Eingaben von Werten außerhalb des möglichen Anwendungsbereichs sollten diese als Fehler angezeigt werden. Beispiele hierfür sind die Eingabe einer zu hohen Flußrate bei einer HPLC Pumpe oder einer zu niedrigen Temperatur bei einem GC Ofen. Fehler sollten auch dann als solche erkannt und angezeigt werden, wenn eine Zahl erwartet und statt dessen Buchstaben eingegeben werden. Bei dem Testen in den Grenzbereichen sollten Werte eingegeben, die geringfügig ober- oder unterhalb der Betriebsbegrenzungen liegen. Wenn zum Beispiel die Betriebsgrenzen eines gaschromatographischen Säulenofens 400°C beträgt, dann sollten Einträge von 399°C und 401°C getestet werden. Das System sollte auch daraufhin überprüft werden, wie es sich verhält, wenn es falsch bedient wird.

Abbildung 13.1 zeigt einen Vordruck mit einem einfachen Beispiel für einen manuellen Test. Der Zweck dieses Tests ist, die richtige Kommunikation zwischen Computer und dem UV/Visible Detektor eines HPLC Systems zu verifizieren. Der Test sollte auch überprüfen, ob das System auf Eingabewerte nahe bei und oberhalb des oberen Wellenlängenbereichs richtig reagiert. Solche detaillierte Tests werden auch für Systeme ohne eingebaute Fehlererkennung oder für den Fall empfohlen, daß das Gesamtsystem nicht wie vorgesehen funktio-

Datum	27. Mai 1996
Testparameter	Instrumentkontrolle: Programmierung der Detektorwellenlänge
Testbeschreibung	1 .Setze die Wellenlänge des Detektors auf 280 nm. 2. Erstelle ein Zeitprogramm. at　　1.0 min.　225 nm (normaler Bereich) at　　1.2 min.　599 nm (nahe dem Grenzwert von 600 nm) at　　1.4 min.　680 nm (über dem Grenzwert von 600 nm) 3. Drücke "Start Run" [ENTER].
Erwartete Ergebnisse/ Akzeptanzkriterien	Keine Fehlermeldung. Nach 1 .00 min. sollte die Anzeige der Wellenlänge auf 225 nm umschalten. Keine Fehlermeldung. Nach 1 .20 min. sollte die Anzeige der Wellenlänge auf 599 nm umschalten. Fehlermeldung am Computerbildschirm nach Eingabe des Wertes: out of range Nach 1 .4 min sollten immer noch 599 nm angezeigt werden.
Aktuelles Ergebnis und besondere Beobachtungen	*1 .00 Minuten nach dem Start hat die Wellenlänge auf 225 nm umgeschaltet. Die Änderung wurde am Computerbildschirm angezeigt.* ☑ akzeptiert　　☐ *nicht bestanden* *1 .20 Minuten nach dem Start hat die Wellenlänge auf 599 nm umgeschaltet. Die Änderung wurde am Computerbildschirm angezeigt.* ☑ akzeptiert　　☐ *nicht akzeptiert* *Bei der Eingabe des Wertes erschien eine Fehlermeldung am Bildschirm: out of range.* *1 .40 Minuten nach dem Start hat der Bildschirm weiterhin 599 nm angezeigt.* ☑ akzeptiert　　☐ *nicht akzeptiert*
Kommentar	*Alle Tests bestanden*
Testingenieur	Name: M.　　　　　Unterschrift:　*M. Burger*
Überprüft von	Name: K. Romero　　Unterschrift:　*K. Romero*

Abb. 13.1. Beispiel eines Vordrucks für einen modularen funktionellen Test

niert und der Fehler im Bereich der Kommunikation zwischen Computer und
HPLC Detektor vermutet wird. Der Vordruck in Tabelle 13.1 beinhaltet Eingabefelder für Testparameter, erwartete Ergebnisse, aktuelle Ergebnisse, eventuelle Beobachtungen, akzeptiert/nicht akzeptiert Checkfelder und Eingabefelder
für Bemerkungen und Unterschriften.

13.1.3
Integrierte Systemtests

Als effektivere Alternative zu den modularen funktionellen Softwaretests wird
der integrierte Systemtest empfohlen. Die Systemsoftware wird mit ein paar
wenigen praxisnahen Experimenten unter Verwendung genau bekannter Referenzproben während eines vollständigen Analysenlaufs getestet. Diese Art der
Tests wird für den Fall empfohlen, daß

- das Laborpersonal mit der Analysentechnik vertraut ist,
- entsprechende Erfahrung mit früheren Geräten derselben Kategorie vorliegt
  und
- bekannte Referenzproben und Referenzbedingungen vorliegen.

Es sollten auch Testchromatogramme und quantitative Ergebnisse vorliegen,
die zum Vergleich mit dem neuen Gerät benutzt werden können. Es wird
empfohlen, eine Testmethode zu entwickeln, mit der Schlüsselfunktionen ausgeführt werden, zum Beispiel:

- Gerätekontrolle
- Datenaufnahme
- Peakintegration
- Quantifizierung.

Die Referenzstandards oder Kontrollproben sollten gut charakterisiert sein und
die erwarteten Chromatogramme oder die Spektren sollten dem Bedienungspersonal bekannt sein. Da bei den Tests auch die wichtigsten Funktionen der
Software ausgeführt werden, kann man davon ausgehen, daß bei bestandenem
Test des Gesamtsystems auch die Software und das Computersystem für den
beabsichtigten Gebrauch tauglich sind.

Falls Abweichungen von den erwarteten Ergebnissen beobachtet werden,
sollten die Experimente wiederholt und die Reproduzierbarkeit der Fehler
überprüft werden. Danach sollte versucht werden, unter Anwendung der in
vorhergehenden Paragraphen diskutierten modularen Tests, die Ursache des
Problems herauszufinden und das Problem zu korrigieren.

13.2
Verifizierung der Peakintegration

Die schwierigste Aufgabe für jede chromatographische Software besteht in der
richtigen Integration von asymmetrischen, schlecht- oder nicht aufgelösten Peaks, Peaks auf einer driftenden Basislinie und Peaks mit einem Signal/Rausch-
Verhältnis nahe bei der Nachweisgrenze.

Bei der Frage der Verifizierung von chromatographischer Peakintegration sollte man immer im Auge behalten, daß Chromatographie eine relative Methode ist. Probemengen werden mit der Anzeige von Standards verglichen. Um einen Integrator auf richtige Peakintegration und Quantifizierung unter Betriebsbedingungen zu testen, sollten eine oder mehrere Standardtestchromatogramme mit bekannten Flächenwerten zur Verfügung stehen. Für die Verifizierung vermißt der Integrator den Standard und die Ergebnisse können mit den erwarteten Ergebnissen verglichen werden. Es wird empfohlen, für jedes System solche Standarddateien mit Integrationsparameter, Berechnungsmethoden und Ergebnissen zur Verfügung zu haben. Sie können entweder vom Gerätehersteller geliefert oder im Labor des Benutzers selbst erzeugt werden.

Generell ist es sinnvoll, daß der Benutzer die Testdateien selbst erzeugt, da Testchromatogramme für die routinemäßige Überprüfung der Software typischen Probenchromatogrammen entsprechen sollten. Sie sollten gut getrennte Peaks beinhalten, falls alle Probenkomponenten gut aufgelöst sind oder nur teilweise aufgelöste Peaks, wenn die Probenkomponenten auch nicht vollständig getrennt sind. Der Drift spielt auch eine wichtige Rolle; falls Probenchromatogramme einen erheblichen Basisliniendrift aufweisen, sollten die Testchromatogramme auch driftende Basislinien enthalten.

Für die praktische Durchführung der Softwareüberprüfung unter Verwendung von Testchromatogrammen gibt es mehrere Möglichkeiten. Eine mögliche Lösung wäre, jedesmal eine Referenzprobe zu injizieren und die Ergebnisse mit den vorher aufgezeichneten Chromatogrammen zu vergleichen. Das Problem hierbei ist, daß die Ergebnisse nicht ausschließlich und meist auch nicht hauptsächlich von dem Integrator beeinflußt werden, sondern hauptsächlich von anderen Variablen. Dazu gehören:

- die Stabilität der Testproben,
- die Genauigkeit des Injektionsvolumens und der Flußrate,
- die reproduzierbare Trennleistung der Säule und
- die Detektoranzeige.

In der Praxis ist es nicht möglich, exakt genau die gleichen Zahlen zu erzeugen, falls das Chromatogramm durch Injizieren einer Probe erzeugt wurde. In diesem Fall wird die Genauigkeit der analytischen Geräte geringer sein, als die des chromatographischen Auswertesystems. Beispielsweise ist das Verifizieren der reproduzierbaren Integration von Peakschultern schwierig, da die Schulter über eine längere Zeitperiode meist nicht exakt reproduziert werden kann.

Eine zweite Methode benutzt elektronische Peakgeneratoren, um reproduzierbare Peaks zu erzeugen. Sie erzeugen reproduzierbare Ausgangsspannungen und Peaks mit einer Gaußverteilung, die beliebig oft an jeder Stelle erzeugt werden können. Das Problem bei dieser Methode ist, daß der Verlauf der Ausgangsspannung gewöhnlich fest vorgegeben ist und chromatographische Peaks von wirklichen Proben mit Schultern, Tailing oder mit schlechter Auflösung nicht immer exakt nachvollzogen werden können. Ein Problem kann sich besonders dann ergeben, wenn solche Peakgeneratoren nicht ein für Chromatographie typisches Basislinienrauschen aufweisen und die Integration bei geringem Signal/Rauschverhältnis verifiziert werden soll. Ein weiterer Nachteil ist, daß zusätzliche Hardware benötigt wird, die wiederum validiert werden muß.

Dyson [108,109] empfiehlt die Leistung eines Integrators mit synthetischen Chromatogrammen zu verifizieren, die von einer Computersoftware erzeugt werden. Die Signale werden von dem Computer über eine spezielle digital zu analog (D/A)-Karte an den Integratoreingang übertragen. Der Vorteil dieses Verfahrens ist die permanente Verfügbarkeit von wiederholbaren und reproduzierbaren Chromatogrammen mit genau bekannten Dimensionen (Fläche, Höhe, Retentionszeit, Asymmetrie, Tailing). Die erhaltenen aktuellen Ergebnisse können mit den vorherigen gut charakterisierten Ergebnissen verglichen werden. Ein einzelner Computer könnte dafür benutzt werden, die Leistung aller Integratoren in einem Labor zu verifizieren. Die Software erlaubt auch, Peaks mit unterschiedlichen Formen stellvertretend für reale Proben mit Peaktailing oder driftenden und rauschenden Basislinien zu synthetisieren.

Eine weitere alternative Methode wird für die Hewlett-Packard ChemStations vorgeschlagen. Die richtige Peakintegration wird als Teil des automatischen ChemStation Leistungsverifizierungsprogramms überprüft. Das Programm kann sowohl Chromatogramme von Standards als auch von benutzerspezifischen wirklichen Proben verwenden. Das System vergleicht die bei der Verifizierung neu ermittelten Ergebnisse mit Ergebnissen, die zu früheren Zeitpunkten erstellt und elektronisch abgespeichert wurden. Das Verfahren wird im nächsten Abschnitt beschrieben.

13.3
Automatischer Test von chromatographischen Computersystemen

Das Verfahren kann dafür benutzt werden, die Funktionen und die richtige Arbeitsweise der Hewlett-Packard ChemStation für formale Akzeptanztests, Leistungsüberprüfungen, Betriebsqualifikationen oder Requalifikationen zu verifizieren;

- bei der Installation
- nach einer Veränderung des Systems (Computerhardware und Softwareaufrüstungen)
- nach der Hardwarereparatur oder
- nach längerem Einsatz

Eine erfolgreiche Ausführung des Verfahrens stellt sicher, daß:

- Programmdateien richtig auf die Hard Disk geladen werden,
- die aktuelle Hardware kompatibel mit der Software ist und
- die aktuelle Version des Betriebssystems und der Benutzeroberfläche mit der ChemStation Software kompatibel ist.

Diese Methode testet Schlüsselfunktionen des Systems, wie beispielsweise die Peakintegration, Quantifizierung, Ausdruck, Abspeichern und Wiedereinlesen von Ergebnisdaten.

Erzeugung der Urdaten

1. Erzeuge "Master"chromatogramm
2. Entwickle Methode für die Auswertung
3. Erzeuge "Master"ergebnis
4. Speichere das Ergebnis elektronisch und auf Papier

Verifizierung

1. Wähle das "Master"chromatogramm und die Methode
2. Test läuft automatisch ab
3. Software <u>vergleicht aktuell ermittelte Werte mit Sollwerten</u>
4. Bericht wird <u>automatisch</u> ausgedruckt

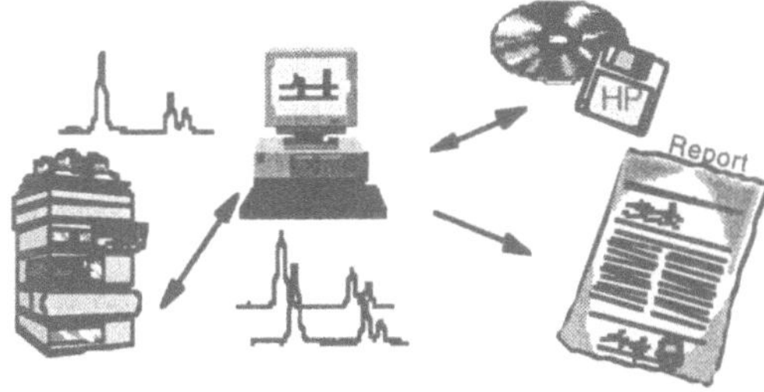

- Datenübertragung
- Datenakquisition
- Integration
- Quantifizierung
- Abspeichern/Einlesen

Abb. 13.2. Verfahren zur Verifizierung von Chromatographiesoftware

Zur Erstellung der Vergleichsdaten werden zunächst Testchromatogramme von Referenzstandards oder wirklichen Proben erzeugt und die erhaltenen Rohdaten werden auf einem elektronischen Speicher als *Master Datei* gelagert. Als nächstes wird eine Referenzmethode für die Integration und Auswertung entwickelt. Danach werden die Rohdaten mit dieser Methode ausgewertet und die Ergebnisse ausgedruckt und elektronisch abgespeichert. Bei der Verifizierung werden die gleichen Rohdaten mit der gleichen Methode ausgewertet und die neu ermittelten Ergebnisse werden mit den elektronisch abgespeicherten Ergebnissen verglichen. In einem einseitigen Verifizierungsbericht werden die wichtigsten Informationen über den Test zusammengefaßt. Dazu gehören die Identifikation der Geräte- und Computerhardware und der Software, die getesteten Funktionen, das Ergebnis und Eingabefelder für den Namen und die Unterschrift der Testperson.

Diese Methode hat mehrere Vorteile:

1. Der Benutzer kann eine oder mehrere Dateien wählen, die repräsentativ für Laborproben sind. Zum Beispiel könnte eine Datei gut getrennte Peaks enthalten, die einen weiten Bereich der Kalibrierungskonzentrationen abdecken, um die Linearität des Integrators zu verifizieren. Ein zweites oder drittes Chromatogramm kann dazu benutzt werden, die Möglichkeiten des Integrators für die genaue Integration bei schwierigen Trennungen zu verifizieren.

Chromatogramme können ausgewählt werden mit:

- Peaks nahe bei der Detektionsgrenze
- Peaks mit Schultern
- schlecht aufgelösten Peaks
- Peaks auf driftenden Basislinien

- Peaks mit Tailing oder
- asymmetrischen Peaks

2. Der ganze Ablauf ist vollautomatisch. Das vermeidet fehlerhafte Ergebnisse und ermutigt den Benutzer, die Tests häufiger durchzuführen.

3. Die Ergebnisse der Verifizierung sind so dokumentiert, daß die Dokumentation direkt für interne Überprüfungen und externe Audits verwendet werden kann.

4. Auf Wunsch können detaillierte Testdaten ausgedruckt werden.

ChemStation Verification Report

Tested Configuration

Component	Revision	Serial Number
Diode-array detector	1.0	3148G00859
HPLC 3D ChemStation	Rev. A.02.00	N/A
Microsoft Windows	3.10 (enhanced mode)	N/A
MS-DOS	5.0	N/A
Processor	i486	N/A
CoProcessor	yes	N/A

ChemStation Verification Test Details

Test Name	: C:\HPCHEM\1\VERIFY\CHECK01.VAL
Data File	:
	C:\HPCHEM\1\VERIFY\CHECH01.VAL\DEMODAD.D
Method	:
	C:\HPCHEM\1\VERIFY\CHECK01.VAL\DEMODAD.M
Original Acquisition Method	: PNASTD
Original Operator	: Hans Obbens
Original Injection Date	: 08/02/1985
Original Sample Name	: AIRTEST

Signals Tested

Signal 1 : DAD B, SIG=305, 190 Ref=550,100 of DEMODAD.D
Signal 2 : DAD B, SIG=270, 4 Ref=550,100 of DEMODAD.D
Signal 3 : DAD B, SIG=310, 4 Ref=550,100 of DEMODAD.D

ChemStation Verification Test Results

Test Module	Selected For Test	Test Result
Digital electronics test	Yes	Pass
Integration test	Yes	Pass
Quantification test	Yes	Pass
Print analytical report	Yes	Pass

ChemStation Verification Test Overall Results: Pass

HP 1050 LC System, Friday, June 18, 1993 12:16:55 PM by _________________

Page 1 of 1

Abb. 13.3. HP ChemStation Testbericht. Bei Bedarf können detaillierte Reports ausgedruckt werden.

KAPITEL 14

Datenvalidierung, Audit-trail, Sicherheit und Nachvollziehbarkeit

Als Datenvalidierung bezeichnet man den Prozeß, bei dem die Daten nach einem dokumentierten Verfahren gefiltert und entweder akzeptiert oder abgelehnt werden. Sie ist die letzte Stufe vor der Freigabe. Es sollten schriftliche Verfahren für die Definition der Rohdaten, Sicherheit der Eingabe und für die Überprüfung vorhanden sein. Die Plausibilität von kritischen Daten sollte überprüft werden, unabhängig davon, ob die Daten manuell eingegeben oder direkt von einem analytischen Gerät übertragen wurden. In die Routinemethode sollten vorzugsweise automatische Kontrollen eingebaut werden, um Fehler so weit wie möglich zu erkennen. Voraussetzung für einen effektiven Validitätscheck von Daten sind gut gewartete Geräte, dokumentierte Meßverfahren und statistisch überprüfte Grenzwerte für die Meßunsicherheit. In Tabelle 14.1 sind drei Hauptelemente für die Datenverifizierung und -validierung aufgeführt.

Endergebnisse sollten rückführbar zu den Einzelpersonen sein, die die Daten eingegeben haben. Falls Daten on-line von einem analytischen Gerät aufgenommen werden, sollte das Gerät identifiziert werden. Im letzteren Fall ist es empfehlenswert, die Geräteseriennummer, Methodenparameter und die Gerätebedingungen zusammen mit den Rohdatenfiles zu speichern. Jeder Fehler und andere unvorhergesehene Ereignisse sollten automatisch in einem Logbuch aufgezeichnet und zusammen mit den Rohdaten elektronisch gespeichert werden. Der Einfluß von Gerätefehlern auf die Daten sollte untersucht und geeignete Maßnahmen eingeleitet werden. Falls Daten verändert werden, dürfen

Tabelle 14.1. Stufen der Datenvalidierung

Dateneingabe
- ☐ Identifikation der Person, die die Daten eingegeben hat
- ☐ Identifikation des Gerätes, mit dem die Daten aufgenommen wurden
- ☐ Verifizierung der Richtigkeit von kritischen Daten (diese Forderung ist Bestandteil von einigen Richtlinien)

Änderung von Daten
- ☐ Dokumentation der Namen von Personen, die Änderungen genehmigt, durchgeführt und überprüft haben
- ☐ Begründung der Änderung sowie das Datum der Änderung

Validierung von ausgewerteten Daten
- ☐ Überprüfung der Plausibilität
- ☐ Akzeptanz oder Ablehnung der Daten

die Originalrohdaten nicht gelöscht oder überschrieben werden. Die Person, die die Veränderung vollzogen hat, sollte identifiziert werden, und es sollte der Grund für die Veränderung zusammen mit dem Datum angegeben werden.

14.1
Dateneingabe

Die Integrität der Eingabe spielt bei der Sicherheit von computerbearbeiteten Daten eine Hauptrolle und obgleich sie Bestandteil von Richtlinien ist, werden auf diesem Gebiet häufig Fehler gemacht. „Datenintegrität ist während der Dateneingabe am anfälligsten, unabhängig davon, ob es sich um manuelle Einträge oder um elektronische Übertragungen von automatischen Geräten handelt" [20]. Die richtige Vorgehensweise bei der Sicherheit der Dateneingabe erfordert vielfach ein gründliches Umdenken des Bedienungspersonals und eventuell auch eine neue Software.

Richtlinien der Europäischen Union und der US EPA enthalten Paragraphen zu der Dateneingabe. Zum Beispiel empfiehlt der Annex 11 der EU GMP Richtlinien: „Wenn kritische Daten manuell eingetragen werden, sollte es eine unabhängige Kontrolle über die Richtigkeit der Eintragungen geben. Das System sollte die Identität des involvierten Personals aufzeichnen." Die US EPA GALP Empfehlungen haben ebenfalls einen Paragraphen über die Dateneingabe: „Das Labor soll schriftliche Verfahren und Praktiken· zur Verifizierung der Richtigkeit von manuell eingegebenen oder von einem automatischen System elektronisch übermittelten Daten zur Verfügung haben."

14.2
Manuelle Dateneingabe

Es gibt einen wesentlichen Unterschied zwischen der handschriftlichen Dateneingabe in ein Laborbuch und der Dateneingabe in einen Computer. Bei einem Laborbuch kommen gewöhnliche Lese- und Schreibfehler vor, wenn der Schreibstil der Person, die die Eingaben macht, nicht angemessen ist. Das kann meist dadurch korrigiert werden, daß man die Person sorgfältig darauf hinweist und an einer Verbesserung arbeitet. Andererseits können computertypische Fehler jederzeit vorkommen. Sie sind schwierig zu entdecken und zu verifizieren und sie können einen erheblichen Einfluß auf die Ergebnisse haben. Ein unkorrekt eingetragener Wert in eine Kalibriertabelle wird ein falsches Ergebnis zur Folge haben, wobei der Fehler schwer zu entdecken ist.

Eine häufig gestellte Frage ist, welche Daten bei einem Chromatographiesystem verifiziert werden sollten. Die Empfehlung ist, nur die Daten zu verifizieren, die kritisch für das Endergebnis sind, und die später nicht mehr verifiziert werden können. Falls beispielsweise ein Probengewicht direkt von der Anzeige einer Waage in die Probengebertabelle überschrieben wird, sollte der Dateneintrag verifiziert werden. Der Wert ist wichtig für das Endergebnis und die Eingabe kann später nicht mehr überprüft werden. Auf der anderen Seite wird die für einen gaschromatographischen Säulenofen eingegebene

Temperatur Bestandteil der Methode. Sie kann später ausgedruckt, mit dem Sollwert verglichen und die Eingabe so im Nachhinein verifiziert werden.

Es ist empfehlenswert, einen Sicherheitsmechanismus für kritische Dateneingaben einzubauen. Das ist allerdings leichter gesagt als getan. Zur Zeit gibt es keine gute Lösung für die Verifizierung einer manuellen Dateneingabe. Eine doppelte Eingabe entweder durch die gleiche oder eine zweite Person ist unpopulär, frustrierend und vermindert immer noch nicht die erwarteten Fehler auf ein akzeptables Niveau. Manuelle Einträge zu reduzieren, zum Beispiel über eine Verbindung einer Waage direkt mit dem Computer, ist eine bevorzugte Lösung, aber sie ist nicht immer möglich.

14.3
Rückführbarkeit auf Geräte und Personen

Ausgewertete Analysenergebnisse sollten auf Personen rückführbar sein, welche die Daten eingegeben haben und auf Geräte, von denen die Daten übertragen wurden. „Die für die direkte Dateneingabe verantwortliche Einzelperson soll bei der Dateneingabe identifiziert werden" [20] und „Daten sollten nur von dazu bevollmächtigten Personen eingetragen oder geändert werden" [39]. Die für die direkte Dateneingabe verantwortliche Person sollte bei der Eingabe identifiziert werden. Dies kann dadurch erreicht werden, daß man die Bedienungsperson dazu veranlaßt, ihren oder seinen Namen oder einen persönlichen Code (Paßwort) in das Computersystem einzutragen, bevor ein Dateneintrag gemacht werden kann. Server Software und LIMS Systeme bieten dafür die funktionellen Voraussetzungen. Bei PC-Software ist dies heute nicht immer möglich. In diesen Fällen wird empfohlen, die Daten nach der Eingabe auszudrucken und den Ausdruck mit dem Namen und der Unterschrift der für die Dateneingabe verantwortlichen Person zu versehen.

Falls Daten direkt von analytischen Geräten eingetragen werden, sollte das Gerät zusammen mit der Uhrzeit und dem Datum der Übertragung registriert werden. Das kann dadurch erreicht werden, daß die Geräteseriennummer zusammen mit dem Datum und der Zeit automatisch übertragen wird. Neuere Analysengeräte bieten diese Möglichkeit standardmäßig an. Falls das computergesteuerte System diese Funktion nicht enthält, soll ein entsprechender Vermerk von Hand in dem Analysenbericht gemacht werden.

14.4
Rohdaten: Definition, Verarbeitung und Archivierung

Die Nachvollziehbarkeit von ausgewerteten Analysedaten zu den Rohdaten ist für manuelle und automatische Computersysteme gleich wichtig. Für GLP-Studien müssen Rohdaten archiviert werden.

14.4.1
Definition der Rohdaten

Die Definition von Rohdaten bei manuellen Eintragungen in Laborbücher ist im Vergleich zu automatischen Systemen einfach und wurde in dem Chemikaliengesetz, Abschnitt 1, 1.3, [138] festgelegt: „Rohdaten sind alle ursprünglichen Laboraufzeichnungen und Unterlagen oder darin überprüfte Kopien, die als Ergebnis der ursprünglichen Beobachtungen oder Tätigkeiten bei einer Prüfung anfallen." Rohdaten müssen schnell, direkt und lesbar aufgezeichnet, unterzeichnet und datiert werden. Sie sollen identifiziert und aufgezeichnet werden, wie im Protokoll und in Standardarbeitsanweisungen spezifiziert. Sie sollen genau aufgezeichnet, verifiziert und schließlich mit der Information im Abschlußbericht verglichen werden. Rohdaten sind die ersten Aufzeichnungen einer Beobachtung, die in ein Laborbuch oder auf ein Formblatt eingetragen wurden. Beispiele dafür sind Ergebnisse und Aufzeichnungen von Gerätekalibrierungen, Wartungen, Zustand der Proben und der erste Ergebnisausdruck von analytischen Messungen. Rohdaten können auch Eintragungen von Gerätedisplays in Laborbüchern sein.

Falls die zunächst manuell aufgezeichneten Daten an eine Computerdatenbank übertragen werden, können weder ein Papierausdruck der Datenbankinhalte noch elektronisch archivierte Daten ein Ersatz für das Original sein [111]. Falls Laborbeobachtungen direkt in den Computer eingetragen werden, können Speichermittel als Rohdaten definiert werden. Für Daten, die direkt von einem Gerät an einen Computer übertragen werden, können sowohl

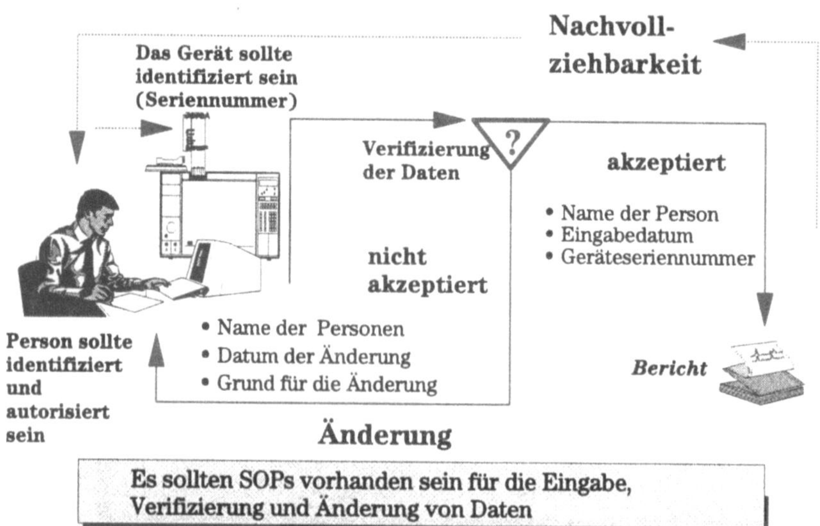

Abb. 14.1. Eingabe, Verifizierung und Änderung von Daten

die elektronisch aufgezeichneten Informationen als auch ein erster Papierausdruck davon als Rohdaten definiert werden. Das gilt zum Beispiel, wenn eine Waage mit einem Computer verbunden ist. Die korrekte Definition der Rohdaten sollte in Standardarbeitsanweisungen beschrieben werden. Falls der Papierausdruck mit allen notwendigen Informationen als Rohdaten definiert wird, können die elektronischen Daten verworfen werden. Falls elektronische Datenträger als Rohdaten definiert werden, muß dafür gesorgt werden, daß sie über die gesamte erforderliche Archivierungsdauer lesbar gemacht werden können. Weiterhin sollte sichergestellt werden, daß die Daten von dazu nicht bevollmächtigten Personen nicht verändert werden können.

14.4.2
Definition und Archivierung von chromatographischen Rohdaten

Gerätehersteller haben ihre eigenen Definitionen der Rohdaten. Es handelt sich dabei meist um die direkt nach der Datenaufnahme abgespeicherten und vom Computer noch nicht weiter verarbeiteten Daten. In der Chromatographie sind das Flächenabschnitte, die in bestimmten Zeitabschnitten zwischen der elektronischen Nullinie und der chromatographischen Linie liegen. Diese Definition hat mit dem hier diskutierten Begriff der Rohdaten im Sinne von GLP zunächst nichts zu tun.

Chromatographische Rohdaten können im Sinne von GLP entweder als Papierausdruck oder als elektronische Daten definiert werden. Im Falle eines einfachen Integrators ohne Computeranschluß wird das Rohdatenformat

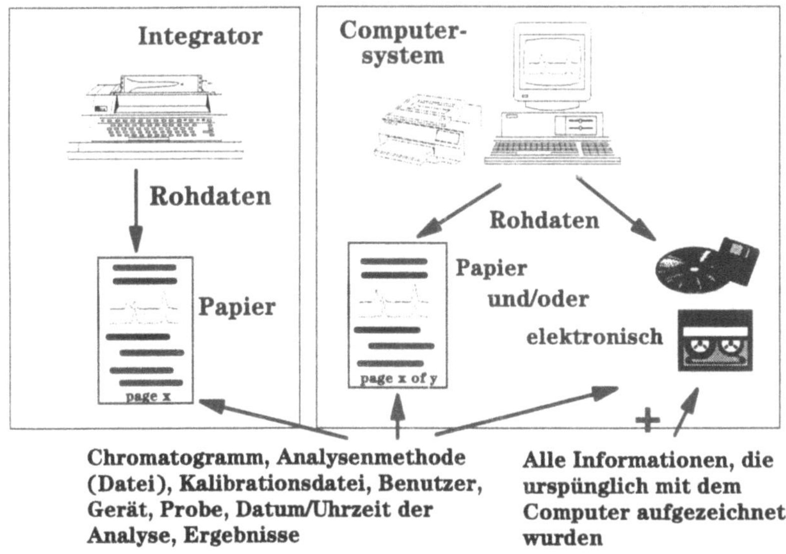

Abb. 14.2. Mögliche Definition von Rohdaten in der Chromatographie

ein Papierausdruck sein, weil das alles ist, was zur Verfügung steht. Rohdaten auf dem Papier sollten Chromatogramme mit Integrationsmarken und Analysenberichte mit Peakflächen und/oder Peakhöhen, Retentionszeiten und quantitativen Ergebnissen enthalten. Die Papierdokumentation sollte auch Informationen enthalten, wann, wo, wie, von wem und auf welchem Gerät die Analysen durchgeführt wurden. Diese Information kann von Hand in den Report eingetragen werden, oder falls Integratoren diese Fähigkeit haben, auch als Bestandteil der Methode programmiert und ausgedruckt werden.

Wenn ein komplexes Computersystem benutzt wird, können entweder der erste Computerausdruck oder die elektronisch archivierte digitale Information als Rohdaten definiert werden. Falls Papierausdrucke als Rohdaten definiert werden, sollten neben den Chromatogrammen mit Integrationsmarken der tabellarische Ergebnisreport, Probeinformationen und Referenzen zu den Analysenmethoden darin enthalten sein. Moderne Chromatographiesysteme enthalten meist auch Programme zur speziellen Reporterzeugung, mit der jede Art an Information am Ende jedes Analysenlaufs automatisch ausgedruckt werden kann. Ein Beispiel eines solchen Papierausdrucks mit wichtigen Informationen wird schematisch in Abbildung 14.3 gezeigt.

Die gleichen Informationen können auch elektronisch als Reportdatei gespeichert und das Speichermedium als Rohdatei definiert werden. Der Vorteil dabei ist, daß mehr Information auf geringerem Platz gespeichert werden kann.

Es ist auch möglich, original aufgenommene digitale Daten als Rohdaten zu definieren. In der Chromatographie und Kapillarelektrophorese sind dies Flächenabschnitte zwischen der elektronischen Nullinie und dem Chromatogramm bzw. dem Elektropherogramm bei unterschiedlichen Laufzeitabständen von typisch 5 bis 50 HZ. Obwohl diese Zahlen gewöhnlich ausgedruckt werden können, sind sie kaum für die direkte Auswertung verwertbar, so lange sie nicht graphisch als Chromatogramm dargestellt und zu sinnvolleren Ergebnissen wie zum Beispiel Peakflächen oder Konzentrationen umgerechnet werden. Außerdem ist es schwierig und häufig unmöglich, diese Daten (Flächenabschnitte) mathematisch aus berechneten Daten (Peakflächen oder Mengen) zu rekonstruieren, weil der Benutzer die dafür erforderlichen Algorithmen nicht kennt. Andererseits können Chromatogramme aus diesen Flächenabschnitten mit Hilfe der Auswertesoftware jederzeit leicht rekonstruiert und die relevanten Ergebnisse nachberechnet werden, falls die Auswertemethoden bekannt sind und zusammen mit den Rohdaten gespeichert wurden.

Gegen die Definition von digitalen Flächenabschnitten als Rohdaten werden auf GLP Seminaren und in Veröffentlichungen immer wieder Gründe angeführt. Sie wurden beispielsweise von den (früheren) US FDA Inspektoren Furman, Layloff und Tetzlaff [85] so formuliert:

1. Es erscheint zweifelhaft, ob zwei unterschiedliche Bedienungspersonen exakt die gleichen Auswerteergebnisse von einer solchen Rohdatendatei erzeugen können. Das Problem ist, daß die Integrationssoftware für die meisten Funktionen mehrere Wahlmöglichkeiten zur Integration und Auswertung bietet, die das Ergebnis beeinflussen können.

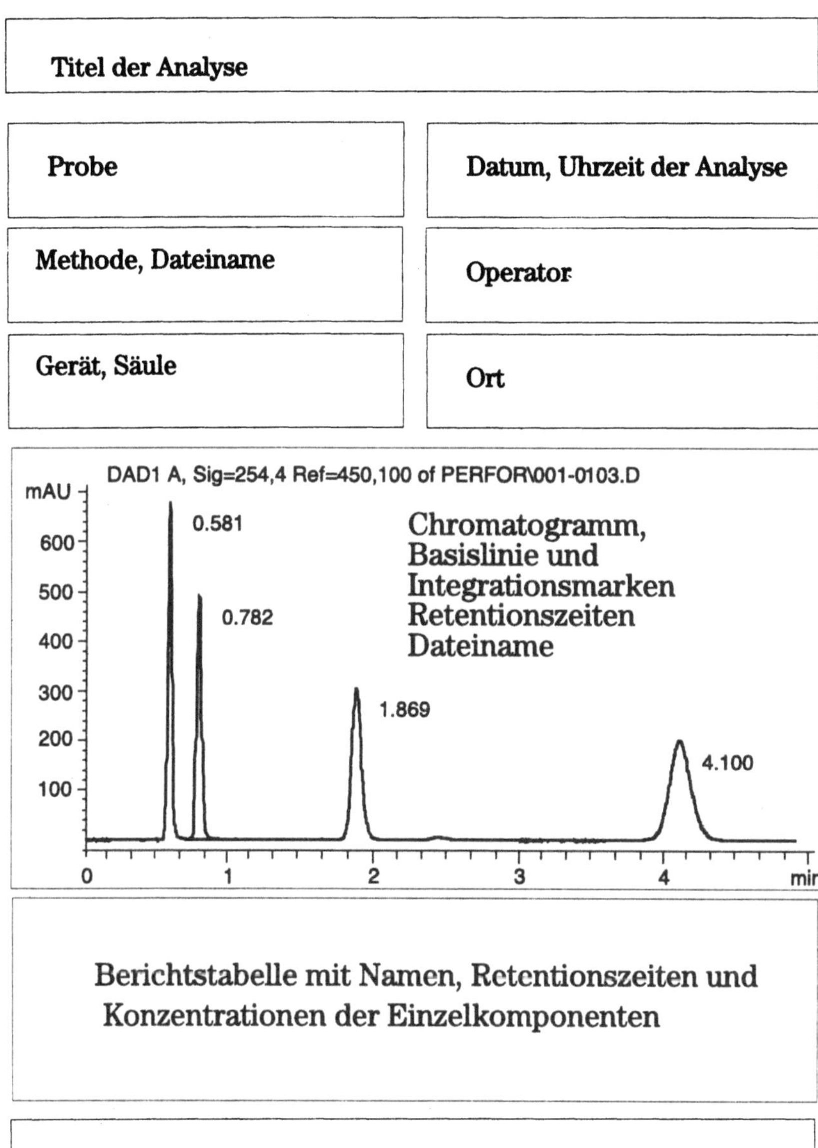

Abb. 14.3. Papierausdrucke können als chromatographische Rohdaten definiert werden

2. Falls das Computersystem außer Betrieb genommen wird, kann es Probleme mit der Rekonstruktion der Chromatogramme geben.
3. Die Inspektoren sind der Ansicht, daß bei Inspektionen die Information auf Papier leichter zugänglich gemacht werden und der Vorgang schneller nachvollzogen werden kann.

Falls Daten für relativ kurze Perioden archiviert werden müssen, kann das erste Problem durch die gleichzeitige Abspeicherung aller Integrationsbedingungen, der Kalibrierungstabellen und der Parameter zur Reporterstellung gelöst werden. Das bedeutet, daß die gleiche Software, vorzugsweise mit der gleichen Revisionsnummer, auch archiviert werden muß. Das kann ziemlich kompliziert werden, falls man die Daten nach mehreren Jahren nochmals benötigen sollte. Nicht nur die genaue Software Revisionsnummer sollte wieder aufgeladen werden, sondern auch das damals benutzte Betriebssystem. Es könnte sogar schwierig sein, Personal zu finden, das ausreichend mit der Software vertraut ist, um die Daten nochmals schnell und richtig zu verarbeiten. Das Problem über die Verfügbarkeit der Hardware kann kritisch werden, wenn die Daten für mehr als zehn Jahre archiviert werden müssen. Eurachem/D [60] hat dies recht drastisch ausgedrückt: „Zusätzlich zu den Rohdatenfiles sind auch zugehörige Datenverarbeitungsfiles, und gegebenenfalls die relevante Version des Betriebssystems zu speichern. In extremen Fällen muß auch veraltete Hardware verwahrt werden. Unter solchen Umständen ist es praktischer, die Daten als Ausdruck (Hardcopy) zu archivieren".

Die Forderung nach Verfügbarkeit von alter Hardware und Software wird dadurch vermieden, daß validierte Programme zur Verfügung stehen, mit denen die ursprünglich aufgezeichneten Dateien in ein Dateiformat konvertiert werden können, in dem sie von dem gegenwärtigen oder zukünftigen Computersystemen bearbeitet werden können. Da Hersteller wohl kaum eine Garantie über zukünftige Verwendbarkeit von gegenwärtig aufgenommenen Daten geben, sollte man sich diese Möglichkeit aus der Vergangenheit heraus anschauen. Welchen Nachweis kann der Hersteller erbringen, daß Daten, die vor 10 oder mehr Jahren aufgenommen wurden, heute noch verarbeitet werden können?

Wegen all diesen Problemen kann es einfacher sein, die chromatographischen Rohdaten als Papierausdruck zu definieren und zu archivieren. Auf der anderen Seite enthalten elektronische Daten wertvolle Informationen, die später für die Auswertung einer Studie nützlich sein könnten. Man kann sich beispielsweise vorstellen, daß für eine GLP-Studie ein HPLC UV/Visible Detektor mit der Aufzeichnung einer Signalwellenlänge ausreichend wäre. Trotzdem kann es unter Umständen von Vorteil sein, einen Diodenarray Detektor einzusetzen, mit dem nicht nur das Signal, sondern auch Spektren aufgenommen werden. Falls diese Information zu einem späteren Zeitpunkt benötigt wird, kann aufgrund dieser Information viel Zeit für aufwendige Nachuntersuchungen eingespart werden.

In diesem Fall wäre zu empfehlen, einen Papierausdruck des Chromatogramms und der Ergebnisse mit der erforderlichen Zusatzinformation zu der Analyse als Rohdaten zu definieren und über die gesamte gesetzlich geforderte Archivierungsdauer aufzubewahren. Die Spektren könnte man zwar elektronisch abspeichern und so lange archivieren, wie sie von wissenschaftlichem Interesse für die Studie oder für andere Projekte sein könnten, man würde sie aber nicht als Rohdaten definieren.

Falls elektronische Daten als Rohdaten definiert werden, sollten folgende Punkte beachtet werden:

1. Die Daten sollten über die gesamte Archivierungsperiode hinweg sicher gelagert werden. Es reicht nicht aus, Daten auf ein einzelnes Band zu speichern und dann anzunehmen, daß sie nach zehn Jahren immer noch lesbar sein werden. Die Empfehlung ist, die Daten zweimal zu speichern, vorzugsweise auf einer optischen Disk und die Daten nach gewissen Zeitabständen wieder aufzuladen, zum Beispiel alle fünf Jahre, die Datenintegrität zu überprüfen und die Daten auf neue Speichermittel zu speichern.

2. Wegen der Anforderung der Rückführbarkeit der verarbeiteten Daten auf Rohdaten sollen die Daten über die gesamte Archivierungsdauer auswertbar sein. Um die Installation eines Computermuseums zu vermeiden, empfiehlt sich die Datenkonvertierung auf zukünftige Systeme. Das Problem ist, daß der Softwarehersteller selten eine Sicherheit gibt, daß kompatible Programme für alle zukünftigen Zukunftsrevisionen verfügbar sind. Diese Zusage würde auch wenig nützen, wenn sich der Hersteller aus dem Geschäft zurückzieht. Es wird deshalb empfohlen, nach der Vergangenheit der Firma zu schauen und die Frage zu stellen: „Daten aus welchem vergangenen Zeitbereich können mit der heutigen Software bearbeitet werden?"

3. Enddaten sollen von Rohdaten genau in derselben Weise berechnet werden, wie sie während den ersten Analysen erhalten wurden. Dies kann dadurch erreicht werden, daß man alle chromatographischen, Integrations- und Kalibrierungsparameter abspeichert. Falls ein spezielles Programm für die Formatierung des Reports erstellt wurde, sollte es auch gespeichert werden.

4. Die Integrität der Daten muß gesichert werden. Dies kann dadurch erreicht werden, daß man die Dateien in einem binären Dateiformat speichert. Dadurch werden absichtliche Manipulationen extrem schwierig und unvorhersehbar. Quersummenschutz oder ähnliche Verfahren zur Überprüfung der Datenintegrität sollten Teil der Datenarchivierung und der Wiedereinleseroutinen sein und sicherstellen, daß jede absichtliche und unabsichtliche Beschädigung von Dateien angezeigt wird.

5. Bei der elektronischen Datenarchivierung sollte man dafür sorgen, daß es keine elektromagnetische Felder in der Umgebung der Speichermittel gibt.

Über die Archivierung von Daten in Übereinstimmung mit der Guten Laborpraxis wurde in Deutschland von einer GLP BLAK Arbeitsgruppe in Zusammenarbeit mit der Industrie ein Dokument erarbeitet. Es wurde unter dem Titel *Gute Laborpraxis – Aufbewahrung und Archivierung* im Bundesanzeiger veröffentlicht [139]. Das Dokument enthält auch Empfehlungen über die elektronische Archivierung.

14.5
Audit-trail für geänderte Daten

Wenn Rohdaten verändert werden, dürfen die ursprünglichen Daten weder gelöscht noch überschrieben werden. Das Chemikaliengesetz macht in Abschnitt 8.3.4 hierzu eine klare Aussage „Jede Änderung in den Rohdaten ist so vorzunehmen, daß die ursprüngliche Aufzeichnung ersichtlich bleibt."

In der Chromatographie und der Kapillarelektrophorese bedeutet das, daß im Falle der Definition von Flächenabschnitten als Rohdaten bei der Reintegration Integrationsergebnisse die Rohdaten nicht überschreiben dürfen. Dazwischen ausgewertete, aber nicht weiter genutzte Daten, müssen nicht unbedingt archiviert werden. Das ist für eine Forschungsanalyse wichtig, zum Beispiel wenn eine Reihe von Integrationen mit unterschiedlichen Bedingungen erforderlich ist, um die optimalen Integrationsparameter zu finden. In diesem Fall sollten nur die letzten und endgültigen Integrationsparameter, die Endergebnisse und die ursprünglichen Rohdaten archiviert werden. Vorläufige Integrationsparameter und Ergebnisse können gelöscht werden.

Falls während einer Serie von Routineanalysen eine etablierte und dokumentierte Integrationsmethode verändert wird, sollte der Grund für die Veränderung angegeben werden. Dazu sollten der Name und die Unterschrift der für die Veränderung verantwortlichen Person und die neuen Parameter zusammen mit den neuen Ergebnissen dokumentiert und archiviert werden.

In diesem Fall sollten die folgenden Informationen archiviert werden:

- Rohdaten (Originaldaten, z.B. Flächenabschnitte in der Chromatographie)
- ursprüngliche Integrationsparameter
- ursprünglich ausgewertete Ergebnisse
- endgültige Integrationsparameter
- zuletzt berechnete Ergebnisse
- Datum und Zeit der Veränderung
- Name der Person, die für die Veränderung verantwortlich war
- der Grund für die Veränderung

Falls die Rohdaten elektronisch archiviert werden, wird empfohlen, Geräteparameter, Gerätebedingungen und das Gerätelogbuch zusammen mit den Rohdaten ebenfalls elektronisch zu archivieren. Das wird die genaue Rekonstruktion der ursprünglichen Analysen erheblich erleichtern.

14.6
Validierung von Daten

Kritische Daten sollten von einer qualifizierten und dazu bevollmächtigten Person unter Verwendung von Standardarbeitsanweisungen validiert werden. Bestandteil der Datenvalidierung sollte die Überprüfung der Probeidentifikation, der Datenübertragung und der Plausibilität sein [110]. Techniken dafür sind Vergleiche mit ähnlichen Daten, Prüfungen auf Einhaltung von spezifizierten Grenzwerten, Regressionsanalysen und Ausreißertests. Vorzugsweise sollten in

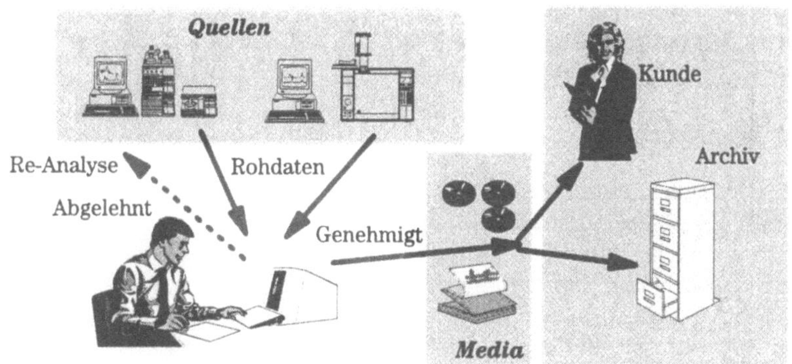

Abb. 14.4. Daten sollten auf Plausibilität überprüft und akzeptiert oder zurückgewiesen werden. Die Rohdaten sollten in Standardarbeitsanweisungen definiert werden.

jede Routinemethode automatische Prüfungen eingebaut werden, um Fehler zu erkennen.

In der Chromatographie und Kapillarelektrophorese sollten Peakformen, Auflösung und Integrationsmarken überprüft werden, um sicherzustellen, daß die Peaks für quantitative Auswertungen geeignet sind.

Häufig diskutierte Fragen sind, wieviele Daten mit welchem Aufwand validiert werden sollten. Die Antwort hängt von der Analysenaufgabe, der Analysenmethode und von der Wahrscheinlichkeit ab, ob überhaupt falsche Daten erzeugt werden. Falls eine Bodenprobe auf organische Komponenten mit HPLC und UV Detektion analysiert wird, und falls damit gerechnet werden kann, daß die Probenkomponente nahe bei der Detektionsgrenze liegt und es außerdem möglich ist, daß es zu chromatographischen Interferenzen mit der chemischen Matrix kommt, besteht ein hohes Risiko der falschen Identifizierung, Integration und Quantifizierung. In diesem Fall wird empfohlen, visuell alle Chromatogramme zu prüfen. Für gut charakterisierte Proben mit nur wenigen und gut getrennten Peaks, und wenn zudem die erwarteten Konzentrationen noch weit von den oberen und unteren Bestimmungsgrenzen entfernt sind, macht eine 100-prozentige Prüfung der Chromatogramme nicht viel Sinn.

Ein gutes Verständnis der Problemstellung, eine gute Kenntnis des Meßvorgangs zusammen mit einem realistischen Gefühl für zu erwartende Probleme sind die Basis für eine gute wissenschaftliche Beurteilung über das Ausmaß der Datenvalidierung.

14.7
Sicherheit und Integrität der Daten und Back-up's

14.7.1
Sicherheitsüberlegungen

Falls ein Computersystem vertrauliche oder sicherheitsrelevante Informationen enthält, sollten geeignete Verfahren vorhanden sein, um die Sicherheit des Systems zu gewährleisten. Die pharmazeutische Industrie und Behörden schenken der Sicherheit von Computersystemen erhebliche Aufmerksamkeit. Zum Beispiel hat das US PMA Computer System Validation Committee ihr Sicherheitskonzept und die Validierung der Sicherheit in einem Artikel ausführlich erläutert [110]. Die US EPA [20] hat in dem GALP Dokument dem Thema „Sicherheit' ein ganzes Kapitel gewidmet und der Abschnitt 10.7 der ISO\IEC Guide 25[59] empfiehlt: „Verfahren zum Schutz der Datenintegrität sollen entwickelt werden; derartige Verfahren sollen die Integrität der Dateneingabe oder Aufnahme, Datenabspeicherung, Datenübermittlung und Datenverarbeitung einschließen." Die Eurachem/D Interpretationshilfe [60] enthält insgesamt neun Paragraphen zur Datensicherheit.

Wie in Abbildung 14.5 gezeigt wird, sollten drei Hauptaspekte bei der Einrichtung eines Sicherheitssystems bedacht werden:

1. Daten dürfen nicht verloren werden.
2. Daten dürfen ohne Bevollmächtigung und Dokumentation weder absichtlich noch unabsichtlich verändert werden.
3. Daten sollten nicht für andere Zwecke als geplant benutzt werden.
   (Diese Empfehlung wurde aus Gründen des allgemeinen Datenschutzes gemacht)

Bekannte Sicherheitsmaßnahmen sind der begrenzte physische und funktionale Zugang für dafür bevollmächtigtes Personal. Das wird erreicht durch

- begrenzte physische Zugänge zu den Computern (physische Sicherheit),
- eingebaute Sicherheitssoftware mit Paßwortschutz (logische Sicherheit) oder
- eine Kombination von beidem.

Es sollte sowohl der Zugang zur Erstellung von Programmen, zur Systemkonfiguration als auch zu der Ausführung der Programme limitiert sein. Oft ist es praktisch nicht durchführbar, daß Computer, die Geräte kontrollieren, in verschlossene Räume gestellt werden. In diesem Fall sollten die Zugänge zu dem Werk bzw. Gebäude kontrolliert werden und Computer sollten durch entsprechende Mechanismen der Benutzeridentifikation, zum Beispiel durch ein Paßwort gesichert werden. Alle Sicherheitsmaßnahmen sollten von dem Personal verstanden und befolgt und routinemäßig überprüft werden.

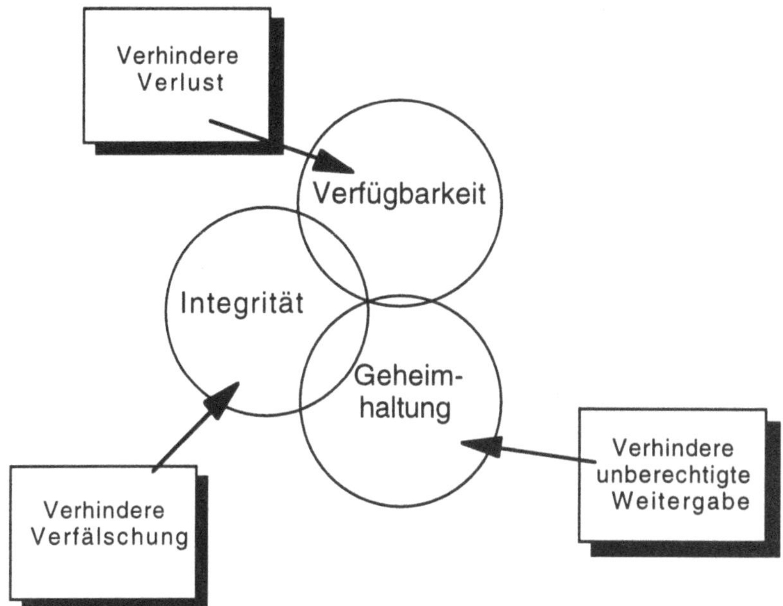

Abb. 14.5. Sicherheitsüberlegungen

14.7.2
Risikoabschätzung

Da Sicherheitsmaßnahmen im allgemeinen aufwendig sind, sollte vor der Einführung immer eine Risikoeinschätzung gemacht werden, um die möglichen Maßnahmen in Relation zu dem Aufwand setzen zu können. Als Beispiel kann die Auswahl und Prüfung des elektronischen Speichermaterials und die Bedingungen für deren Archivierung herangezogen werden. Die Risiken schließen einen Datenverlust durch Beschädigung ein, verursacht durch eine nicht ideale Umgebung, wie eine ungeeignete Temperatur, eine zu hohe Feuchtigkeit oder elektromagnetische Felder. Das Risiko des Datenverlustes kann durch ausgewählte Archive mit idealen Bedingungen, doppeltes Abspeichern der Daten mit der Lagerung in getrennten Räumen und ein periodisches Wiedereinlesen und Kopieren der Daten auf ein neues Speichermaterial praktisch ausgeschlossen werden. Die erforderlichen Kosten für diese Bemühungen sollten mit dem Verlust verglichen werden, der entstehen würde, falls die Daten verloren gehen.

Ähnlich sollte das Risiko von Geräteausfällen mit einem damit verbundenen Ausfall von Analysen während der Reparatur eingeschätzt werden. Das Risiko kann durch regelmäßig vorbeugende Wartungen und Bereitstellung von Ersatzgeräten verringert werden. Die Kosten sollten mit einem möglichen Verlust verglichen werden, der entsteht, wenn für die Dauer der Reparatur keine Proben analysiert werden können. Ein drittes Beispiel ist die Risikoeinschätzung eines Datenverlustes, der durch einen Stromausfall verursacht werden kann.

14.7.3
Strategien für die Auswahl eines Sicherheitssystems

Die Einrichtung eines Sicherheitssystems benötigt drei Stufen:

1. Definition der Anforderungen mit einer Risikoeinschätzung
2. Entwicklung und Implementierung des Systems
3. Validierung und Dokumentation des Systems.

Das richtige Bündel an Sicherheitsmaßnahmen wird für ein computergesteuertes System sowohl von dessen Anwendung als auch von der Risikoeinschätzung bestimmt. Tabelle 14.2 enthält mögliche Schritte beim Aufbau eines Sicherheitssystems. Es ist außerordentlich wichtig, nur die Stufen kritisch zu untersuchen und zu implementieren, die zur Lösung eines bestimmten Sicherheitsproblems auch erforderlich sind. Zum Beispiel sollte vor der Implementierung eines Notfallplans für den Fall eines totalen Systemausfalls das Risiko abgeschätzt werden, wie häufig so etwas vorkommen kann und man sollte sich sorgfältig überlegen, ob ein Back-up System notwendig ist, oder ob man mit dem Ausfall der Analysen leben kann, bis das System wieder in Betrieb genommen werden kann. Bei einem überdimensionierten Sicherheitssystem steigen der Verwaltungsaufwand und die Gesamtkosten. Auf der anderen Seite können verlorene oder verfälschte Daten auch extrem teuer sein; deshalb ist eine gründliche Risikoanalyse von äußerster Wichtigkeit.

14.7.4
Back-up und Wiedereinlesen von Daten

Es sollte ein schriftliches Verfahren für die Erstellung und Lagerung von Back-up Kopien von Programmen und Daten vorhanden sein. Die Häufigkeit und die Art der Back-up Dateien sollten Bestandteil des Verfahrens sein.

14.7.5
In das Computersystem eingebaute Sicherheitsmaßnahmen

Moderne Computersysteme haben mehrere Sicherheitsmaßnahmen in die Software und Hardware eingebaut, die man sich bei den Sicherheitsüberlegungen zu Nutze machen sollte. Diese können enthalten:

Begrenzte Verfügbarkeit

- Abschließbare Abdeckplatten, um Computersysteme vor unberechtigtem Zugang zu den inneren Computerbestandteilen zu schützen.
- Ein Paßwort verhindert das unberechtigte Benutzen von Software.
- Ein benutzerspezifisches Paßwort für spezifische Anwendungsprogramme und Funktionen.
- Paßwortgeschützter Zugang zu dem Bildschirminhalt nach längerem Nichtbenutzen verhindert das nicht berechtigte Lesen von Bildschirminhalten.

Tabelle 14.2. Mögliche Strategien für die Einführung eines Sicherheitssystems

Aufgabe	Schritte
Identifiziere und definiere Sicherheitsanforderungen und das Sicherheitsrisiko	**Identifiziere und definiere die Anforderungen** • Identifiziere und definiere gesetzliche Anforderungen, Firmengrundsätze, Kundenanforderungen (Zugriff auf Daten, Verfügbarkeit, Verfälschung, Geheimhaltung, Integrität) • Definiere geheime und sicherheitsrelevante Daten • Definiere den Zugriff der Benutzer zu verschiedenen Programmen, Funktionen und Daten **Risikoabschätzung** • Schätze die Anfälligkeit des Systems ab und den Schaden im Falle eines Verlustes, Verfälschung oder unberechtigten Weitergabe durch Hardwareausfälle, Softwarefehler, menschliches Versagen, Stromausfall, elektromagnetische Strahlen oder Systemzugriff unberechtigter Personen
Entwerfe und implementiere ein Sicherheitssystem	**Verhindere den unberechtigten Zugriff** • Verschließe den Computerraum (physische Sicherheit) • Verschließe den Computer • Begrenze den Zugriff zu dem Computer und sicherheitsrelevanten Programmen und Daten durch sich periodisch ändernde Paßwörter (logische Sicherheit) **Verhindere die unberechtigte Installationen fachfremder Programme** • Entwickle, verteile und überwache entsprechende Firmenrichtlinien **Verhindere absichtliche oder unabsichtliche Änderungen oder Verluste von Daten** • Überprüfe das System regelmäßig auf Viren • Mache einen regelmäßigen Back-up von Software, Methoden und Daten in zweifacher Ausführung • Entwickle einen Plan zur Wiederherstellung des Systems nach Ausfällen • Speichere die Daten auf WORM Disks(WORM = Write Once Read Many) oder vergleichbaren Speichermedien ab • Archiviere die Daten in feuerfesten, überflutungs- und diebstahlsicheren Räumen, die von magnetischen und elektrischen Feldern abgeschirmt sind **Identifiziere verfälschte Daten** • Lese die Daten in periodischen Abständen und überprüfe deren Unverfälschtheit • Benutze quersummengeschützte Dateien **Mache das Bedienungspersonal mit dem Sicherheitssystem bekannt**
Validiere das Sicherheitssystem	• Entwickle einen Plan zur laufenden Validierung, mit dem alle Sicherheitsfunktionen überprüft werden • Implementiere den Plan durch Überprüfung aller Sicherheitsfunktionen • Dokumentiere die Ergebnisse

Integrität

- Daten werden auf optischen Disks mit einer höheren Sicherheit gespeichert
- Quersummengeschützte Verfahren für die Identifikation von absichtlich oder unabsichtlich veränderten Daten
- Binäre Datenstrukturen machen absichtliche Datenmanipulation schwieriger
- Programme für das automatische Erkennen der Viren

Automatische Fehlerverhütung und -erkennung

- Warnhinweise für den Fall, daß Datenspeicher überlaufen könnten, wenn das System für automatische Analysen und Datenaufnahmen vorbereitet wird
- Erkennen und Anzeigen von Gerätefehlern
- Abschalten des Geräts im Falle eines Sicherheitsproblems oder bei möglichen Datenverlusten

Nachvollziehbarkeit

- Archivierung der Geräteidentifikation, von analytischen Parametern und den Namen des Bedienungspersonals zusammen mit Rohdaten für die Nachvollziehbarkeit

Beispielsweise haben die Hewlett Packard ChemStations eine Anzahl von Sicherheitsmaßnahmen für Sicherheit, Nachvollziehbarkeit und der Datenintegrität in die Software eingebaut. Zugänge zu dem System durch einen Paßwortschutz in der Software werden auf dazu bevollmächtigte Benutzer beschränkt. Die ChemStation Auswertesoftware sichert die Nachvollziehbarkeit und Integrität durch die Abspeicherung der ursprünglichen Rohdaten zusammen mit den Gerätebedingungen und den Gerätelogbuchs in einer einzigen quersummengeschützten, binärkodierten Registerdatei.

Die HPLC ChemStation zeichnet den Vorsäulendruck und die Temperatur des Säulenofens auf und zwar vor, während und nach dem HPLC-Lauf und speichert diese Profile zusammen mit den Rohdaten. In einem CE-Lauf speichert die ChemStation den aktuellen Strom, die Spannung, die Kapillar-

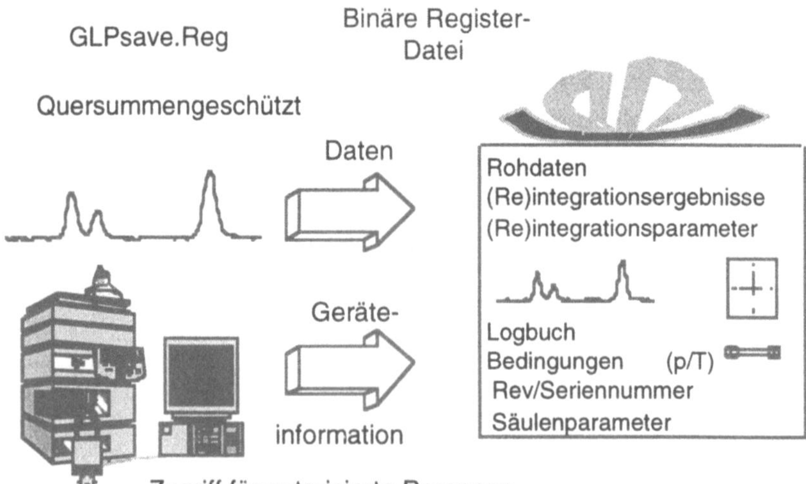

Abb. 14.6. In den HPLC und CE ChemStations von HP werden Geräteparameter zusammen mit Rohdaten in sicheren quersummengeschützten binären Registerdateien abgespeichert

temperatur und den Druck. Das erleichtert die Nachvollziehbarkeit der Daten zu analytischen Parametern. Quersummenschutz ist die Terminologie in der Programmierung für eine mathematische Aufsummierung der Bytes, die sofort nach der Erzeugung der Datei durchgeführt wird. Die Summe wird zusammen mit den Daten gespeichert. Bei künftigem Zugriff auf die Datei wiederholt sich der Vorgang. Numerische Übereinstimmungen bestätigen, daß die Daten nicht verändert wurden, während Nichtübereinstimmung auf eine mögliche Verfälschung hinweist.

Durch neuere drahtlose Kommunikationstechnologie ist es auch möglich, Säulenparameter elektronisch aufzuzeichnen und mit den Rohdaten abzuspeichern. Ein Beispiel dafür ist das Säulenidentifikations-Modul der HP 1100 HPLC Serie von Hewlett-Packard. Ein Mikrochip wird mit der Säule verbunden. Die Säulenparameter werden entweder über ein Computer-Keyboard oder über eine lokale Benutzerschnittstelle eingegeben und bleiben so mit der Säule verbunden. Zu der Information gehört auch die auf der Säule durchgeführten Anzahl von Analysen.

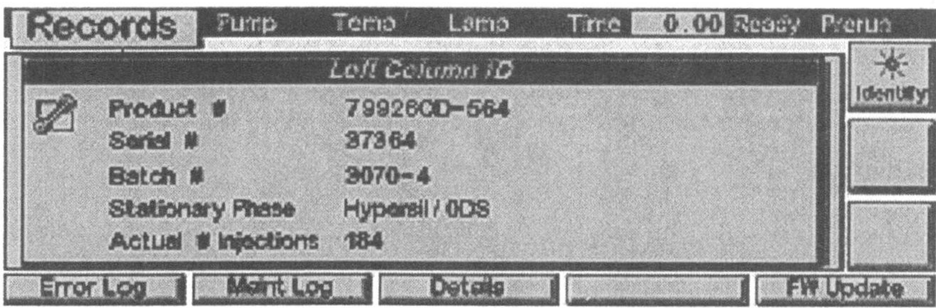

Abb. 14.7. Information über die Säule kann direkt von dem Identifikationsmodul ausgelesen und zusammen den Rohdatenfiles abgespeichert werden. Dadurch wird die sichere Rückführbarkeit auf Säulenparameter gewährleistet.

KAPITEL 15

Diagnose, Fehlererkennung und -anzeige

Analytische Systeme können nur dann qualitativ hochwertige Ergebnisse erzeugen, wenn sie fehlerfrei arbeiten. Deshalb sollte das System in der Lage sein, sich selbst konstant auf Fehler zu überprüfen. Fehler sollten automatisch erkannt, angezeigt und dokumentiert werden. Der Einfluß auf Daten, die mit dem fehlerhaften Gerät erzeugt wurden, sollte überprüft und falls erforderlich, sollten entsprechende Maßnahmen getroffen werden. Im Zweifelsfall sollte die Analyse nach Behebung des Fehlers wiederholt werden. Einige Gerätefehler lassen sich leicht erkennen, während andere schwieriger zu identifizieren sind. Beispielsweise wird man eine durchgebrannte Sicherung unschwer als Fehler erkennen, was nicht so einfach ist, wenn beispielsweise ein Display eine ‚eins‘ statt einer ‚sieben‘ anzeigt.

Ein weiteres Problem besteht oft darin, herauszufinden, wann der Fehler zum ersten Mal aufgetreten ist. Hier können Mikroprozessoren und Computersoftware zur Fehlererkennung in Modulen und Systemen nützlich sein. Mittlerweile gibt es auch computergesteuerte Geräte, die nicht nur Fehler erkennen, sondern auch deren Ursache herausfinden und Hinweise zur Behebung von Fehlern geben. Falls der Fehler die Sicherheit der Geräte oder des Laborpersonals gefährden kann, sollte das Gerät von sich aus Maßnahmen ergreifen. Das ist zum Beispiel der Fall, wenn bei einem HPLC Gerät ein Leck auftritt. Der Fehler wird als solcher erkannt und die Pumpe stellt die Lösungsmittelförderung ein. Im allgemeinen werden Fehler dann auch automatisch zusammen mit dem Datum und der Uhrzeit in einem elektronischen Gerätelogbuch abgespeichert.

Ein Beispiel für ein intelligentes System zur Erkennung von Fehlern ist in Abbildung 15.1 dargestellt. Es handelt sich dabei um eine modular aufgebaute HPLC Anlage. Die in die Modulhardware eingebaute Firmware überprüft kontinuierlich alle wichtigen Funktionen. Falls ein Fehler erkannt wird, leuchtet ein rotes LED auf und der Fehler wird in das Gerätelogbuch eingetragen. Falls es sich um ein sicherheitsrelevantes Problem handelt, z.B. um ein Leck, sendet das Modul ein Signal an andere Module, damit diese entsprechend reagieren können. Wird zum Beispiel eine Undichtigkeit in dem Detektor entdeckt, schaltet die Pumpe automatisch den Lösungsmittelfluß ab. Der Systemkontroller speichert alle Fehlermeldungen zusammen mit dem Datum und der Uhrzeit.

Einige Tests, zum Beispiel der ROM (Read Only Memory) Test, werden jedesmal durchgeführt, wenn das Gerät eingeschaltet wird; andere Funktionen werden laufend überprüft, z.B. Lecks. Es gibt auch Tests, die nur nach Bedarf

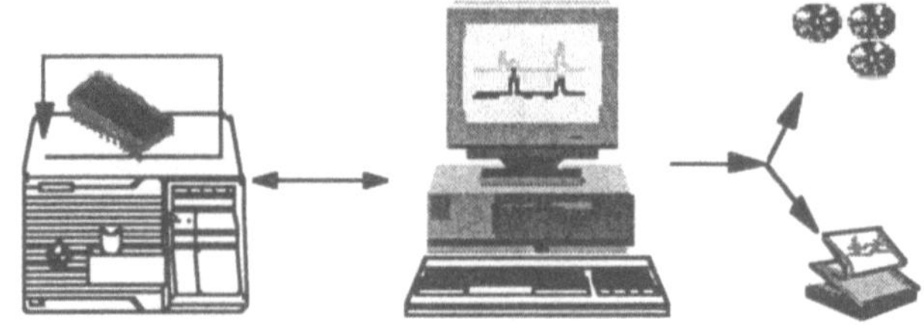

Abb. 15.1. Anzeige und Behandlung von Fehlern durch Selbstdiagnose

Tabelle 15.1. Beispiele für Diagnoseroutinen in einem automatischen HPLC Gerät

---

HPLC System

- Read Only Memory (ROM) Test
  Der Test wird jedesmal automatisch durchgeführt, wenn das Gerät eingeschaltet wird. Es überprüft die Integrität des ROM Prozessors durch Vergleich der aktuell ermittelten Quersumme mit der abgespeicherten Quersumme.

- Random Access Memory (RAM) Test
  Der Test wird jedesmal automatisch durchgeführt, wenn das Gerät eingeschaltet wird. In dem Test werden eine Reihe von Zahlen berechnet und mit abgespeicherten Zahlen verglichen.

- Display Test
  Die Funktion von allen Displayfunktionen, einschließlich der LEDs, Status- und Fehlerlampen wird überprüft.

- Kommunikation zu anderen Modulen
  Die Verbindung zu allen anderen Modulen wird überprüft. Dabei werden die anderen Module auch abgefragt, ob sie für eine Analyse bereit sind.

Pumpe

- Druck
  Ein Sensor mißt den Säulenvordruck. Bei zu hohem oder zu niedrigem Druck wird die Pumpe ausgeschaltet. Der Druckverlauf kann auf einem Schreiber registriert werden.

Probengeber

- Erkennen der Probeflasche
  Vor jeder Injektion wird eine Prüfung vorgenommen, ob eine Probeflasche in der angegeben Position ist. Falls nicht, kann das Gerät für verschiedene Aktionen programmiert werden.

Detektoren

- Intensitätsprofil der Lampe
  Der Energieausstoß der Lampe wird zwischen 210 und 350 nm gemessen. Der Maximalwert wird angezeigt. Der Wert ist ein Indiz für den Alterungszustand der Lampe.

---

durchgeführt werden, z.B. ein Intensitätstest der Lampe. Tabelle 15.1 enthält ausgewählte Beispiele von Diagnoseroutinen, die von dem System durchgeführt werden können.

Ebenfalls in das System eingebaute Diagnosesoftware gibt dem Bedienungspersonal Hinweise auf mögliche Fehlerquellen und auch Tips, wie die Fehler behoben werden können. Beispiele dafür sind in Tabelle 15.2 angeführt.

Alle Fehler, die während einer Analyse in das Logbuch eingetragen werden, werden zusammen mit der Rohdatendatei abgespeichert. Somit kann im nachhinein festgestellt werden kann, ob das Gerät richtig funktioniert hat.

Tabelle 15.2. Moderne computergesteuerte Systeme enthalten intelligente Software für Fehlerdiagnose und geben Empfehlungen zu deren Behebung. Die Fehler werden zur Archivierung in Logbüchern elektronisch abgespeichert.

Fehler	Vom Gerät empfohlene Maßnahmen
Pumpe	
Druck über oberem Grenzwert	• Überprüfe, ob der Fluß nicht zu hoch ist • Überprüfe das System auf blockierte Fritten • Falls das Problem immer noch existiert, wechsle das RAB Board
Probleme bei der Initialisierung	• Kontaktiere den HP Kundendienst
Fehler des Auslaßventils	• Reinige das Auslaßventil • Reinige oder ersetze den Filter im Auslaßventil
Druckripple zu hoch	• Überprüfe die Entgasungseinrichtung für das Lösungsmittel • Überprüfe die Leitungen und Verbindungsstellen für das Lösungsmittel
Automatischer Probengeber	
Keine Probenflasche im Probenbehälter	• Überprüfe die richtige Plazierung der Probeflaschen • Überprüfe, daß der J10 (Probenflaschensensor) auf dem ALM Board richtig eingesteckt ist
Säulenthermostat	
Sicherung durchgebrannt	• Setze neue Sicherung ein
Detektor	
zu wenig Licht	• Deuterium Lampe verbraucht. Setze eine neue Lampe ein.
Fehlzündung der Lampe	• Überprüfe die Steckverbindung der Lampe • Ersetze den Stromversorgungsteil

KAPITEL 16

Audits, Inspektionen und Überprüfungen von computergesteuerten Analysensystemen

Audits sind ein wesentlicher Bestandteil jedes Qualitätsmanagementsystems. Das Ziel ist die Überprüfung von Aktivitäten und Dokumentation um herauszufinden, ob vorher definierte interne oder externe Normen, Richtlinien und/oder Gesetze bzw. Kundenanforderungen erfüllt werden. Unabhängige Audits durch Drittfirmen werden allgemein zur Bestätigung durchgeführt, daß Labors ihre Arbeiten in Übereinstimmung mit nationalen oder internationalen Standards wie der ISO 9000 Serie oder EN 45001 durchführen. Behörden führen Inspektionen durch, um die Übereinstimmung mit GLP oder GMP zu überprüfen.

Weil Computer in analytischen Labors zur Steuerung von Geräten sowie zur Auswertung und Berichterstattung eingesetzt werden, ist deren sachgemäße Validierung auch Gegenstand von Überprüfungen durch interne Qualitätssicherungsabteilungen, Behörden und privaten Auditoren. In den Standards und Gesetzen finden sich nur wenige Details über die Validierung von Computersystemen. Mehr Informationen findet man in entsprechenden Inspektionsrichtlinien und in Veröffentlichungen, in denen Inspektoren Erwartungen bezüglich verfügbarer Dokumente beschrieben haben [34, 64, 74, 112, 113]. Beispielsweise gibt es in Südafrika eine sehr detaillierte Checkliste als Bestandteil der GMP Gesetze [114]. Die Liste enthält unter anderem 74 Punkte zu dem Themenkomplex elektronische Datenverarbeitung.

Weiterhin findet man Empfehlungen über Inspektionen in verschiedenen Veröffentlichungen von Privatpersonen. Kuzel, ein Mitglied des US PMA Computer System Validation Committee's, veröffentlichte einen Artikel über *Qualitätssicherung und Audits von Computersystemen* [115]. Die beschriebenen Empfehlungen sind ausführlich und vollständig und können allgemein als Basis für Audits verwendet werden. Grigonis und Wyrik [116] veröffentlichten einen Artikel mit dem Titel: *Audit von Computersystemen*. Der Artikel bezieht sich auf Audits während des gesamten Lebenszyklus. Von dem Bund/Länder Arbeitskreis (BLAK), Unterarbeitsgruppe „Modalitäten von Inspektionen", wurde 1993 ein *Handbuch zur Überwachung der Einhaltung der Grundsätze der Guten Laborpraxis für Inspektorinnen und Inspektoren* [149] erstellt. Das Handbuch enthält auf etwa zwei Seiten Fragen, die bei GLP Inspektionen im Zusammenhang mit Datenverarbeitung gestellt werden können. Weitere Artikel zu diesem Thema wurden von Inspektoren aus mehreren Ländern publiziert, z.B. von Trill [36, 113], Guerra [64] und Tetzlaff [112]. Sowohl die Publikationen von Trill [36, 113] als auch von Tetzlaff enthalten eine Liste mit Dokumen-

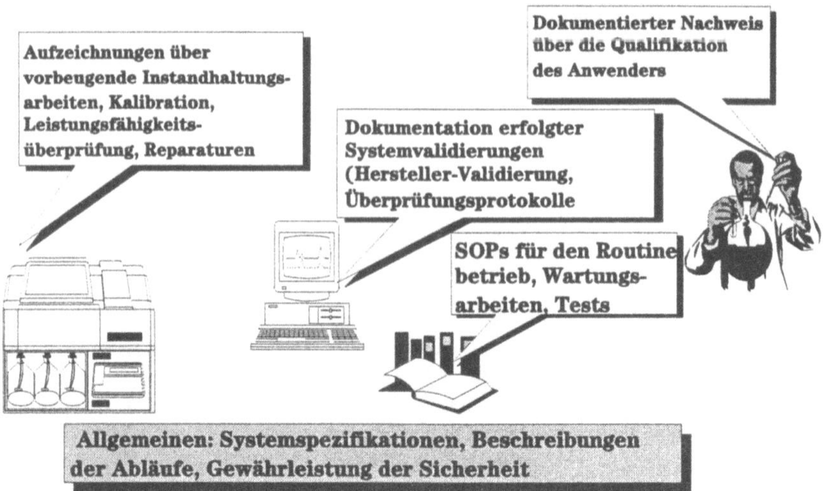

Abb. 16.1. Erforderliche Dokumentation zur Systemvalidierung

ten, die während der Entwicklung und des Betriebs von Computersystemen erstellt und bei Inspektionen zur Verfügung stehen sollten. Die Autoren machen ebenfalls Empfehlungen, wie die Genauigkeit und Zuverlässigkeit von fremdbezogener Software überprüft werden kann.

Trill [36, 113], Tetzlaff [112] und Bruederle [117] berichteten über Probleme, die bei Inspektionen von computergesteuerten Systemen und in pharmazeutischen Labors häufig aufgefunden wurden. Die wichtigsten Erkenntnisse aller drei Veröffentlichungen werden in Tabelle 16.1 nach verschiedenen Kategorien eingeteilt.

Ein Audit von computergesteuerten Systemen beinhaltet immer drei wesentliche Punkte:

- Überprüfung der Dokumentation
- Interviews mit dem Personal
- Beobachten der Laborarbeit

Im Zusammenhang mit der Validierung einschließlich Testen und Kalibrieren, sollte auf die Wartung, Änderungskontrolle, Back-up sowie auf die Handhabung von Fehlern besonderes Augenmerk gerichtet werden. Tabelle 16.2 enthält eine Liste mit möglichen Auditpunkten. Natürlich gibt es immer Zweifel an der Nützlichkeit solcher Checklisten, da jeder Audit unterschiedlich abläuft. Sie soll auch ausschließlich als Unterstützung dienen und nicht als Anweisung für einen Audit bzw. für eine Inspektion.

Tabelle 16.1. Bei Audits von Kontrollabors aufgefundene Probleme

---

Dokumentation der Validierung und Änderungskontrollen (für Aktivitäten auf der Seite der Softwareentwickler)

- Es gab keine geeigneten Design- und Leistungsspezifikationen.
- Es gab keine Dokumentation über die Systementwicklung.
- Es gab keine Systemdiagramme oder Datenflußdiagramme.
- Es gab keine dokumentierten Verfahren über Änderungskontrolle oder durchzuführende Tests nach Änderungen.
- Es gab keine Dokumentation über erfolgte Systemänderungen.
- Detaillierte Systembeschreibungen wurden nach Änderungen nicht auf dem neuesten Stand gehalten.

Validierung und Qualifizierung von Software (für Aktivitäten auf der Anwenderseite)

- Software, die vom Benutzer als Zusatz zur Standardsoftware für spezifische Anwendungen geschrieben wurde, wurde nicht formal getestet.
- Qualifizierungs- und Validierungsverfahren waren mangelhaft. Insbesondere fehlten formale Verfahren für Akzeptanzkriterien, Testmethoden, Berichterstattung, Überprüfung der Systeme sowie für die Handhabung von Ausfällen.
- Die Firma hatte kein formales, schriftlich dokumentiertes Validierungsprogramm zum Testen und Überprüfen der Leistungsfähigkeit.
- Validierungsdokumente waren nicht vollständig. Es gab keine Erklärung zu den fehlenden Dokumenten.
- Es gab keinen Plan für die retrospektive Überprüfung bestehender Geräte.
- Es gab keinerlei Daten über die Validierung von HPLC Systemen.

Kalibrierung von Geräten

- Es gab keine schriftlichen Verfahren oder Richtlinien für die Kalibrierung von Geräten, die für die Qualitätskontrolle eingesetzt werden. Es handelte sich dabei um HPLC Geräte, UV/VIS Spektrophotometer, Atomabsorptionsspektrophotometer und Thermostate.
- Entsprechende Verfahren stellten nicht sicher, daß das Dissolution System regelmäßig kalibriert wurde.
- Prüfmittel waren nicht ausreichend über den Kalibrierstatus gekennzeichnet (Datum der letzten gültigen und der nächsten Kalibrierung).
- Es gab keine Dokumentation der vorgesehenen Überwachung der Meß- und Prüfmittel.
- Akzeptanzwerte (Limits) waren nicht spezifiziert.
- Die Hilfsmittel für die Kalibrierung waren selbst nicht kalibriert oder zumindest gab es keine Dokumentation darüber.
- Die Kalibrierung der Hilfsmittel für die Leistungsüberprüfung war nicht rückführbar auf nationale Standards.
- Prüfmittel waren nicht identifiziert.

Datensicherheit und Integrität

- Verfahren über Maßnahmen bei einem Systemausfall funktionierten nicht und waren nicht validiert. Beispielsweise führten Systemausfälle zu Datenverlusten mit der Folge, daß beim Wiederinstandsetzen die Daten manuell eingegeben werden mußten.
- Ungenügende Speicherkapazität führte zur Überschreibung von Rohdaten auf der Harddisk.
- Es gab kein geeignetes Back-up Verfahren für Daten und Methoden.
- Methoden waren nicht ausreichend vor Überschreiben geschützt.

Verteilung von Software

- Die Verteilung von neuer und der Einzug alter Software auf Disketten war nicht dokumentiert.
- Von der gleichen Software waren unterschiedliche Versionen auf verschiedenen Geräten installiert.

Interne Audits

- Die Qualitätssicherung hatte keine Verfahren zur routinemäßigen Durchführung von internen Audits.
- Angeblich angefertigte Berichte über ungenügende Übereinstimmung mit GLP konnten nicht mehr aufgefunden werden.

Berichterstattung von Daten

- Der Abschlußbericht war nicht mit Datum und Unterschrift versehen und enthielt fehlerhafte Daten.

Methodenvalidierung/Systemeignungstest

- Es gab keine schriftlichen Verfahren über die Validierung von Analysenmethoden. Es gab keine Systemeignungstests mit dem Nachweis, daß Methoden in der Laborumgebung (Geräte, Personal) auch richtig funktionieren. Es gab auch keine Grenzwerte für Betriebsparameter, welche die Genauigkeit und Reproduzierbarkeit von übernommenen Standardmethoden gewährleisteten.
- Die Überprüfung der Verfahren zur HPLC-Methodenvalidierung ergab, daß die Validierung keine Messungen zur Präzision der Peakflächen, der Linearität und der Richtigkeit enthielt.

Tabelle 16.1. Fortsetzung

Analytische Qualitätskontrolle

- Verfahren zur Qualitätskontrolle enthielten keine Angaben, wie häufig unbekannte Proben analysiert werden konnten, ohne Kontrollproben zu analysieren.
- Standards für Systemeignungstests wurden lediglich zu Beginn, aber nicht auch am Ende von sehr langen Sequenzen analysiert.

Audit-trail

- Die Änderung von Analysenmethoden an PC-gesteuerten Analysensystemen wurde nicht kontrolliert.
- Laborinformationsmanagementsysteme (LIMS) enthielten keine Routine, die bei der Änderung von Daten und Methoden nach dem Grund der Änderung, nach der Person, und nach Datum und Uhrzeit abfragten. Die Identität der Person wurde ebenfalls nicht überprüft.

Personal

- Es gab keine Dokumentation über durchgeführte Trainingsmaßnahmen.

Tabelle 16.2. Auditfragen bezüglich computergesteuerter Analysensysteme

Eigene Softwareentwicklung

- Existieren geeignete Verfahren zur Softwareentwicklung und wird deren Durchführung überprüft?
- Existieren Validierungsprotokolle, sind sie sachgerecht und wird Software auch entsprechend den Protokollen validiert?
- Existieren Dokumente mit Systemfunktionen?
- Existieren Designspezifikationen?
- Existieren System- und Datenflußdiagramme?
- Existiert eine Beschreibung über mögliche Interaktionen mit anderen Systemen?
- Ist der Quellcode ausgedruckt und dokumentiert?
- Gibt es eine Auflistung von verwendeten mathematischen Formeln und, falls erforderlich, eine Erklärung dazu?
- Existieren Testpläne und Akzeptanzkriterien für Module und Systeme?
- Repräsentieren die Testdaten reale Werte und Grenzbereiche?
- Gibt es dokumentierte Änderungskontrollverfahren?

Fremdbezogene Software und Systeme

- Existieren Verfahren für den Erwerb von Computersystemen?
- Wurde der Lieferant qualifiziert?
- Hat der Lieferant ein anerkanntes Qualitätssicherungssystem?
- Stellt der Lieferant Dokumente über erfolgreich durchgeführte Validierung der Entwicklungsphase zur Verfügung?
- Kann der Lieferant im Bedarfsfall Validierungsdokumente zur Verfügung stellen?
- Kann im Bedarfsfall der Zugriff auf den Quellcode durch Behörden gewährleistet werden?
- Existiert ein Softwaretracking und -antwortsystem für Fehlerberichte und Verbesserungsvorschläge?
- Existiert eine Liste mit funktionellen Spezifikationen und eine Beschreibung, was das System leisten soll?

Installation und Betrieb

- Existiert ein Protokoll über die Installation?
- Existiert eine Systembeschreibung mit Diagrammen?
- Wurden die Empfehlungen des Herstellers über Räumlichkeiten und Umgebungsbedingunen befolgt?
- Existiert ein Protokoll über den Akzeptanztest mit Testmethoden, Akzeptanzkriterien und Testergebnissen?
- Repräsentieren die Testdaten reale Werte?
- Wurden wichtige und kritische Routinen manuell nachgerechnet?
- Existiert ein Plan zur vorbeugenden Wartung?
- Existiert ein Plan für fortlaufende Kalibrierung und Leistungsfähigkeitsüberprüfung?
- Sind Geräte mit einem Aufkleber versehen, der Informationen über die letzte erfolgreich durchgeführte und die als nächste geplante Kalibrierungen enthält?
- Sind Hilfsmittel für die Kalibrierung selbst kalibriert und ist die Kalibrierung rückführbar auf nationale Standards?
- Lassen die räumlichen und klimatischen Bedingungen eine Kalibrierung innerhalb der geforderten Meßunsicherheit zu?

Methodenvalidierung

- Wurde der Anwendungsbereich der Methode mit Leistungskriterien und Limits definiert?
- Wurden die Methoden auf alle vom Labor definierten Leistungskriterien validiert und die Ergebnisse dokumentiert?
- Wird bei verwendeten Standardmethoden überprüft, ob diese auch in dem geplanten Anwendungsbereich validiert wurden?
- Wurde bei Methoden, die außerhalb des Labors validiert wurden, die Laborumgebung (Gräte, Personal) auf die Anwendbarkeit der Methode überprüft?
- Existiert ein Verfahren mit Bedingungen, die eine Revalidierung erforderlich machen?

Daten

- Existiert eine SOP für die Definition, die Erfassung, Eingabe, Verifizierung, Änderung und Archivierung von Rohdaten?
- Werden Daten regelmäßig auf Richtigkeit überprüft?
- Werden alle Daten entsprechend den Vorschriften archiviert?

Dokumentation

- Entspricht die vorhandene Dokumentation (Bedienungsanleitung, SOPs) der neuesten Softwareversion?
- Existiert ein Gerätelogbuch?

Audit-trail

- Enthalten Dateneingaben oder -änderungen Information, wer die Eingabe gemacht hat, und falls Änderungen gemacht wurden, wer sie gemacht hat und warum?

Handhabung von Fehlern

- Werden Gerätefehler automatisch von dem System registriert und angezeigt?
- Existieren Verfahren, was bei Gerätefehlern zu tun ist?

Tabelle 16.2. Fortsetzung

Berichterstattung

- Enthalten Analysenberichte die richtige Information?
- Sind Analysenberichte mit Datum versehen und abgezeichnet?

Qualifikation des Bedienungspersonals

- Ist das Bedienungspersonal entsprechend ausgebildet?
- Werden Fortbildungsmaßnahmen dokumentiert?
- Gibt es eine jährliche Überprüfung des Trainingsbedarfs?

Überprüfungen/Audits

- Existieren Verfahren für interne Inspektionen/Audits?
- Werden interne Inspektionen/Audits regelmäßig durchgeführt?

Sicherheit

- Bestehen Vorschriften hinsichtlich der klimatischen Bedingungen für Computersysteme?
- Ist ein Sicherheitssystem etabliert, das den unberechtigten Zugang zu dem System oder die absichtliche und unabsichtliche Veränderung von Daten verhindert?
- Existiert eine Liste von Personen, die Zugang zu dem System haben und Daten eingeben bzw. ändern können?
- Existiert ein Verfahren für Back-up von Programmen, Methoden und Daten?
- Existiert ein Verfahren für die Wiederherstellung des Systems nach einem Ausfall?
- Wurden eventuelle elektromagnetische Einflüsse auf die Datenübertragung untersucht und falls Störungen erwartet werden, Maßnahmen zu deren Behebung getroffen?
- Existieren Verfahren für eine regelmäßige Überprüfung, daß elektronisch archivierte Daten nach Ablauf von längeren Zeitabständen noch lesbar sind?
- Existiert ein Verfahren, das verhindert, daß Software auf das System geladen wird, die einen negativen Einfluß auf das System haben könnte?
- Existiert ein Verfahren zur Überprüfung des Systems auf Viren?

Anlage A. (Standard)arbeitsanweisungen

(Standard)arbeitsanweisungen (standard operating procedures, SOPs) oder Verfahrensanweisungen spielen eine wichtige Rolle bei jedem Qualitätsmanagementsystem. Diese Anlage enthält einige generelle Empfehlungen für die Erstellung und Verteilung sowie einige Ausführungsbeispiele für analytische Labors. Als Abkürzung für Standardarbeitsanweisung wird der im deutschen auch gebräuchliche Begriff *SOP* verwendet.

Generelle Empfehlungen

Erstellung und Verteilung

- Nicht zu viele SOPs erstellen. Zu viele Papierdokumente führen normalerweise nicht zu einer Verbesserung der Qualität.
- Im allgemeinen ist man besser beraten, mehrere kürzere SOPs zu wenigen längeren zusammenzufassen.
- Die SOPs sollten nicht zu detailliert sein, andernfalls können sie auf Mitarbeiter demotivierend wirken, und es sind zu viele Updates erforderlich. Beispielsweise ist es nicht ratsam, in einer SOP für die Beschaffung von Chemikalien den Namen des Lieferanten zu nennen, da bei einem Wechsel des Lieferanten auch die SOP geändert werden müßte. Andererseits sind zu allgemein gehaltene SOPs nur bedingt als Arbeitsanweisung geeignet. Wie ausführlich eine SOP sein muß, hängt von der Ausbildung bzw. Schulung der Mitarbeiter/innen ab. Generell kann man sagen, daß in den USA erstellte SOPs für deutsche Verhältnisse zu detailliert sind.
- Geräte-SOPs sollten möglichst im Labor und nicht in einem Büro weitab von den betroffenen Geräten erstellt werden. Vorzugsweise sollten sie vom Bedienungspersonal selbst geschrieben oder zumindest vor der Freigabe auf Benutzbarkeit getestet werden. Andernfalls besteht die Gefahr, daß die SOPs nicht benutzt werden.
- Kopien der aktuell gültigen Originale sollten direkt am Gerät vorliegen und dem Benutzer leicht zugänglich sein.
- Alle Abweichungen von der SOP müssen genehmigt werden. Das gleiche gilt für Änderungen.
- SOPs sollten in einer Sprache geschrieben sein, die vom Bedienungspersonal verstanden wird.

- SOPs zur Überprüfung von Geräten sollten Formblätter für die Eingabe der Prüfergebnisse, Akzeptanzkriterien sowie Vorschläge für Korrekturmaßnahmen für den Fall enthalten, daß die Prüfergebnisse nicht akzeptabel sind.
- Die Verteilung der SOPs sollte von der QSE durchgeführt und kontrolliert werden. Es sollte sichergestellt werden, daß alle Mitarbeiter die gleiche aktuell gültige Version benutzen. Veraltete SOPs sollten an die QSE zurückgegeben werden.
- SOPs müssen archiviert werden.
- Fachbücher, Literaturreferenzen und Bedienungshandbücher können ergänzend verwendet werden. Wenn sie Bestandteil der SOP sind, müssen sie mit diesen archiviert werden. Es wird deshalb empfohlen, umfangreiche Handbücher nicht als SOP zu deklarieren. Eine Archivierung der Handbücher ist nicht erforderlich, wenn in der SOP nur darauf verwiesen wird und im übrigen die wesentlichen Informationen des Handbuches bereits enthalten sind [149].

Gegenstand von SOPs im Zusammenhang mit Geräten

1. Softwareentwicklung und -validierung
2. Nachträgliche Beurteilung und Validierung von Altsystemen
3. Kriterien für eine Revalidierung und deren Durchführung
4. Beschaffung von Geräten und Materialien
5. Installation
6. Zugangsregelungen
7. Routineinspektion, Tests, Wartung, Kalibrierung
8. Sicherheitsmaßnahmen
9. Eingabe von Daten und Verfahren zur Autorisierung der Personen, die Daten eingeben
10. Maßnahmen bei Geräteausfällen
11. Definition von Rohdaten
12. Änderung von Daten und Methoden
13. Durchführung von Analysen, Datenauswertung, Berichterstattung und Archivierung
14. Schulung des Personals
15. Entwicklung und Handhabung von SOPs, z.B. Aufbau, generelle Inhaltsanforderungen, Deckblatt, Verteiler, Archivierung
16. Validierung von Analysenmethoden

Mehrere Punkte können in einer SOP zusammengefaßt werden.

Vorschlag für eine Titelseite

<table>
<tr><td colspan="5" align="center">Titel</td></tr>
<tr>
<td align="center">Firma</td>
<td align="center">Firmenstempel (farbig,
kennzeichnet
Originale)</td>
<td align="center">Code
(Bezeich-
nung)</td>
<td align="center">Gültig ab</td>
</tr>
<tr>
<td align="center">Labor</td>
<td align="center">Versions-Nummer</td>
<td colspan="2" align="center">Versions-Nummer der
durch diese SOP
ersetzten SOP</td>
</tr>
<tr>
<td>Erstellt von

Name:

Unterschrift:

Datum:</td>
<td>Genehmigt von

Name:

Unterschrift:

Datum:</td>
<td colspan="2">Verteilerliste

----</td>
</tr>
</table>

1. Anwendungsbereich

2. Zweck

Fortlaufender Inhalt

Seite 1 von x

Generelles Schema für SOPs zur Überprüfung von Geräten

Beschreibung des Zwecks

Vorbereitung der Geräte

Vorbereitung der Materialien

Durchführung und Auswertung der Prüfung

Ergebnisse akzeptiert ?

nein

Diagnose und Korrekturmaßnahmen

ja

Dokumentation und Archivierung

Beispiel 1: Entwicklung und Validierung von einfacher Applikationssoftware

Das erste Beispiel kann als Vorlage für die Entwicklung und Validierung von kleineren Softwareprojekten in einem Benutzerlabor verwendet werden. Es kann sich hierbei sowohl um eine Zusatzsoftware zu fremdbezogener Standardsoftware, z.B. in Form von Macros, als auch um eine unabhängige Einzelsoftware handeln. Es handelt sich hierbei um einen Vorschlag, der für den Einzelfall angepaßt werden muß.

1. Anwendungsbereich

Validierung von Applikationssoftware, z.B. von Macros, die im Zusammenhang
mit einer Chromatographiesoftware entwickelt wurde.

2. Zweck

Es soll sichergestellt werden, daß die Applikationssoftware während der Entwicklung in geeigneter Weise validiert und während des Routineeinsatzes in
regelmäßigen Zeitabständen auf richtige Funktionsweise überprüft wird.

3. Verfahren zur Validierung

a) Verantwortlichkeiten
   Bestimmen Sie die verantwortlichen Personen für die Entwicklung, Tests
   und Genehmigungen.
b) Anforderungen
   Beschreiben Sie die Aufgaben des Systems und die Systemanforderungen
   (Hardware, Systemsoftware, Applikationssoftware).
c) Funktionsbeschreibung
   Beschreiben Sie, welche Funktionen das System ausführen soll. Die Beschreibung soll so erfolgen, daß sie sowohl vom späteren Benutzer als auch
   vom Programmierer verstanden wird.
d) Design und Implementierung
   Dokumentieren Sie die in dem Programm verwendeten Algorithmen und
   Formeln. Schreiben Sie den Code. Dokumentieren Sie das Programm so,
   daß es von anderem Personal mit entsprechender Ausbildung verstanden
   wird. Machen Sie einen Ausdruck von dem Programm.
e) Testen
   Entwickeln Sie Testfälle und Testdateien mit bekannten Eingaben und Ergebnissen. Beschreiben Sie die Testumgebung (z.B. Systemanforderungen)
   und die Durchführung der Tests. Testdaten sollen repräsentative Normalwerte, Werte im Grenzbereich und nicht erlaubte Eingaben beinhalten. Beschreiben Sie Verfahren zur alternativen Ergebnisermittlung. Testverfahren
   und Ergebnisse sollten dokumentiert, überprüft und durch den Programmierer und die Qualitätssicherungseinheit genehmigt werden.

4. Dokumentation für den Benutzer

Beschreiben Sie die Funktionen, die verwendeten Formeln sowie die Installation, Bedienung und regelmäßige Überprüfungen des Programms.

5. Sicherheit

Beschreiben Sie, welche Maßnahmen getroffen wurden, um die Sicherheit der
Daten zu gewährleisten und wie die Sicherheitsmaßnahmen implementiert wer-
den. Hierzu gehören beispielsweise limitierter Zugriff auf Dateien und den
Quellcode für dazu autorisierte Personen sowie Backup-Verfahren für Dateien.

6. Änderungs- und Versionskontrolle

Entwickeln Sie Verfahren für die Genehmigung von Änderungen sowie für die
Art und Durchführung der erforderlichen Tests nach der Änderung.

Entwickeln Sie ein Verfahren über die deutliche Identifizierung jeglicher
Software und deren Revisionen über Programmnamen und Revisionscodes.
Entwickeln Sie eine historische Datei mit allen Änderungen und Versions-
nummern.

Beispiel 2: Entwicklung und Validierung von komplexer Applikationssoftware

Dieses Beispiel kann als Vorlage für die Entwicklung und Validierung von mitt-
leren Softwareprojekten in einem Benutzerlabor verwendet werden. Es kann
sich hierbei sowohl um eine Zusatzsoftware zu fremdbezogener Standardsoftware, z.B. in Form von Macros, als auch um unabhängige Einzelsoftware handeln. Der Validierungsaufwand hängt von der Komplexität des Programms
ab. Es handelt sich hier um einen Vorschlag, der für den Einzelfall angepaßt
werden muß.

1. Anwendungsbereich

Validierung von Applikationssoftware durch den Benutzer.

2. Zweck

Qualitätsstandards und Behörden verlangen, daß Software, die im Zusammenhang mit der Erzeugung und Beurteilung kritischer Daten verwendet wird,
in geeigneter Weise validiert wurde. Mit Hilfe dieser SOP soll sichergestellt
werden, daß die Applikationssoftware während der Entwicklung in geeigneter Weise validiert und während des Routineeinsatzes in regelmäßigen Zeitabständen auf richtige Funktionsweise überprüft wird.

3. Verfahren zur Validierung

Jeder Verfahrensschritt kann ausgelassen werden, falls eine vernünftige Erklärung dafür abgegeben wird, daß die Validierung des Gesamtprogramms
dadurch nicht beeinträchtigt wird. Die einzelnen Verfahrensschritte sollen in
einem Validierungsplan festgelegt werden.

a) Verantwortlichkeiten
   Bestimmen Sie die verantwortlichen Personen für die Entwicklung, Tests
   und Genehmigungen.
b) Anforderungen
   Beschreiben Sie die Problemstellung und wie das Problem gegenwärtig
   gelöst wird. Beschreiben Sie, wie das zu entwickelnde Programm die Aufgabe besser löst. Beschreiben Sie die Benutzeranforderungen.
c) Funktionsbeschreibung
   Beschreiben Sie, welche Funktionen das System enthalten soll um die Benutzeranforderungen abzudecken. Die Beschreibung soll so erfolgen, daß

sie sowohl vom späteren Benutzer als auch vom Programmierer verstanden wird. Verifizieren Sie, daß die Funktionen die in (b) gestellten Anforderungen abdecken. Das Dokument soll auch eine Beschreibung der Systemhardware enthalten.

d) Design

Definieren Sie, wie die in (c) definierten Funktionen implementiert werden. Dokumentieren Sie die in dem Programm verwendeten Algorithmen und Formeln. Diskutieren Sie das vorgeschlagene Design mit mindestens einer zweiten kompetenten Person. Verifizieren Sie, daß die Designspezifikation alle in (c) definierten Funktionen beinhaltet.

e) Implementierung

Schreiben Sie den Code. Dokumentieren Sie das Programm so, daß es von anderem Personal mit entsprechender Ausbildung und Erfahrung verstanden wird. Machen Sie einen Ausdruck von dem Programm. Stellen Sie Überlegungen an und entscheiden darüber, ob eine formelle Codeinspektion der Einzelmodule erforderlich ist. Führen Sie die Codeinspektion durch oder geben Sie eine formelle Erklärung ab, warum eine Codeinspektion nicht erforderlich war.

f) Testen

Erstellen Sie einen Testplan. Entwickeln Sie Testfälle und Testdateien mit bekannten Eingaben und Ergebnissen für einen Funktionstest. Verifizieren Sie, daß die Testfälle alle in (c) wesentlichen Funktionen abdecken. Beschreiben Sie die Testmethodik, Testumgebung (z.B. Systemanforderungen), Dauer der Tests und die Anzahl der Testpersonen, die erwarteten Ergebnisse, Akzeptanzwerte und die Durchführung der Tests. Testdaten sollen repräsentative Normalwerte, Werte im Grenzbereich und nicht erlaubte Eingaben beinhalten. Tests sollten in einer typischen Benutzerumgebung und unter extremen Umgebungsbedingungen durchgeführt werden. Schließen Sie zukünftige Benutzer der Software in die Tests mit ein. Führen Sie eine Klassifizierung eventuell auftretender Probleme durch, wie Fehler dokumentiert werden und welche Korrekturmaßnahmen geplant sind. Spezifizieren Sie Freigabekriterien. Beschreiben Sie Verfahren zur alternativen Ergebnisermittlung. Das System soll schließlich in dem Benutzerlabor einem Akzeptanztest unterzogen werden. Testverfahren und Ergebnisse sollten dokumentiert, überprüft und durch den Programmierer und die Qualitätssicherungseinheit genehmigt werden.

g) Andauernde Leistungsüberprüfung

Spezifizieren Sie Art und Häufigkeit der Tests sowie die erwarteten Ergebnisse und Akzeptanzkriterien. Entwickeln Sie Testdateien und Verfahren für die Tests.

h) Fehler-Tracking und Feedback-System

Entwickeln Sie ein Verfahren für ein formelles Feedback und Maßnahmen aufgrund von Beobachtungen und Hinweisen von Benutzern über aufgetretene Fehler und Verbesserungsvorschläge. Ein Team bestehend aus Anwendern und Programmierern sollte die Beobachtungen untersuchen, dokumentieren, klassifizieren und Vorschläge für Änderungen machen, falls solche erforderlich sind.

i) Änderungen und Versionskontrolle
    Entwickeln Sie ein Verfahren für die Autorisierung, das Testen, die Do-
    kumentation und die Genehmigung jeglicher Änderungen des Programms.
    Entwickeln Sie ein Verfahren über die deutliche Identifizierung jeglicher
    Software und deren Revisionen über Programmnamen und Revisionscodes.
    Entwickeln Sie eine historische Datei aller Änderungen und Versionsnum-
    mern.

4. Dokumentation für den Benutzer

a) Beschreiben Sie die Funktionen, die verwendeten Formeln sowie die Instal-
    lation und Bedienung des Programms.
b) Beschreiben Sie implementierte Maßnahmen zur Erfüllung der Sicherheits-
    anforderungen, z.B. Back-up Verfahren und limitierter Zugriff auf Daten
    und den Quellcode.
c) Beschreiben Sie die erforderliche Qualifikation des Personals für die Bedie-
    nung des Programms.

5. Archivierung der Dokumentation

a) Beschreiben Sie, welche Dokumentation wo aufbewahrt werden muß, um
    einen schnellen Zugriff für das Bedienungspersonal zu gewährleisten.
b) Beschreiben Sie, welche Dokumentation wo und wie lange archiviert werden
    muß.

6. Genehmigungen

a) Genehmigung des Validierungsprotokolls durch die Abteilung, in der das
    Programm erstellt wurde, durch die Abteilung, in der das Programm be-
    nutzt wird und durch die Qualitätssicherung.
b) Genehmigung der Benutzeranforderungsspezifikationen, Funktionsspezifi-
    kationen, der Designspezifikation, der Testpläne und der Freigabe durch
    die Abteilung in der das Programm erstellt wurde, durch die Abteilung, in
    der das Programm benutzt wird und durch die Qualitätssicherung.
c) Genehmigung und Autorisierung jeglicher Änderungen durch die Abtei-
    lung, in der das Programm erstellt wurde, durch die Abteilung, in der das
    Programm benutzt wird und durch die Qualitätssicherung.

Beispiel 3: Überprüfung der Präzision der Retentionszeiten und Peakflächen eines HPLC Systems

Diese SOP kann allgemein als Vorlage für die Leistungsüberprüfung von
Geräten verwendet werden. Als Beispiel wurde die Überprüfung der Präzision
der Retentionszeiten und Peakflächen des HP 1050 Serie HPLC Systems
gewählt. Es handelt sich hierbei um einen Vorschlag, der für den Einzelfall
angepaßt werden muß.

1. Anwendungsbereich

Überprüfung der Präzision der Peakflächen und Retentionszeiten eines HP 1050 Serie HPLC Systems.

2. Zweck

Die Präzision der Retentionszeiten und Peakflächen sind wichtige Leistungsmerkmale für die qualitative und quantitative Analyse in der HPLC. Diese SOP enthält die experimentellen Bedingungen und Anleitungen für die Überprüfung der Leistungsmerkmale eines kompletten HPLC Systems mit automatischem Probengeber, Gradientenpumpe und Variablem Wellenlängendetektor.

3. Häufigkeit

Die Präzision der Retentionszeiten und Peakflächen sollte mindestens jedes Jahr und zusätzlich nach Reparaturen ermittelt werden.

4. Geräte

a) HP 1050 Serie Quaternäre Pumpe mit Säulenthermostat.
b) HP 1050 Serie Automatischer Probengeber.
c) HP 1050 Serie Variabler Wellenlängendetektor.
d) HP 3396 Integrator.

5. Säule, Chemikalien

a) Säule: 100 mm x 4.6 mm Hypersil ODS, 5μm (HP P/N 799160D-554)
b) Mobile Phase: Wasser und Methanol, HPLC Grade.
c) Standards: Isokratische Standardprobe (Hewlett-Packard Teile Nummer 01080-68704) mit 0.15 Gew.% Dimethylphthalat, 0.15 Gew.% Diäthylphthalat, 0.03 Gew. % Biphenyl, 0.03 Gew.% o-Terphenyl gelöst in Methanol.

6. Vorbereitung des Variablen Wellenlängendetektors

a) Schalten Sie die Lampe ein.
b) Setzen Sie die Wellenlänge auf 254 nm.
c) Setzen Sie die Response Time auf 1 SEC.

7. Vorbereitung der Pumpe und des Säulenthermostats

a) Spülen Sie die Pumpe (verwenden Sie die entsprechende 1050 SOP: Spülen der quaternären Pumpe der HP 1050 Serie).
b) Füllen Sie die Lösungsmittelbehälter: A mit Wasser, B mit Wasser, C mit Methanol.
c) Entgasen Sie die Mobile Phase (verwenden Sie die entsprechende SOP: Spülen der quaternären Pumpe der HP 1050 Serie).
d) Setzen Sie die obere Druckgrenze (UPPER LIMIT) auf 400 (bar).
e) Setzen Sie die Flußrate (FLOW) auf 3.00 ml/min.
f) Setzen Sie die Temperatur des Säulenofens auf 45°C.

g) Bereiten Sie die Lösungsmittel vor und stellen Sie die Parameter ein: A = off, B = 15%, C = 70% (A wird entsprechend B und C angepaßt).

h) Setzen Sie die Stoppzeit (STOP TIME) auf 5.00 Minuten.

i) Schalten Sie die Pumpe ein.

8. Vorbereitung des automatischen Probengebers

a) Vergewissern Sie sich, daß der Luftdruck für das Umschalten des Selenoid Ventils wenigstens 5 bar beträgt.

b) Schalten Sie den automatischen Probengeber ein.

c) Stellen Sie die Probeflasche mit dem isokratischen Standard in die Position 10 des Probengebers.

d) Geben Sie die Position der Probeflasche am Keyboard ein: FIRST 10 LAST 10.

e) Setzen Sie die Anzahl der Injektionen pro Flasche auf 6.

f) Setzen Sie das Injektionsvolumen auf 10 (μl).

9. Stellen Sie die Parameter für den Integrator ein

a) Attenuation: 10.

a) Chart speed: 1 cm/min.

a) Zero: 10.

a) Threshold: 10.

10. Analyse des Isokratischen Standards

a) Wenn die Basislinie stabil ist, starten Sie die Analyse.

a) Als Ergebnis sollten 6 Chromatogramme, ähnlich dem unten abgebildeten, erhalten werden. Unterschiede in den Retentionszeiten und Flächen rühren von Toleranzen der Geräte, Säulen und Proben her.

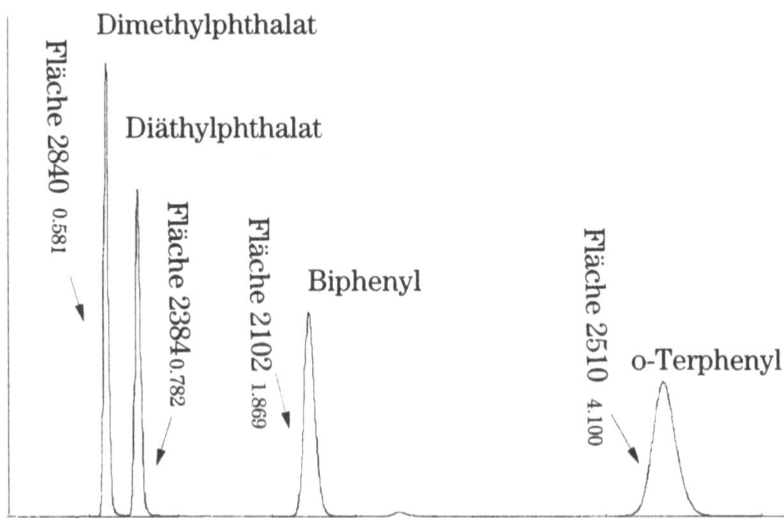

11. Akzeptanz

a) Berechnen Sie die Präzision der Retentionszeiten und Peakflächen.

$$RSD = \sqrt{\frac{\frac{1}{n-1} \sum (x - \bar{x})^2}{\bar{x}}} \, 100$$

n = Anzahl der Injektionen
x = Fläche oder Retentionszeit der Peaks
Mittelwert $= \bar{x} = \frac{1}{n} \sum x$

b) Die Präzision der Peakflächen sollte besser als 1.5% sein.
c) Die Präzision der Retentionszeiten sollte besser als 1.5% sein.

12. Falls Ihr HP 1050 System diese Spezifikationen nicht erfüllt, muß folgendes überprüft werden

a) Überprüfen Sie die Detektorleistung hinsichtlich Rauschen und Drift mit der zutreffenden SOP: Überprüfen von Rauschen und Drift des Variablen Wellenlängendetektors der HP 1050 Serie.
b) Überprüfen Sie die Leckdichtigkeit der Pumpe mit der zutreffenden SOP: Lecktest an der isokratischen und quaternären Pumpe der HP 1050 Serie.
c) Überprüfen Sie die Leckdichtigkeit des Autosamplers mit der zutreffenden SOP: Überprüfen der Druckdichtigkeit des Autosamplers der HP 1050 Serie.

Falls nach Durchführung dieser Maßnahmen das Problem nicht behoben ist, rufen Sie den Kundendienst von Hewlett-Packard an.

13. Anhang - Beispiel eines Ergebnisprotokolls

Geräteidentifizierung
Seriennummer Pumpe: __________
Seriennummer Autosampler : __________
Seriennummer Detektor: __________
Seriennummer Integrator: __________

Datum: __________

Ergebnisse
Präzision der Flächen: __________ (spez <1.5 % RSD)
Präzision der Retentionszeiten: __________ (spez <0.5 % RSD)

Kommentar:

Weitere Maßnahmen (falls das System nicht in Spezifikation ist)

Genehmigungen

	Name	Unterschrift	Datum
Laborleiter	__________	__________	__________
Testingenieur	__________	__________	__________

Beispiel 4: Nachträgliche Untersuchung und Validierung von existierenden Systemen

Diese SOP kann als Vorlage für die Überprüfung von bestehenden computergesteuerten Systemen dienen, die bei der Entwicklung, der Installation und im bisherigen Betrieb nicht nach den neuesten Richtlinien validiert wurden. Es handelt sich hierbei um einen Vorschlag, der sicherlich für den Einzelfall angepaßt werden muß.

1. Anwendungsbereich

Untersuchung von computergesteuerten Systemen, die bei der Entwicklung, Installation und während des bisherigen Betriebs nicht nach den geltenden Richtlinien validiert wurden.

2. Zweck

Behörden verlangen, daß Computersysteme, die für die Erzeugung von kritischen Daten eingesetzt werden, validiert sind. Diese Forderung gilt unabhängig davon, wann das System entwickelt und in Betrieb genommen wurde. Mit dieser SOP soll untersucht bzw. sichergestellt und dokumentiert werden, daß die betroffenen Systeme in der Vergangenheit für ihren beabsichtigten Einsatz geeignet waren, es gegenwärtig immer noch sind und es auch zukünftig sein werden.

3. Entwicklung eines Validierungsplans

Definieren Sie die Validierungsanforderungen. Definieren Sie die erwartete Leistungsfähigkeit und Funktionalität, untersuchen Sie, was in der Vergangenheit hinsichtlich Validierung bereits gemacht wurde. Bezüglich weiterer Inhalte siehe 4 bis 7.

4. Beschreibung des Systems

Beschreiben Sie den Zweck des Systems

a) Erstellen Sie eine Liste der Gerätehardware
   - laboreigene Identifizierungsnummer
   - Handelsname oder Nummer
   - Lieferant: Name, Adresse, Telefonnummer
   - Seriennnummer, Firmware-Revisionsnummer
   - Datum der Installation
   - Ort, an dem das Gerät aufgestellt ist
b) Erstellen Sie eine Liste mit der Computerhardware
   - Name des Lieferanten
   - Modell- und Seriennummer
   - Prozessor, Coprozessor
   - Speicher (RAM)
   - Hard Disk
   - Schnittstellen, Netzwerk
c) Erstellen Sie eine Liste der Software, die auf der Hard Disk geladen ist, mit Produktnummern, Versionsnummer und Name des Lieferanten
   - Betriebssystem, Benutzeroberfläche
   - Standardapplikationssoftware
   - Kundenspezifische Applikationssoftware, z.B. Macros
d) Erstellen Sie eine Liste mit Zubehör, Kabel, Ersatzteilen etc.
e) Suchen Sie nach Systemdiagrammen und überprüfen Sie deren aktuelle Richtigkeit
f) Definieren Sie Anforderungen an das Bedienungspersonal

g) Definieren Sie alle erforderlichen Funktionen und Anwendungsbereiche
h) Definieren Sie physische und logische Sicherheitsanforderungen

4. Dokumentation jeder verfügbarer Information über das System

a) Berichte von internen Benutzern über Art und Häufigkeit von Fehlern
b) Berichte von externen Benutzern über Art und Häufigkeit von Fehlern
c) Bestellauftrag
d) Zertifikate und Spezifikationen von dem Lieferanten
e) Information über Formeln und Algorithmen von Berechnungen
f) Standardarbeitsanweisungen, z.B. über Wartung, Kalibrierung und Tests
g) Bedienungsanleitungen

5. Dokumentation der Systemvergangenheit

a) Installationsberichte
b) Information über Akzeptanztests
c) Berichte über aufgetretene Fehler
d) Wartungsberichte
e) Berichte über Kalibrierung
f) Berichte über Systemeignungstests
g) Alle anderen Testberichte
h) Maßnahmen zum Anwendertraining

6. Überprüfung und Bewertung der vergangenen und gegenwärtigen Leistungsfähigkeitstests

Überprüfen Sie die unter 4) und 5) zusammengestellte Dokumentation

a) Überprüfen Sie die Dokumentation auf Vollständigkeit und ob sie auf dem neuesten Stand ist, z.B. stimmt die aktuell benutzte Bedienungsanleitung mit der gegenwärtig benutzten Produkt- und Revisionsnummer überein?
b) Überprüfen Sie, ob es abgesicherte Hinweise gibt, daß die Software während der Entwicklung validiert wurde.
c) Überprüfen Sie, ob die durchgeführten Funktions- und Leistungstests für das Gesamtsystem hinreichend sind. Erstellen Sie eine Matrix mit den Systemfunktionen und den Ergebnissen der Kalibrierungen und Leistungsfähigkeitstests. Überprüfen Sie, ob die verwendeten Formeln verifiziert wurden.
d) Überprüfen Sie, ob das System die spezifizierten Sicherheitsanforderungen erfüllt.
e) Überprüfen Sie, ob die Art und Häufigkeit der aufgetretenen Fehler noch Kriterien für eine zufriedenstellende Arbeitsweise erfüllt.
f) Überprüfen Sie, ob die Anwender für die Systembedienung qualifiziert sind.
g) Erstellen Sie einen Untersuchungsbericht mit einer Bewertung. Der Bericht soll eine formale Aussage über den gegenwärtigen Validierungszustand beinhalten, d.h. ob das System Kriterien für die Validierung erfüllt. Falls nicht, sollen entsprechende Maßnahmen vorgeschlagen werden. Die Maßnahmen können sowohl eine Außerbetriebnahme als auch Verbesserungsmaßnah-

men beinhalten, mit denen das System in den validierten Zustand überführt werden kann.

8. Validierungsmaßnahmen für zukünftige Qualifizierung

a) Erstellen Sie eine Beschreibung des Systems mit Benutzeranforderungen, Anwendungsbereiche, Bedienungsanleitungen, Standardarbeitsanweisungen und definieren Sie erforderliche Sicherheitsmaßnahmen, oder falls diese Dokumentation entweder ganz oder teilweise schon vorhanden ist, bringen Sie sie auf den neuesten Stand.

b) Erstellen Sie einen Test- und Verifizierungsplan für das Gesamtsystem. Der Plan soll mit dem Ziel erstellt werden, die Leistung hinsichtlich aller Betriebsparameter über den erwarteten Anwendungsbereich zu überprüfen. Es sollen auch SOPs für die Durchführung der Tests, erwartete Ergebnisse und Akzeptanzkriterien erstellt werden. Nach den Tests sollte ein Report mit erwarteten und aktuellen Ergebnissen erstellt werden.

c) Erstellen Sie einen Plan für die vorbeugende Wartung.

d) Erstellen Sie einen Plan für fortlaufende Kalibrierungen und Leistungsfähigkeitsüberprüfungen.

e) Erstellen Sie einen Plan über die Aufzeichnung, Berichterstattung und über das Verhalten bei Fehlern.

9. Änderungs- und Versionskontrolle

Entwickeln Sie Verfahren für die Genehmigung von Änderungen sowie für die Art und Durchführung der erforderlichen Tests nach der Änderung.

10. Genehmigungen

Der Validierungsplan, die Systemdefinition, die zusammengestellten Ergebnisse über die in der Vergangenheit abgelaufenen Tests sowie der Plan für die zukünftige Qualifizierung muß von den Abteilungen des Benutzers und von der Qualitätssicherungsabteilung genehmigt und unterzeichnet werden.

11. Referenzen

1. H. D. Unkelbach, Computer-Validierung von Altsystemen, *Pharm.Ind.*, 56 Nr. 4, 1994, 381/384.
2. N. R. Kuzel, Fundamentals of computer system validation and documentation in the pharmaceutical industry, *Pharm.Tech.*, Sept. 1985, 60-76.
3. Agalloco, Validation of existing computer systems, *Pharm.Tech.*,. Jan. 1987, 38-40.
4. H. Hambloch, Existing computer systems: A practical approach to retrospective evaluation, in *Computer validation practices*, Buffalo Grove, IL, Interpharm, ISBN 0-935184-5-4, 93-112, 1994.
5. L. Huber, *Validation of computerized analytical systems*, Buffalo Grove, IL, Interpharm, ISBN 0-935184-75-9, May 1995.

Anlage B. Strategie für die Auswahl und Validierung von computergesteuerten analytischen Systemen

Schritt	Erklärung	Beispiele
Auswahl der Methode und des Gerätes	• Kriterien: Komponenten, Matrix, Konzentrationsbereich, Nachweisgrenze, Bestimmungsgrenze, Präzision, Durchsatz, Betriebskosten, Platzbedarf, Anforderung an das Bedienungspersonal, erforderliche Schulungsmaßnahmen, gesetzliche Anforderungen, sind gleiche oder ähnliche Geräte schon vorhanden?	Analyse von Phenoxycarbonsäuren in Trinkwasser. Bestimmungsgrenze: 0.01 ug/l, qualitativ und quantitativ, 30 Proben pro Tag. Methode und Geräte: Festphasenextraktion mit HPLC/DAD
Definition der erforderlichen Funktionen und den geplanten Einsatzbereich	• Definiere die erforderlichen Funktionen und Betriebsgrenzen für Gerätehardware-Module • Definiere die erforderlichen Softwarefunktionen • Definiere die erforderlichen Systemfunktionen und Betriebsgrenzen	HPLC: binärer Gradient, Flußrate von o.2 bis 2.o ml/min, Säulenthermostat mit Peltier Element für Temperaturkontrolle bei Raumtemperatur, Dioden-Array Detektor mit 10 mm Zellänge, Basislinienrauschen $<=4 \times 10^{-5}$ AU, Software für Integration, Peakreinheitscheck, interaktive und automatische Spektrenbibliothekssuche, qualitativer und quantitativer Report, Automatische Analysen von bis zu 100 Proben
Auswahl und Qualifikation des Herstellers	• Entwickle Kriterien für die Auswahl des Herstellers	Nachweis eines Qualitätsmanagementsystems, Verfügbarkeit der Dokumentation über Validierung, Unterstützung bei der Inbetriebnahme, Reputation und Erfahrung bei der spezifischen Anwendung, Nachweis, daß das Gerät die geplante Leistung erbringt. Der Nachweis kann durch Tests oder Referenzen erfolgen
	• Überprüfe, ob die Kriterien eingehalten werden	Durch entsprechende Dokumentation, die vom Hersteller zur Verfügung gestellt wurde, Audit durch eine Drittfirma (z.B. ISO 9001)
Auswahl der Geräte und Optionen	• Automatisches HPLC System mit Gradient, UV/Visible Dioden-Array Detektor • Computer und Software für Instrumentenkontrolle und Datenauswertung • Graphische Benutzeroberfläche (MS Windows)	HPLC System von Hewlett-Packard bestehend aus der HP1100 Serie und der ChemStation

Schritt	Erklärung	Beispiele
Qualifikation der Module und Systeme vor und bei Inbetriebnahme	• Vor der Installation • Installation • Inbetriebnahme	Empfehlungen des Herstellers über Platzbedarf, Stromversorgung, Gasversorgung etc. Überprüfung der Übereinstimmung der Lieferung mit der Bestellung, Überprüfung der richtigen Funktionen und Leistungdes Gerätes, beispielsweise Präzision der Retentionszeiten und Peakflächen Überprüfung der vom Hersteller gelieferten Validierungserklärungen
Einweisung des Bedienungspersonals	• Über Analysentechnik, Geräte und Analysenmethode	Kurse, Seminare, Einweisung durch den Hersteller, Online Tutorial
Erstellung gerätespezifischer Dokumentation	• Logbuch • Geräteordner • Standardarbeitsanweisungen	Standardarbeitsanweisungen für Routinewartung, Kalibrierung und Überprüfungen
Validierung der Methoden	• Spezifiziere Validierungsparameter und Akzeptanzkriterien • Definiere Validierungsexperimente • Führe die Experimente durch	Bestimmungsgrenze, Nachweisgrenze, Selektivität, Linearität, Präzision, Genauigkeit, Robustheit
Sicherstellung der andauerndenLeistung des Gerätesund der Methode	• Entwickle und implementiere Verfahren und Pläne für periodische Wartung, Kalibrierung und Leistungsüberprüfung • Entwickle und implementiere Verfahren zur Erkennung und Handhabung von Gerätefehlern • Entwickle und implementiere Verfahren für die Änderungskontrolle • Entwickle und implementiere Verfahren für die Einhaltung der Sicherheit	Austausch von Detektorlampen, Reinigung der Detektorzellen, Kalibrierung der Wellenlängengenauigkeit Automatisches Abschalten, falls ein Leck entdeckt wird Verfahren zur Genehmigung der Änderung von Software, die im Labor des Benutzers entwickelt wurde Limitierung des Systemzugriffs durch benutzerspezifische Paßwörter Sicherstellung der Datenintegrität durch quersummengeschützte Dateien

Anlage C. Tests für ausgewählte Geräte

Diese Anlage enthält Empfehlungen für Tests von Geräten, die häufig in analytischen Labors benutzt werden. Es werden dabei allgemeine Prozeduren vorgestellt. Details wie Akzeptanzkriterien oder Empfehlungen über die Zeitintervalle werden dagegen nicht gegeben. Die Tests sollten helfen, die Leistung von Analysengeräten so zu verifizieren, daß sie für ihren geplanten Einsatz geeignet sind. Der vom Benutzer definierte geplante Einsatz wird die genaue Art der Tests, die Akzeptanzkriterien und die Testintervalle bestimmen. Generell kann man sagen, daß Tests und Korrekturmaßnahmen so zeitig durchgeführt werden sollen, daß das System bei dem Test im Normalfall noch die spezifizierten Leistungen erbringt. Man sollte immer im Auge behalten, daß bei Nichterreichen von spezifizierten Kriterien alle seit der letzten erfolgreichen Überprüfung erhaltenen Ergebnisse zunächst einmal in Frage gestellt werden müssen, bis die Ursache des Problems gefunden ist.

Eine anfängliche Wahl der Testintervalle soll auf bisherigen Erfahrungen mit dem Gerätetyp und auf Empfehlungen des Lieferanten basieren. Die optimalen Zeitintervalle können dadurch herausgefunden werden, daß am Anfang häufiger getestet wird. Falls die Geräte bei den ersten Tests die Kriterien einhalten, können die Zeitintervalle gesteigert werden. Die Art und Häufigkeit der Tests sollten dann für jeden Gerätetyp festgelegt und die Testergebnisse sollten dokumentiert werden.

Falls ein Computersystem für Gerätekontrolle und Datenauswertung benutzt wird, werden auch die Funktionen der Software bei den Tests ausgeübt. Ein erfolgreicher Abschluß einer Testsequenz kann dann als ein Beweismaterial benutzt werden, daß die Software für ihren Zweck geeignet ist. Viele der Tests können heutzutage mit einer kommerziell erhältlichen Software automatisiert werden.

Hochleistungs-Flüssigkeits-Chromatographie

Ein HPLC System besteht aus einem Injektionssystem, einem Lösungsmittelfördersystem, einem Detektor und einer Datenauswerteeinheit. Für eine optimale Leistung werden zusätzlich eine Lösungsmittelentgasungseinheit und ein Säulenthermostat empfohlen. Wichtige HPLC Leistungsmerkmale sind die Präzision der Peakflächen und Retentionszeiten, die Linearität und die Detektions- und Nachweisgrenzen. Es wird empfohlen, diese Eigenschaften mit

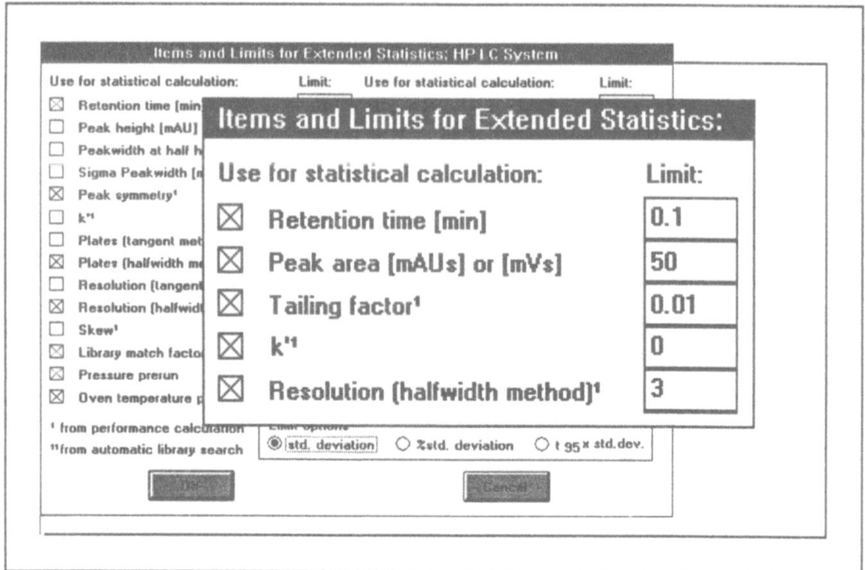

Abb. C.1 Mit kommerziell erhältlicher Software lassen sich Chromatographiesysteme ohne großen Kostenaufwand testen. Parameter für die Tests und Akzeptanzwerte können von einem Menu ausgewählt werden [92].

dem System als ganzes (holistic testing) und nicht Modul für Modul zu testen. Tests von individuellen Modulen können zu Diagnosezwecken durchgeführt werden, falls das System die Akzeptanzkriterien nicht erfüllt.

Quantifizierung und Identifizierung werden in der Chromatographie durch einen Vergleich von gut charakterisierten Standards mit unbekannten Proben durchgeführt. Deshalb ist die Präzision von Kalibrierungsläufen für die meisten Leistungseigenschaften wie das Injektionsvolumen, die Flußrate, die Temperatur des Säulenofens und die Detektoranzeige wichtiger als die absolute Genauigkeit dieser Parameter.

Falls Methoden zwischen unterschiedlichen Geräten übertragen werden, ist die absolute Genauigkeit einiger Parameter wichtig. Zum Beispiel können die Säulentemperatur, die Flußrate und die Gradientenzusammensetzung einen Einfluß auf die absoluten und/oder relativen Retentionszeiten und damit auf die Selektivität haben.

Es wird empfohlen, die Mobilen Phasen vor den Tests zu entgasen. Das System sollte mit Lösungsmittel gespült und dann so lange equilibriert werden, bis man eine stabile Basislinie erhält. Eine weitere Empfehlung ist, vor der eigentlichen Leistungsüberprüfung einen Lecktest durchzuführen. Sogar bei kleinen Lecks werden die meisten Leistungsmerkmale nicht erreicht und man kann sich durch einen solch schnellen Test viel Zeit sparen. Am einfachsten erhält man diese Information durch einen groben Test der Flußrate mit einer Stoppuhr und einem volumetrischen Glaskolben. Das Kapitel wird deshalb mit der Beschreibung dieses Tests beginnen.

```
                    HPLC Instrument Verification Report

Test method:            C\HPCHEM\1\VERIF\Check.M
Data File Directory:    C\HPCHEM\1\VERIF\Result.D
Original Operator:      Dr. Watson


Test   item             User   limit      Actual          Com
DAD noise               <5x10-5AU         1x10-5AU        Pass
Baseline  drift         <2x10-3AU/hr      1.5x10-4AU/hr   Pass
DAD WL calibration      ±1 nm             ±1 nm           Pass
DAD linearity           1.5 AU            2.2 AU          Pass
Pump performance        <0.3 % RSD RT     0.15 % RSD RT   Pass
Temp.stability          ±0.15 °C          ±0.15 °C        Pass
Precision  of peak  area < 0.5% RSD       0.09 % RSD      Pass


Verification Test  Overall  Results          Pass
HP 1100 Series System, Friday, November 10, 1995
Test Engineer
Name:                                   Signature:
```

Abb. C.2. Beispiel für einen Testbericht einer automatischen HPLC Verifizierung. Testberichte sollten immer die Grenzwerte und die aktuellen Werte enthalten.

Genauigkeit der Flußrate zur Überprüfung von Lecks

Dieser Test wird zu Beginn einer umfangreichen Leistungsüberprüfung empfohlen. Falls der gemessene Wert nicht innerhalb definierter Grenzwerte liegt, kann man davon ausgehen, daß mit dem System etwas nicht in Ordnung ist und nachfolgende Tests die Kriterien auch nicht erfüllen würden. Der Test kann auch als Diagnosetest durchgeführt werden, wenn die Retentionszeiten bei isokratischen Analysen driften. Die absolute Flußgenauigkeit ist ein wichtiger Faktor, wenn die Methoden zwischen unterschiedlichen Geräten übertragen werden. Für den Test mißt man die Zeit, die benötigt wird, um einen Meßkolben mit Mobiler Phase zu füllen.

Präzision der Retentionszeiten und Peakflächen

Die Präzision der Retentionszeiten und Peakflächen beeinflussen die qualitativen und quantitativen Ergebnisse von chromatographischen Analysen und sind deshalb Bestandteil aller Leistungsüberprüfungen in der HPLC. Ein Standard

wird fünf- oder sechsmal injiziert und die absoluten und relativen Standardabweichungen der Peakflächen und der Retentionszeiten werden gemessen.
Der Standard sollte stabil sein und es sollte eine Säule mit gut charakterisierten und stabilen Trenneigenschaften verwendet werden. Dadurch sollen
geräteunspezifische Meßfehler ausgeschlossen werden.

Basislinienrauschen des Systems mit UV/Visible Detektoren

Das Basislinienrauschen und -driften gehören zu den wichtigsten Leistungsmerkmalen von HPLC Systemen, da sie maßgeblich die Bestimmungs- und
Nachweisgrenze eines Systems beeinflussen. Wesentliche Faktoren für das Basislinienrauschen sind die Stabilität der Detektoren und die Flußkonstanz der
Pumpe. Im Gegensatz zu den meisten anderen chromatographischen Detektoren kann bei einem UV/Visible Detektor das Basislinienrauschen in Verbindung mit der Zellänge benutzt werden, um Schlußfolgerungen über die relativen Nachweisgrenzen zu ziehen. Die Analyse eines Standards zur Messung
der Signalhöhe ist dabei nicht erforderlich. Das Basislinienrauschen wird in
Absorptionseinheiten oder in Bruchteilen davon gemessen und angezeigt. Für
die Messung wird die Basislinie über einen Zeitraum von 10 bis 15 Minuten
ausgedruckt. Das Basislinienrauschen wird in 0,5 bis 1 Minuten Abschnitten
gemessen und anschließend wird der Mittelwert von diesen Einzelmessungen
gebildet. Das Rauschen wird entweder von einem Computerprogramm oder
graphisch ermittelt. Für die graphische Auswertung werden parallele Linien
über den spezifizierten Zeitbereich an den beidseitigen Ausschlägen gezogen
und die vertikale Distanz zwischen den Linien wird gemessen. Details sind in
der ASTM Methode E1657-94: *Standard Practice for Testing Variable Wavelength Photometric Detectors Used in Liquid Chromatography* [141] beschrieben. Aus dem Unterschied des Rauschens mit und ohne Lösungsmittelfluß
erhält man einen Hinweis über die Beiträge der Pumpe und des Detektors. Der
Wert für den Basisliniendrift wird im Prinzip ähnlich erhalten. Genaue Angaben darüber findet man ebenfalls in der oben erwähnten ASTM Methode [141].

Signal/Rausch-Verhältnis bei Systemen mit Detektoren,
die nicht auf dem UV/Visible-Prinzip beruhen

Für Systeme mit elektrochemischen, Fluoreszenz-, Refraktionsindex- oder mas-
senspektrometrischen Detektoren wird das Signal/Rausch-Verhältnis für die
Bestimmung der Nachweis- und Bestimmungsgrenze herangezogen. Dazu wird
ein Standard mit bekannter Konzentration analysiert. Maßgeblich für die Wahl
des Standards ist eine hohe Stabilität, damit die Geräte über eine längere Zeitperiode unter den gleichen Bedingungen getestet werden können.

Nachweisgrenze

Die Nachweisgrenze wird durch die Injektion eines verdünnten Standards ermittelt. Die Konzentration und das Injektionsvolumen sollten so ausgelegt
sein, daß eine Peakhöhe erzielt wird, die etwa bei dem zweifachen Rauschen

liegt. Falls man die Probenkomponente problemlos über fünf Injektionen erkennen kann, liegt die Detektionsgrenze bei der Konzentration des Standards. Alternativ dazu kann man auch höhere Konzentrationen injizieren und die Konzentration bei einem Signal/Rausch-Verhälnis von zwei rechnerisch ermitteln.

Bestimmungsgrenze

Es wird ein verdünnter Standard injiziert, der eine Signalhöhe erzeugt, die etwa dem 20- bis 50-fachen des Basislinienrauschens entspricht. Daraus wird die Konzentration berechnet, die einer Signalhöhe des 20-fachen Basislinienrauschens entspricht.

Linearität

Linearität ist deshalb wichtig, weil sie die quantitativen Ergebnisse stark beeinflussen kann. Die Linearität hängt nicht nur von Detektoreigenschaften, sondern auch von der Art der Testsubstanz und der Einstellung der Wellenlänge ab. Deshalb sollte die Linearität als ein Teil der Methodenvalidierung bestimmt werden, falls die Methode für quantitative Messungen eingesetzt wird. Sie wird in der Praxis am einfachsten durch Injizieren von Standards mit mindestens vier, besser fünf verschiedenen Konzentrationen gemessen. Die Standards sollten einer Spanne von 50 bis 150% der erwarteten Probekonzentrationen entsprechen. Abhängig von der Systempräzision und der geforderten Meßgenauigkeit kann der Standard bei jeder Konzentration entweder nur einmal oder mehrfach injiziert werden. Bei Mehrfachinjektionen wird der Durchschnitt der Anzeige, gemessen in Peakhöhe oder Peakfläche, ermittelt.

Werte für die Linearität können mathematisch durch Berechnung des Regressionskoeffizienten oder graphisch ermittelt werden. Für graphische Auswertungen werden die gemittelten Werte gegen die Konzentration aufgetragen. Alternativ werden die relativen Werte durch Division der gemittelten Werte durch die Konzentration ermittelt und über der Konzentration aufgetragen. Die Auswertung erfolgt über eine graphische Darstellung mit den relativen Werten auf der y-Achse und den entsprechenden Konzentrationen auf der x-Achse. Um den ganzen linearen Bereich übersichtlicher zu gestalten, erfolgt das Auftragen auf der x-Achse logarithmisch. Die erhaltene Linie sollte horizontal über den ganzen linearen Bereich gehen. Bei einer höheren Konzentration wird es typischerweise zu einer negativen Abweichung der Linearität kommen. Parallel zu der Mittellinie (100% Linie) werden zwei parallele horizontale Linien bei 95% und 105% der Mittellinie gezeichnet. Der Detektor gilt als linear bis zu dem Punkt, an dem sich die Datenpunkte mit der unteren parallelen Linie schneiden.

Falls für eine bestimmte Analyse ein variables Injektionsvolumen benutzt wird, sollte die Linearität des Injektors durch Injektion unterschiedlicher Probevolumina getestet werden.

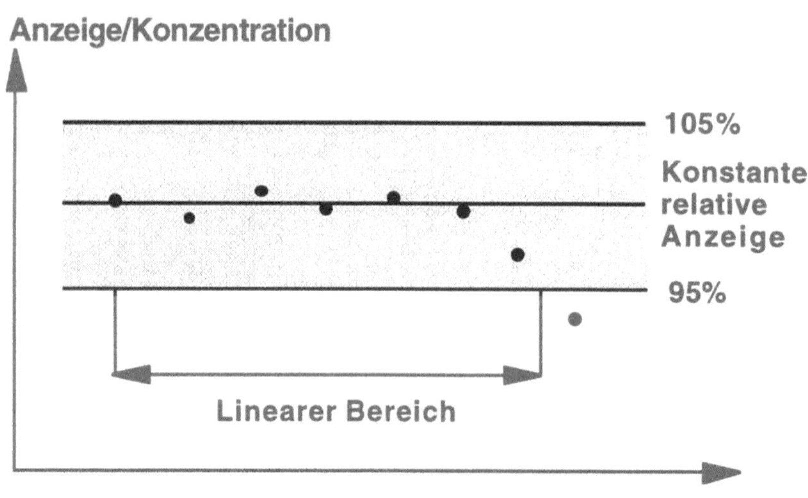

Abb. C.3. Graphische Auswertung der Linearität

Wellenlängengenauigkeit von UV/Visible Detektoren

Die Einstellung der Wellenlänge eines UV/Visible Detektors kann einen Einfluß auf wichtige Methodenleistungseigenschaften wie Selektivität, Nachweisgrenze, Bestimmungsgrenze und Linearität haben. Die Wellenlänge eines variablen Wellenlängendetektors wird von der Stellung des Monochromators und der Justierung der optischen Einheit bestimmt. Sie kann durch mechanische Vibration verändert werden und sollte nach Gerätetransporten, z.B. bei der Installation und nach längerem Gebrauch regelmäßig überprüft und eventuell neu eingestellt werden. Häufigere Überprüfungen sollten vorgenommen werden, wenn die ausgewählte Wellenlänge – weshalb auch immer – auf einer Flanke des Spektrums der Meßkomponente liegt. Geringfügige Verschiebungen können dann einen erheblichen Einfluß auf die Detektoranzeige und damit auch auf die Nachweisgrenzen haben.

Die Genauigkeit kann durch einen Referenzstandard mit bekannten Wellenlängenmaxima getestet werden. Bei der Überprüfung werden ein oder mehrere Wellenlängenmaxima gemessen und die Ergebnisse mit dem bekannten Sollwert verglichen. Bei Detektoren mit Scanmöglichkeit kann diese Funktion dazu benutzt benutzt werden, das Maximum zu finden. Für andere Detektoren wird die Wellenlänge Nanometer um Nanometer um das erwartete Wellenlängenmaximum herum verändert und die Detektoranzeige für jede Wellenlänge abgelesen. Der Standard kann entweder durch Injektion mit dem Probengeber in den Lösungsmittelfluß oder direkt durch Eindrücken mit einer Spritze in die Detektorzelle überführt werden.

Moderne Detektoren sind mit einem Holmiumoxidglasfilter ausgestattet. Der Glasfilter hat mehrere charakteristische Wellenlängenmaxima im Bereich

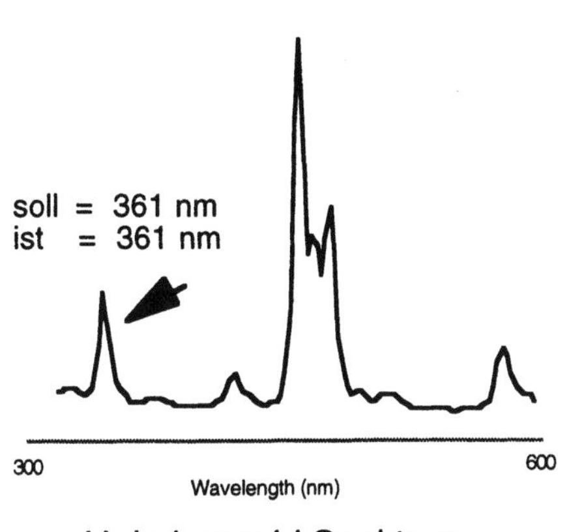

Abb. C.4. Automatische Kalibrierung der Wellenlängengenauigkeit mit einem eingebauten Holmiumglasfilter

von 300 bis 600 nm. Für die Kalibrierung wird der Glasfilter automatisch in den Lichtpfad eingeschwenkt, das Spektrum aufgenommen und die Maxima ermittelt. Die gemessenen aktuellen Werte werden mit Sollwerten verglichen.

Probenübertrag (Probenverschleppung)

Probenverschleppungen von Analyse zu Analyse können ein Problem werden, wenn sich die Konzentrationen der Probenkomponenten zwischen den Analysen erheblich unterscheiden. Eine Übertragung von 0.1% verursacht einen Fehler von 10%, falls das Verhältnis der Probenkonzentrationen zwischen zwei Injektionen 100:1 beträgt. Die Messung wird durch Injektion einer relativ hochkonzentrierten Probe, gefolgt von der Injektion des probefreien Lösungsmittels, durchgeführt. Das Verhältnis der Peakhöhen ist identisch mit dem Übertragsfaktor.

Absolute Genauigkeit (Richtigkeit) und Präzision der Lösungsmittelzusammensetzung

Die Überprüfung der absoluten Genauigkeit der Lösungsmittelzusammensetzung wird als diagnostisches Hilfsmittel empfohlen, wenn die Retentionszeit bei Gradientenanalysen schwankt. Eine absolut genaue Lösungsmittelzusammensetzung ist außerdem wichtig, wenn Gradientenmethoden auf andere Geräte übertragen werden. Vor der Messung sollte die Säule durch eine leere Kapillare ersetzt werden, um einerseits die Messung unabhängig von der Säule durchführen zu können und andererseits einen Druck zu erzeugen, der realen Meßbedingungen entspricht. Die Mobile Phase A besteht aus einem Lösungsmittel (z.B. Isopropanol oder Methanol) und die Phase B besteht aus

dem gleichen Lösungsmittel mit 0,5% Azeton. Die Detektorwellenlänge wird
auf 267 Nanometer eingestellt. Für die Messung wird ein Stufengradient von
0 bis 100% gefahren und die Detektoranzeige aufgezeichnet. Die Basislinie
nimmt stufenartig zu. Die Stufenhöhen der einzelnen Stufen werden aus dem
100% Wert anteilmäßig errechnet und mit den gemessenen Werten verglichen.
Die Differenz zwischen der gemessenen Stufenhöhe und dem theoretischen
Wert ist ein Maß für die Genauigkeit. Alternativ wird ein linearer Gradient
über den ganzen Bereich gefahren. Die Detektoranzeige sollte geradlinig über
den ganzen Bereich ansteigen. Die Differenz zwischen dem gemessenen und
dem theoretischen Wert ist ein Maß für die Genauigkeit. Für die Überprüfung
der Präzision der Gradientenzusammensetzung wird der Stufengradient mehr-
mals wiederholt und die Wiederholbarkeit der einzelnen Stufenhöhen ermittelt.

Kapillarelektrophorese (CE)

Ein CE-System besteht aus einer Hochspannungsquelle, einem Bufferbehälter,
Elektroden, einem Detektor, einem Kapillargehäuse und einem Thermostat.
Die meisten kommerziell erhältlichen Systeme beinhalten alle diese Teile in
einem einzelnen Gerät.

Präzision der Migrationszeit

Die Präzision der Migrationszeit ist eine wichtige Eigenschaft, da sie die qualitativen Ergebnisse einer Analyse beeinflussen kann. Zur Überprüfung wird ein
Standard etwa zehnmal injiziert und die Standardabweichung der Migrationszeit ermittelt.

Präzision der Peakflächen

Die Präzision der Peakflächen wird im wesentlichen durch die Wiederholbarkeit des Injektors bestimmt. Da in der CE Trennungen durch den Unterschied
der Geschwindigkeit der Probenkomponenten erreicht werden, sollten korrigierte Peakflächen für die Berechnung der Präzision herangezogen werden. Die
Berechnung erfolgt durch Division der Peakflächen durch die Migrationszeit.
Zur Überprüfung wird ein Standard zehnmal injiziert und die absoluten und
relativen Standardabweichungen der korrigierten Peakflächen werden berechnet.

Probenübertrag (Probenverschleppung)

Ähnlich wie bei HPLC ist es wichtig, die Übertragung von Probenkomponenten von einer Analyse in die andere zu bestimmen. Die Prüfung erfolgt durch
Injektion eines probefreien Lösungsmittels nach einem relativ hochkonzentrierten Standard.

Detektor Basislinienrauschen

In der CE werden mehr noch als bei der HPLC überwiegend UV/Visible Detektoren eingesetzt. Ähnlich wie bei der HPLC ist das Basislinienrauschen eines UV Detektionssystems eine wichtige Eigenschaft, da es die Nachweis- und Bestimmungsgrenzen maßgeblich beeinflußt. Das Basislinienrauschen sollte sowohl unter Verwendung des analytischen Buffers mit einer angelegten Spannung als auch ohne Spannung überprüft werden, um den Beitrag des Detektors unabhängig von dem Betrag des Bufferstroms und von thermischen Effekten einzuschätzen. Das Rauschen wird in Absorptionseinheiten oder Bruchteilen davon dargestellt. Die Messung erfolgt über einen Zeitraum von 10 Minuten. Das Rauschen wird in Segmenten von einer Minute bestimmt und die Ergebnisse werden gemittelt. Das Signal/Rausch-Verhältnis kann in einer ähnlichen Art und Weise wie das von HPLC-Detektoren bestimmt werden.

Wellenlängengenauigkeit

Die Wellenlängengenauigkeit kann wie bei der HPLC sowohl mit einem eingebauten Holmiumoxidfilter als auch mit einem gut charakterisierten Flüssigkeitsstandard überprüft werden.

Systemlinearität

Ähnlich wie bei der HPLC ist die Linearität eine wichtige Eigenschaft, da sie die quantitativen Ergebnisse maßgeblich beeinflussen kann. Sie wird außer durch den Detektor von den Probenkomponenten beeinflußt und sollte deshalb auch immer Bestandteil einer Methodenvalidierung sein. Sie wird in der Praxis am einfachsten durch Injizieren von Standards mit mindestens vier, besser fünf verschiedenen Konzentrationen gemessen.

Injektionslinearität

Das Injektionsvolumen kann in der CE leicht über die Software eingestellt werden. CE-Systeme ermöglichen gewöhnlich zwei unterschiedliche Arten der Injektion, die hydrodynamische und elektrokinetische. Für die hydrodynamische Injektion sollte die Linearität der Injektionsparameter mit korrigierten Peakflächen bestimmt werden, vorzugsweise mit einer gespikten Blindprobe oder einer wirklichen Probe. Bei der elektrokinetischen Injektion sollte die Injektionslinearität auf ähnliche Art ermittelt und überprüft werden, man sollte jedoch bei der Analyse die Eigenabweichung der elektrokinetischen Ladung und ihre Empfindlichkeit auf die Probenmatrix berücksichtigen. Die Injektionsparameter zwischen den Geräten unterschiedlicher Hersteller sind bisher nicht vereinheitlicht worden und das eingestellte Volumen kann bei gleicher Einstellung aufgrund unterschiedlicher Definitionen unterschiedlich sein. Das sollte bei Methodenübertragungen auf Geräte von anderen Herstellern berücksichtigt werden.

Gaschromatographie

Ein Gaschromatographie (GC) System besteht aus einem Injektionssystem, einem Fluß- oder Druckkontroller, einem Säulenofen und einem Detektor. Dazu kommt noch ein Auswertesystem. Ähnlich wie bei der HPLC sind wichtige GC Eigenschaften die Präzision der Peakflächen und Retentionszeiten, die Linearität und die Nachweis- bzw. Bestimmungsgrenzen. Quantifizierung und Identifizierung werden in der Gaschromatographie durch einen Vergleich von gut charakterisierten Standards mit unbekannten Proben durchgeführt. Deshalb ist die Präzision von Kalibrierungsläufen für die meisten Leistungseigenschaften wie das Injektionsvolumen, die Flußrate, die Temperatur des Säulenofens und die Detektoranzeige wichtiger als die absolute Genauigkeit dieser Parameter. Die absolute Genauigkeit der Säulentemperatur, des Temperaturgradienten und der Flußrate sind wichtig, falls die Methoden auf andere Geräte übertragen werden.

Die Präzision der Retentionszeiten und der Peakflächen

Die Präzision der Retentionszeiten und Peakflächen beeinflussen die qualitativen und quantitativen Ergebnisse von chromatographischen Analysen und sind deshalb Bestandteil aller Leistungsüberprüfungen in der Gaschromatographie. Die Präzision der Retentionszeiten wird durch die Wiederholbarkeit des Flußreglers oder Druckkonstanthalters und durch die Konstanz der Säulentemperatur beeinflußt. Ein Standard wird sechsmal injiziert und die absoluten und relativen Standardabweichungen der Peakflächen und der Retentionszeiten werden ermittelt.

Signal/Rausch-Verhältnis des Detektors

Die Leistung von gaschromatographischen Detektoren wird über das Signal/Rausch-Verhältnis von vorzugsweise zertifizierten Standards überprüft. Dafür sollte man eine oder mehrere Komponenten auswählen, die so stabil sind, daß sie über längere Zeit eingesetzt werden können.

Linearität

Linearität ist in der Gaschromatographie ein wichtiges Leistungsmerkmal, da sie quantitative Ergebnisse stark beeinflussen kann. Die Linearität hängt nicht nur von Detektoreigenschaften, sondern auch von anderen Geräteeigenschaften und der Art der Testkomponenten ab. Gerade bei spezifischen Detektoren ist der lineare Bereich vielfach stark eingeschränkt und sollte deshalb Bestandteil jeder Methodenvalidierung sein, kann aber auch Bestandteil einer Geräteüberprüfung sein. Die Linearität wird in der Praxis am einfachsten durch Injizieren von Standards mit mindestens vier, besser fünf verschiedenen Konzentrationen gemessen.

Absolute Genauigkeit der Ofentemperatur

Dieser Test ist wichtig, wenn es bei der Übertragung von Methoden auf andere Geräte darauf ankommt, daß die Retentionszeiten absolut gleich sind, oder wenn eine optimale Trennung nur bei einer bestimmten Temperatur erzielt wird. Der Test kann auch als diagnostisches Hilfsmittel benutzt werden, wenn sich der Säulenofen abnormal verhält. Die Temperatur innerhalb des Ofens wird mit einem Präzisionsthermometer gemessen. Die Temperatur sollte möglichst in der Nähe des in den Ofen eingebauten Temperatursensors erfolgen.

Literatur

1. US FDA, Compliance Policy Guide #7132a.07, *Computerized drug processing: Input/output checking*, October 1982. Available from FDA Freedom of Information Staff (HFI-35), 5600 Fishers Lane, Rockville, MD 20857.
2. US FDA, Compliance Policy Guide #7132a.08, *Computerized drug processing: Identification of ‚persons' on batch production and control records*, December 1982. Available from FDA Freedom of Information Staff (HFI-35), 5600 Fishers Lane, Rockville, MD 20857.
3. US FDA, *Guide to inspection of computerized systems in drug processing* (The Blue Book), Washington, February 1983.
4. US FDA, *Software development activities: Reference materials and training aids for investigators*, Technical Report, US Government Printing Office, Washington DC, July 1987.
5. PMA, *Concepts and principles for the validation of computer systems in the pharmaceutical industry* (includes 33 papers), Proceedings CSVC seminar at Crystal City, Virginia, January 15–18, 1984.
6. PMA, *Concepts and principles for the validation of computer systems used in the manufacture & control of drug products* (includes 24 papers on contemporary computer validation subjects), Proceedings CSVC seminar II at Chicago, Illinois, April 20–23, 1986.
7. PMA's Computer System Validation Committee, Validation concepts for computer systems used in the manufacture of drug products, *Pharm.Technol* 10 [5], May 1986, 24–34.
8. K. G. Chapman and J. R. Harris, PMA's Computer System Validation Committee, Computer system validation – Staying current: Introduction, *Pharm.Tech.*, May 1989, 60–68.
9. US FDA, Compliance Policy Guide #7132a.15, Chapter 32a, *Computerized drug processing: Source code for process control application software programs*, April 16, 1987. Available from FDA Freedom of Information Staff (HFI-35), 5600 Fishers Lane, Rockville, MD 20857.
10. E. J. Subak, Jr., PMA's Computer System Validation Committee, Computer system validation – Staying current: Software development testing strategies, *Pharm.Tech.*, Sept. 1989, 142–156.
11. J. S. Alford and F. L. Cline, PMA's Computer System Validation Committee, Computer System Validation – Staying current: Change control, *Pharm.Tech.*, Jan. 1990, 20–40.

12. J. S. Alford and F. L. Cline, PMA's Computer System Validation Committee, Computer System Validation – Staying current: Installation qualification, *Pharm.Tech.*, Sept. 1990, 88–104.

13. C. M. Schoenauer and R. J. Wherry., PMA's Computer System Validation Committee, Computer system validation – Staying current: Security in computerized systems, *Pharm.Tech.*, May 1993, 48–58.

14. UK Department of Health and Social Security (DHSS), *Good laboratory practice. The application of GLP principles to computer systems*, United Kingdom Compliance Programme, London, 1989. Ergänzungen 1995.

15. C. J. Teagarden, A stepwise approach to software validation, *Pharm.Tech.*, Sept. 1989, 98–112.

16. T. Stiles, GLP and computerization, *Laboratory Practice*, 39 [5], 63–66 (1990).

17. K. G. Chapman, A history of validation in the United States, Part I, *Pharm.Tech.*, Oct. 1991, 82–96.

18. K. G. Chapman, A history of validation in the United States, Part II, Validation of computer related systems, *Pharm.Tech.*, Nov 1991, 54–70.

19. D. L. Deitz and C. J. Herald, Reconciling a software development methology with the PMA validation life cycle, *Pharm.Tech.*, June 1992, 76–84.

20. US EPA, OIRM GALP Publication: *Good automated laboratory practices, EPA's recommendations for ensuring data integrity in automated laboratory operations with implementation guidance*, draft, Dec. 1990.

21. American National Standards Institute – Institute of Electrical and Electronic Engineers (ANSI-IEEE), *Software engineering standard 729-1983*, New York, John Wiley & Sons (1984).

22. American National Standards Institute – Institute of Electrical and Electronic Engineers (ANSI/IEEE), *Software Engineering Standard 830-1984*, New York, John Wiley & Sons, 11–13 (1988).

23. ISO 9000-3:1991. *Guidelines for the application of ISO 9001 to the development, supply and maintenance of software*, International Organization for Standardization, Case postale 56, CH-1211 Geneve 20, Switzerland (1991).

24. M. Dorfman and R. Thayer, *Standards, guidelines, and examples on system and software requirements engineering*, Washington, IEEE Computer Society Press, ISBN 0-8186-8922-6 (1990).

25. British Standards Institution, *British standard guide to specifying user requirements for computer based systems*, BS6719, 1986.

26. Canadian Standards Association, *Basic guidelines for the structure of documentation of system design information*, Canadian Standard Z242.15.4-1979, 1979.

27. National Bureau of Standards, *Guideline for life cycle validation, verification and testing of computer software*, FIPS Pub. 101, June 6, 1983.

28. European Space Agency, The software life cycle; the users requirements definition phase; and the software requirements definition phase, in *ESA Software Engineering Standards*, ESA PSS-05-0, Issue 1, Jan. 1987, 6–26.

29. National Aeronautics and Space Administration, Product specification documentation standard: Concept DID: SMAP-DID-P100, in *Product Specification, Documentation and Data Item Description (DID)*, Volume of the

Information System Life Cycle and Documentation Standards, Release 4.3, Feb 2, 1989, 48–52.

30. S. Weinberg, R. M. Romoff and G. Stein, *Handbook of System Validation*, Weinberg, Spelton & Sax, Inc, Philadelphia, PA, 1993.

31. M. E. Double and M. McKendry, *Computer validation compliance*, Buffalo Grove, IL, Interpharm, 1993.

32. R. Chamberlain, *Computer systems validation for the pharmaceutical and medical device industries*, Libertville, IL, Alaren Press, 1991.

33. T. Stokes, R. C. Branning, K. G. Chapman, H. Hambloch and A. Trill, *Computer validation practices, common sense implementation*, Buffalo Grove, IL, Interpharm, 1994.

34. C. DeSaign, *Documentation basics*, Buffalo Grove, IL, Interpharm, 1993, ISBN 0-943330-30-0.

35. R. F. Tetzlaff, GMP documentation requirements for automated systems: part III, FDA inspections of computerized laboratory systems, *Pharm.Tech.*, May 1992, 71–82.

36. A. J. Trill, Computerized systems and GMP – a UK perspective: part II, inspection findings, *Pharm.Tech.* March 1993, 49–62.

37. A. S. Clark, Computer systems validation: an investigator's view, *Pharm.Tech.*, Jan 1988, 60–66.

38. R. Black, EC & FDA legislation and validation requirements, paper presented at the *Course on Computer Validation*, organized by the International Society for pharmaceutical Engineering (ISPE), Stuttgart, Germany, Nov. 1993.

39. Commission of the European Communities, EC guide to good manufacturing practice for medicinal products *in The rules governing medicinal products in the European Community*, Volume IV, Office for Official Publications for the European Communities, Luxembourg, 1992.

40. H. Anisfeld, *International drug GMP's*, Buffalo Grove, IL, Interpharm, 1990, AT 23–24

41. UK Pharmaceutical Industry Computer System Validation Forum (PICSVF), Good automated manufacturing practice in the pharmaceutical industry (GAMP), Conference and launch of Draft Guidelines: *Validation of automated systems in pharmaceutical manufacture.* Pharmaceutical Industry Supplier Guidance, Feb. 1994, Draft Version 1.0, in publication at LOGICA Industry Ltd. Units A & E, Business Park , Randalls Way, Leatherhead, Surrey KT 22 7TW, UK, Tel: +44716379111, fax +44716378229.

42. M. Rosser, Draft guidelines on good automated manufacturing practice: a conference report, *Pharm.Tech. Europe*, April 1994, 15–16.

43. Draft guidelines on good automated manufacturing practice: an extract, *Pharm.Tech. Europe*, April 1994, 18–21.

44. US EPA, Federal Insecticide, Fungicide and Rodenticide Act (FIFRA*): Good laboratory practice standards*, Fed. Reg 48, Nr. 230, 53946-53969, Nov. 29, 1983, effective: May 2, 1984.

45. US EPA, Toxic substance control act (TSCA*): Good laboratory practice standards*, 40 CFR Part 792, Fed. Reg 54, Nr. 158, 34034-34052, Aug. 17, 1989, effective: Sept. 18, 1989.

46. Organization of Economic Cooperation and Development, *Good laboratory practice in the testing of chemicals*, final report of the Group of Experts on Good Laboratory Practice, 1982, out of print.

47. European Community, *The harmonization of laws, regulations and administrative provisions to the application of the principles of good laboratory practice and the verification of their application for tests on chemical substances*, council directive 87/18/EEC, 1987.

48. European Community, T*he inspection and verification of good laboratory practice*, council directive 88/320/EEC, 1988, adapted in 1990 (90/18/EEC).

49. Koseisho, *Good laboratory practice attachment: GLP inspection of computer systems*, Tokyo: Pharmaceutical Affairs Bureau, Ministry of Health and Welfare, 157–160 (1988).

50. OECD, Compliance of laboratory suppliers with GLP principles, *Series on principles of good laboratory practice and compliance monitoring*, number 5, GLP consensus document, environment monograph No. 49, Paris, 1992.

51. EC CPMP, *Good clinical practice for trials on medicinal products in the European Community*, Brussels, Commission of the European Communities, 1991, p. 23.

52. US FDA, Clinical Investigations, proposed establishment of regulations of sponsors and monitors, Federal Register 42, No. 187, Sept. 27, 1977, 49, 612–49

53. US FDA, Protection of human subjects; informed consent; final rule., proposed establishment of regulations of sponsors and monitors, Federal Register 46, No. 17, January 27, 1981, 8, 942-8, 980.

54. US FDA, New drug and antibiotic regulations; final rule, Federal Register 50 (No. 36, February 22, 1985, 7, 452-7, 519

55. US FDA, New drug, antibiotic, and biologic drug product regulations; final rule, Subpart D – Responsibilities of Sponsors and Investigators, Federal Register 52, No.53, March 19, 1987, 8, 841-8, 844

56. Code of Federal Regulations, Title 21, Part 50, Protection of human subjects, Washington DC, US Government Printing Office, April 1, 1991.

57. Good automated laboratory practices: where do instruments fit? *Analytical Consumer*, 3, [7], 10–11, (1993).

58. EN 45001:1989, *General criteria for the operation of testing laboratories,* , Rue Brederode 2, B-1000 Brussels , CEN/CENELEC, The Joint European Standard Institution.

59. ISO/IEC Guide 25: *General requirements for the competence of calibration and testing laboratories*, 3rd edition 1990, International Organization for Standardization, Case postale 56, CH-1211 Geneve 20, Switzerland.

60. Eurachem/D, Akkreditierng für chemische Laboratorien: Richtlinien zur Interpretation der Normen-Serie 45000 und ISO Guide 25 (Deutsche Übersetzung), Juni 1993, , GDCh, Postfach 900440, 60444 Frankfurt/M 90 Englischsprachige Ausgabe: EURACHEM Guidance Document No. 1/WE-LAC Guidance Document No. WGD 2: *Accreditation for chemical laboratories: Guidance on the interpretation of the EN 45000 series of standards and ISO/IEC Guide 25*, 1993.

61. NAMAS, Accreditation standard, *General criteria for calibration and testing laboratories*, M10 of the NAMAS Executive National Physical Laboratory Teddington Middlesex TW11OLW, U.K., 1989.

62. NAMAS, *A guide to managing the configuration of computer systems (hardware, software and firmware) used in the NAMAS accredited laboratories* – NIS 37 of the NAMAS Executive, National Physical Laboratory Teddington, Middlesex, TW11OLW, U.K, Edition 1, 1993.

63. TickIT Office, *The TickIT guide to software quality management system construction and certification using EN 29001*, Issue 2, February 1992, ISBN 0-9519309-0-7. Available from the DISC TickIT Office , 2 Park Street, London W1A 2BS.

64. J. Guerra, Audits of computer systems in analytical laboratories, *Pharm.Tech.* 15 [9], 142–148 (1988).

65. F. Garfield, Quality assurance principles for analytical laboratories, Airlington, VA, AOAC International, 1991, p 60.

66. US FDA, General principles of validation, Rockville, MD, Center for Drug Evaluation and Research (CDER), May 1987.

67. PMA Deonized Water Committee, Validation and control concepts for water treatment systems, *Pharm.Tech.* 9 [11], 50–56 (1985).

68. General Chapter ¡1225¿, Validation of compendial methods, *United States Pharmacopeia XXII*, National Formulary, XVII, Rockville, MD, The United States Pharmacopeial Convention, Inc, 1990, 1710-1612.

69. D.C. Singer and R.P. Upton, *Guidelines for laboratory quality auditing*, New York, Marcel-Dekker, 1994, p. 197.

70. A.J. Trill, Computer validation projects, problems, and solutions: an introduction, in *Computer Validation Practices*, Buffalo Grove, IL, Interpharm, ISBN 0-935184-5-4, 1994.

71. J. Agalloco, Validation of existing computer systems, *Pharm.Tech.*, Jan. 1987, 38–40.

72. N.R. Kuzel, Fundamentals of computer system validation and documentation in the pharmaceutical industry, *Pharm.Tech.*, Sept. 1985, 60–76

73. H. Hambloch, Existing Computer Systems: A Practical approach to retrospective evaluation , in *Computer validation practices*, Buffalo Grove, IL, Interpharm, ISBN 0-935184-5-4, 1994.

74. P.D. Lepore, FDA's good laboratory practice regulations and computerized data acquisition systems, paper presented at the Sixth International LIMS Conference, Pittsburgh, PA, June 11, 1992.

75. ISO, *Guidelines for Quality Systems Auditing*, ISO 10011 Part 1.

76. L. Huber, *Good laboratory practice*, Waldbronn, Germany, Hewlett-Packard, publication number 12-5091-6259E, 1993, updated in 1994 (12-5963-2115E).

77. Hewlett-Packard, Good laboratory practice – Part 1: Vendor-validated computer-controlled HPLC systems, Waldbronn, Germany, Product Note, Publ.Number 12-5091-3748E (1993)

78. S. Christoph and F.M. Sakers, PMA's Computer System Validation Committee, Computer system validation – Staying current: Vendor-user relationship, *Pharm.Tech.* 48–52, Sept. 1993

79. R. Sisk, Reengineering quality to meet customer needs, *Am.Lab.* 20, May 1994, 10–12.

80. K. G. Chapman, J. R. Harris, A. R. Bluhm, J. J. Errico, Source code availability and vendor user relationship, *Pharm.Tech.*, Dec. 1987, 24–35.

81. EN 45014:1989, *General criteria for suppliers' declaration of conformity,* , Rue Brederode 2, B-1000 Brussels , CEN/CENELEC, The Joint European Standard Institution.

82. ISO/IEC Guide 22: *Information on manufacturer's declaration of conformity with standards or other technical specifications* 1982, International Organization for Standardization, Case postale 56, CH-1211 Geneve 20, Switzerland.

83. J. T. Abel, Computer system validation: questions to the audit, *Pharm.Eng.*, Sept./Oct. 1993, 50–59

84. Hewlett-Packard, *Ordering Guide HPLC ChemStation*, Waldbronn, Germany, 1994

85. W. B. Furman, T. P. Layloff and R. F. Tetzlaff, Validation of computerized liquid chromatographic systems, paper presented at the Workshop on Antibiotics and Drugs in Feeds, 106th AOAC Annual International Meeting and Exposition, August 30, 1992, Ohio, USA, published in *J.AOAC Intern*, 77 [5], 1314–1318 (1994).

86. T. Layloff and P. Motise, Selection and validation of legal reference methods of analysis for pharmaceutical products in the United States, *Pharm.Tech.* Sept. 1992, 122–132.

87. E. Debesis, J. P. Boehlert, T. E. Givant, J. C. Sheridan, Submitting HPLC methods to the compendia and regulatory agencies, *Pharm.Tech.*, Sept. 1982, 9, 120–132.

88. H. B. S. Conacher, Validation of analytical methods for pesticide residues and confirmation of results, in *Pesticide Residues in Food*, 136–141, Lancaster, PA, Technomic Publishing Company, ISBN 87762-667-7, 1990.

89. L. Paul, USP perspectives on analytical methods validation, *Pharm.Tech.*, 15[3], 130–141, 1991.

90. F. Erni, W. Steuer, H. Bosshardt, Automation and validation of HPLC-systems, *Chromatographia*, 24, 201–207, 1987.

91. T. D. Wilson, Liquid chromatographic method validation for pharmaceutical products, *J.Pharm. & Biomed Anal.*, 8[5], 389–400, 1990.

92. Hewlett-Packard, Good laboratory practice – Part 2: Automated method validation and system suitability testing, Waldbronn, Germany, Publ.Number 12-5091-6082E (1993).

93. International Conference on Harmonization (ICH) of Technical Requirements for the Registration of Pharmaceuticals for Human Use, *Validation of analytical procedures* (Draft consensus text), released for consultation Oct. 26, 1993, at Step 2 of the ICH Process.

94. G. Szepesi, M. Gazdag and K. Mihalyfi, Selection of HPLC methods in pharmaceutical analysis-III method validation, *J.Chromatogr.* 464, 265–278.

95. G. C. Hokanson, A life cycle approach to the validation of analytical methods during pharmaceutical product development, part II: The initial validation process, *Pharm.Tech.*, Sept. 1994, 118–130.

96. G. C. Hokanson, A life cycle approach to the validation of analytical methods during pharmaceutical product development, part II: Changes and the need for additional validation, *Pharm.Tech.*, Oct. 1994, 92–100.

97. US FDA, Validation of chromatographic methods, Rockville, MD, Center for Drug Evaluation and Research (CDER), Dec. 1993.

98. US FDA, Guidelines for submitting samples and analytical data for method validation, Rockville, MD, Center for Drugs and Biologics Department of Health and Human Services , Feb. 1987.

99. AOAC International, *AOAC Peer-verified methods program, manual on policies and procedures*, Airlington, VA, 1994.

100. V. P. Shah et al., Analytical methods validation: Bioavailability, bioequivalence and pharmacokinetic studies, *Eur. J. Drug Metabolism and Pharmacokinetics, 16[4]*, 249–255, 1989 (1991).

101. H. T. Karnes, G. Shiu, and V. P. Shah, Validation of bioanalytical methods, *Pharmaceutical Research, 8[4]*, 421–426 (1991).

102. D. L. Massart, B. G. M. Vandeginste, S. N. Deming, Y. Michotte, L. Kaufman, in *Chemometrix-a textbook*, 1988, p. 114 , Amsterdam, Elsevier.

103. L. Huber, *Applications of diode-array detection in HPLC*, Waldbronn, Germany, Hewlett-Packard, 1989, publ. number 12-5953-2330.

104. J. G. D. Marr, P. Horvath, B. J. Clark, A. F. Fell, Assessment of peak homogenity in HPLC by computer-aided photodiode-array detection, *Anal. Proceed.*, 23, 254–257, 1986.

105. L. Huber and S. George, *Diode-array detection in high-performance liquid chromatography*, New York, Marcel Dekker, 1993.

106. J. C. Miller and J. N. Miller, *Statistics for analytical chemistry*, Chichester, Horwood, 1981.

107. Hewlett-Packard, *HPLC^{2}D ChemStation (DOS Series), Specifications*, Waldbronn, Germany, publ. number 12-5091-6524E, 1993.

108. N. Dyson, The validation of integrators and computers for chromatographic measurements, *International Laboratory*, June 1992, 38–46.

109. N. Dyson, The art of faking it, *Lab.News*, Oct 1991, 12–13.

110. J. K. Taylor, *Quality assurance of chemical measurements*, Chelsa, MI, Lewis Publisher, 1987 page 195 (1987).

111. A. F. Hirsch, *Good Laboratory Practice Regulations*, New York, Marcel Dekker, 1989, 26–27.

112. R. T. Tetzlaff, Validation issues for new drug development: Part II, Systematic assessment strategies, *Pharm.Tech.* Oct. 1992, 84–94.

113. A. J. Trill, A regulatory perspective , in *Computer Validation Practices*, Buffalo Grove, IL, Interpharm, 1994.

114. H. Anisfeld, *International drug GMP's*, Buffalo Grove, IL, Interpharm, 1990, p. SA8-10.

115. N. R. Kuzel, Quality assurance auditing of computer systems, *Pharm.Tech.*, Feb. 1987, 34–42.

116. G. J. Grigonis and M. L. Wyrik, Computer System Validation: Auditing computer systems for quality, *Pharm.Tech. Europe*, Sept. 1994, 32–40.

117. S. P. Bruederle, CGMP's and the Pharmaceutical Laboratory, presented at the HP seminar *Road to Compliance*, March 1, 1994, in Chicago.

118. EN 45020:1993, General terms and their definitions concerning standardization and related activities, Rue Brederode 2, B-1000 Brussels CEN/CENELEC, The Joint European Standard Institution.

119. UK Pharmaceutical Industry Computer System Validation Forum (PICSVF), Good automated manufacturing practice in the pharmaceutical industry (GAMP), Validation of automated systems in pharmaceutical manufacture. *Pharmaceutical Industry Supplier Guidance*, Jan 1995, ISPE, Fax.: +31-70-345 66 75

120. DIA, Drug Information Association, *Computerized Data Systems for Nonclinical Safety Assessment: Current Concepts and Quality Assurance*, Maple Glen, USA 1988

121. R. Kehoe and A. Jarvis, ISO9000-2, A Tool for Software Product and Process Improvement, *Springer Verlag*, 1995, ISBN 0-387-94568-7

122. H. D. Unkelbach, Computer-Validierung von Altsystemen, *Pharm.Ind.* 56 Nr. 4, 1994, 381–384

123. R. Mertens, S. Kromidas and R. Klinkner, Validiering von Rechnersystemen aus Anwendersicht in einem analytischen Labor, Teil 1, *GIT Fachz. Lab.* 11/95, 1013–1017

124. R. Mertens, S. Kromidas and R. Klinkner, Validiering von Rechnersystemen aus Anwendersicht in einem analytischen Labor, Teil 1, *GIT Fachz. Lab.* 12/95, 1152–1155

125. EU, EG-Leitfaden einer Guten Herstellungspraxis für Arzneimittel, G. Auterhoff, 4. Aufl. ECV – Editio Cantor Verlag, Aulendorf (1995)

126. OECD, *The Application of the principles of GLP to Computerized Systems, Series on principles of good laboratory practice and compliance monitoring*, GLP consensus document number 10,, Paris, 1995

127. EPA, *Good Automated Laboratory Practices, Principles and Guidance to Regulations for Ensuring Data Integrity in Automated Laboratory Operations, with Implementation Guide*, 1995 Edition, Research Triangle Park, NC, USA

128. Merkblatt zu den Rahmenempfehlungen der Länderarbeitgemeinschaft Wasser (LAWA) für die Qualitätssicherung bei der Wasser-, Abwasser- und Schlammuntersuchung A-4 Plausibilitätskontrolle (September 1989)

129. LWA-Merkblätter Nr 11, Analytische Qualitätssicherng (AQS) für die Wasseranalytik in NRW, Essen: Wöste, 1992.

130. FLEP-Richtlinien zur Interpretation der EN 45001 für die Anwendung durch amtliche Laboratorien der Lebensmittelüberwachung, *Food Law Enforcement Practioners (FLEP) Bulletin*, Juni 1995, 8–10

131. 102. OECD, The OECD Principles of Good Laboratory Practice, *Series on Principles of Good Laboratory Practice and Compliance monitoring*, number 5, GLP consensus document environment monograph No. 45, Paris, 1992

132. EG, Richlinie 85/591/EWG, *Zur Einführung gemeinschaftlicher Probenahmeverfahren und Analysemethoden für die Kontrolle von Lebensmitteln*, 20.12.1985

133. EG, Richlinie 93/99/EWG, Über zusätzliche Maßnahmen im Bereich der amtlichen Lebensmittelüberwachnung, 29.10. 1993

134. DIN 55350 Teil 13. Begriffe der Qualitätssicherung und Statistik, Juli 1987, *Beuth Verlag Berlin*

135. Kromidas, R. Klinkner und R. Mertens, Methodenvalidierung im analytischen Labor, *Nachr. Chem. Tech. Lab* 43 (1995) Nr. 6, 669–676

136. H. Laska und M. Berger, Validierung von Analysenmethoden, *Labor 2000*, 104–107

137. ICH, Extention of the ICH Text, *Validation of Analytical Procedures*, Draft 5, April 1995.

138. Gesetz zum Schutz vor gefährlichen Stoffen (Chemikaliengesetz – ChemG), Anhang 1 zu §19a, Grundsätze der Guten Laborpraxis (GLP), 1990. In Kayser/Schlottmann, GLP – Gute Laborpraxis, *Textsammlung und Einführung, Behr's Verlag*, 1991.

139. BLAK GLP, Gute Laborpraxis – Aufbewahrung und Archvierung, *Bundesanzeiger*, Nr. 216 vom 15.11.1993, 10077–10080.

140. BGVV GLP Bundesstelle, *GLP-Info* Nr. 3, Januar 1996

141. ASTM, Methode E1657-94: *Standard Practice for Testing Variable Wavelength Photometric Detectors Used in Liquid Chromatography*

142. U.S. FDA, *Guideline on General Principles of Process Validation* (Center for Drug Evaluation and Research, Rockville, Maryland, May 1887

143 Internationales Wörterbuch der Metrologie (VIM), 1984

144. ISO 9001, Qualitätssicherungssysteme. Modell zur Darlegung der Qualitätssicherung in Design/Entwicklung, Produktion, Montage und Kundendienst, 1987

145. L. Huber und M. Thomas, Validating computer controlled analytical systems in the pharmaceutical laboratory, *LC/GC Magazine*, June 1995, 466–473, *LC/GC Interntl.* October 1995, 572–580

146. L. Huber, Quality assurance and instrumentation, *Accreditation and Quality Assurance*, 1 [1], 24–34 (1996)

147. AVP, Arbeitsgemeinschaft für Pharmazeutische Verfahrenstechnik, Mainz, Interpretation des Annex 11 „*Computerized Systems*" *zum EU-GMP-Leitfaden*. 1996 (Entwurf).

148. BLAK-GLP, *GLP und Datenverarbeitung*, Konsenspapier, 1996 (Entwurf).

149. BLAK-GLP, Bund/Länder Arbeitkreis, *GLP Handbuch zur Überwachung der Einhaltung der Grundsätze der Guten Laborpraxis für Inspektorinnen und Inspektoren*, September 1993

150. DIN EN 8402, *Qualitätsmanagement – Begriffe* (ISO 8402:1994), Beuth Verla, 1994

151. Projektgruppe GLP und EDV des VCI-Arbeitskreises GLP, Vorschläge zur Anwendung der GLP-Grundsätze beim Einsatz von Computer-gestützten Systemen bei einer GLP Prüfung, Entwurf Version 7.1 (Dezember 1995)

152. B. Dannapel, H. Hensel, B. Möckel, J. Mühlenkamp, T. Müller-Heinzerling, A. Otto und V. Teuchert, Qualifizierung von Leitsystemen: Gemeinschaftsprojekt von GMA und NAMUR zur Validierung, atp-Automatisierungtechnische Praxis, 37, 10, (1995) 64–76.

Glossar

Alphatest	Verifizierung eines Produktes unter typischen Laborbedingungen. Das Ziel ist, die Übereinstimmung der Funktionen und Leistung des Produktes mit den Spezifikationen zu überprüfen.
Änderungskontrolle	Change Control. Ein formales Verfahren, in dem festgelegt wird, wer Änderungen von Software genehmigt, durchführt und freigibt. Sie definiert wie und wann Änderungen durchgeführt werden und unter welchen Bedingungen eine Revalidierung bzw. Reverifizierung erforderlich ist.
Akkreditierung	Formelle Anerkennung der Kompetenz eines Prüflaboratoriums, bestimmte Prüfungen oder Prüfungsarten auszuführen (58).
Akzeptanzkriterien	Dokumentierte Kriterien, die erfüllt werden müssen, um eine Testphase erfolgreich abzuschließen oder den Anforderungen für die Akzeptanz eines Produktes zu entsprechen.
Akzeptanztest	Formaler Test des gesamten computergesteuerten Systems in der voraussichtlichen Systemumgebung zur Feststellung, ob alle Akzeptanzkriterien der Prüfeinrichtung erfüllt wurden, und ob das System für den Einsatz geeignet ist (übersetzt von Ref. 126).
ANSI	American National Standards Institute. Offizielles Standard Komitee in den USA. Repräsentiert die USA in der International Organization for Standardisation (ISO).
Anwendungssoftware	Alle fertiggeschriebenen Programme, die besondere Aufgaben für den Benutzer ausführen. Es kann sich dabei um Zusatzprogramme zu Standardsoftware in Form von Macros oder um selbständige Programme handeln.
AOAC	Association of Analytical Chemists. In den USA und international tätig. Entwickelt validierte Methoden und veranstaltet internationale Ringversuche.
Applikationssoftware	Siehe Anwendungssoftware

Arbeitsbereich   Abschnitt zwischen dem obersten und untersten Grenzwert (Konzentration, Meßvariable), für den noch genaue Messungen zur Ermittlung von Ergebnissen möglich sind.

Arbeitsspeicher   RAM (random access memory). Im Arbeitsspeicher eines Computers werden Daten laufend zwischengespeichert, damit sie dem Prozessor bei Bedarf schnell zur Verfügung stehen. Beim Abschalten des Computers wird der Arbeitsspeicher gelöscht.

AQC   Analytical Quality Control

AQS   Analytische Qualitätssicherung

ASQC   American Society for Quality Control

ASTM   American Society for Testing and Materials

Audit-trail   Formale Systemprozedur, die sicherstellt, daß Interaktionen mit dem System erst dann möglich sind, wenn sich der Benutzer durch Eingabe eines Paßwortes ausgewiesen hat. Alle Eingaben und Änderungen werden in einem Protokoll dauerhaft elektronisch gespeichert und können nachvollzogen werden.

Benutzerschnitt-stellen-Prototyping   Softwaretest während der Entwicklung von Programmmodulen, in dessen Verlauf festgestellt werden soll, ob die Benutzer von Softwaresystemen die dem System zugrundeliegenden Konzepte leicht verstehen.

Betatest   Eine zu einem späteren Zeitpunkt der Entwicklung stattfindende Verifizierung eines Produktes. Sie erfolgt in ausgewählten Labors von Kunden unter typischen Laborbedingungen.

Betriebs-qualifizierung   siehe Operational Qualification

BLAK (GLP-BLAK)   Bund-Länder Arbeitskreis. Erstellt in Deutschland Interpretationshilfen und Konsenspapiere für die Umsetzung von GLP Verordnungen.

BSI   British Standards Institution

CE   Kapillarelektrophorese

cGMP   Current Good Manufacturing Practice

Change Control   Siehe Änderungskontrolle

Checksum   Terminologie in der Programmierung für eine mathematische Aufsummierung der Bytes, die sofort nach der Erzeugung der Datei durchgeführt wird. Die Summe wird zusammen mit den Daten gespeichert. Bei künftigem Zugriff auf die Datei wiederholt sich der Vorgang. Numerische Übereinstimmungen bestätigen, daß die Daten nicht verändert wurden, während Nichtübereinstimmung auf eine mögliche Verfälschung hinweist.

ChemG	Chemikaliengesetz in Deutschland
CEN/CENELEC	Comité Européen de Normalisation/Electrotechnical Standardization. Europäisches Komitee zur Entwicklung von Standards. Entwickelt Normen wie die EN 45000 Serie.
CRM	Certified Reference Material, zertifiziertes Referenzmaterial
CITAC	Cooperation on International Traceability in Analytical Chemistry
computergesteuertes (computergestütztes) System	Eine Kombination von Hardwarekomponenten und zugehöriger Software, die zur Ausführung einer speziellen Funktion oder mehrerer Funktionen entworfen und entsprechend eingerichtet wurden. Ein System zur Eingabe, elektronischer Verarbeitung und Ausgabe von Informationen, die entweder zur Dokumentation oder zur automatischen Steuerung verwendet werden (übersetzt von Ref. 126).
Computer-Validierung	Der Nachweis, daß ein Computersystem für die beabsichtigte Verwendung geeignet ist.
CSVC	US PMA's Computer System Validation Committee
DACH	Deutsche Akkreditierungsstelle Chemie
DAP	Deutsches Akkreditierungssystem Prüfwesen
DAR	Deutscher Akkreditierungsrat
Declaration of System Validation (Erklärung der Systemvalidierung)	Ein Hewlett-Packard Dokument, das mit verschiedenen Softwareprodukten verschickt wird. Darin wird bescheinigt, daß das Produkt entsprechend dem Hewlett-Packard Product Life Cycle entwickelt und validiert wurde.
Declaration of Conformity (Konformitätserklärung)	Ein Hewlett-Packard Dokument, das mit verschiedenen Hardwareprodukten verschickt wird. Darin wird bescheinigt, daß das Produkt den dokumentierten Spezifikationen entspricht.
Design Qualifizierung	Design Qualification. Formaler und systematischer Nachweis, daß Anforderungen, die in einer Spezifizierungsphase erarbeitet wurden, in der darauffolgenden Design- oder Implementierungsphase vollständig erfüllt werden und daß übergeordnete Richtlinien und Gesetze berücksichtigt worden sind (152).
EAL	European Cooperation for Laboratory Accreditation. Wurde im Jahre 1985 durch ein Memorandum of Understanding (MOU) als Western European Calibration Cooperation (WECC) gegründet. Beschäftigt sich mit Verfahren zur multilateralen Anerkennung von akkreditierten Labors.

EFTA European Free Trade Association. Mitglieder in 1996 sind Österreich, Finnland, Island, Liechtenstein, Norwegen, Schweden und die Schweiz.

Eichen Amtliche Überprüfung (Landeseichamt) auf Einhaltung der Fehlergrenzen

EN 45000 Serie EN 45001: *Allgemeine Kriterien zum Betreiben von Prüflaboratorien.*

EN 45002: *Allgemeine Kriterien zum Begutachten von Prüflaboratorien.*

EN 45003: *Allgemeine Kriterien für Stellen, die Prüflaboratorien akkreditieren.*

EN 45004: *Allgemeine Kriterien für den Betrieb von Stellen, die Inspektionen durchführen.*

EN 45011: *Allgemeine Kriterien für Stellen, die Produkte zertifizieren.*

EN 45012: *Allgemeine Kriterien für Stellen, die Qualitätssicherungssysteme zertifizieren.*

EN 45013: *Allgemeine Kriterien für Stellen, die Personal zertifizieren.*

EN 45014: *Allgemeine Kriterien für Konformitätserklärungen von Anbietern.*

EN 45020: *Allgemeine Fachausdrücke und deren Definition betreffend Normung und damit zusammenhängende Tätigkeiten.*

EN 45001 *Allgemeine Kriterien zum Betreiben von Prüflaboratorien.* Europäischer Standard für Prüf- und Kalibrierlabors.
EN 45001 wird als Leitfaden bei der Akkreditierung benutzt. Der Inhalt ist dem ISO/IEC Guide 25 ähnlich und es ist mit einer Harmonisierung beider Dokumente innerhalb der nächsten Jahre zu rechnen.

EPA Environmental Protection Agency der Vereinigten Staaten von Amerika

EURACHEM Gegründet im Jahre 1990. Fördert die Zusammenarbeit der chemisch analytischen Labors in Europa auf dem Gebiet der Akkreditierung und Qualitätssicherung. Erstellt Hilfen für die Interpretation von Normen.

European Organization for Testing and Certification (EOTC) Gegründet im Jahre 1990 aufgrund eines Memorandum of Understanding (MOU) zwischen den EC/EFTA Mitgliedsländern und der CEN/CENELEC. Aufgabe ist die Harmonisierung der Zertifizierung und Akkreditierung in Westeuropa (EU und EFTA) im nicht geregelten Bereich.

External reference specifications (ERS)	Ein Hewlett-Packard Dokument, in dem die funktionellen und Leistungsanforderungen an ein neues Produkt spezifiziert werden.
Firmware	Systemsoftware, die in ROMs oder anderswo im Gerät permanent gespeichert ist. Kann vom Benutzer nicht geändert werden.
FDA	Food and Drug Administration der Vereinigten Staaten von Amerika
Funktionelles Testen	Auch bekannt als „Black Box Test" von Software. Der Test erfolgt mit gut definierten Eingabewerten. Die Sollergebnisse sind bekannt und werden mit den aktuellen Ergebnissen verglichen.
GALP	Good Automated Laboratory Practice
GAMP	Good Automated Manufacturing Practice
GAP	Good Analytical Practice
GCP	Good Clinical Practice
Genauigkeit	Qualitative Bezeichnung für das Ausmaß der Annäherung von Ermittlungsergebnissen an den Bezugswert, wobei dieser je nach Festlegung oder Vereinbarung der richtige oder der Erwartungswert sein kann (134).
GMP	Good Manufacturing Practice
Hardware	Die physischen Komponenten eines computergesteuerten Systems, einschließlich des Computers selbst und seiner peripheren Komponenten (übersetzt von Ref. 126). Hardware und Software bilden immer eine Einheit, die einen funktionstüchtigen Computer ausmachen.
ICH	International Conference for Harmonization
IEC	International Electrotechnical Commission
IEEE	Institute of Electrical and Electronic Engineers. Technical Committee on Software Engineering.
ILAC	International Laboratory Accreditation Conference. Weltweit tätig auf dem Gebiet der Akkreditierung. Entwickelt ISO/IEC Guides.
Installationsqualifizierung	siehe Installation Qualification siehe Installation
Installation Qualification (IQ)	Installationsqualifizierung. Dokumentierter Nachweis über die sachgemäße und in Übereinstimmung mit den Empfehlungen des Herstellers durchgeführte Installation von Hardware und Software. Dabei wird unter anderem überprüft, ob die Bestellung dem Auftrag entspricht und unbeschädigt ist.
ISO	International Organization for Standardization. Verantwortlich für die Entwicklung von Standards. Vertreten in über 90 Ländern.

ISO/IEC Guide 25 *General Requirements for the Competence of Calibration and Testing Laboratories.* Entwickelt für Prüf- und Kalibrierlabors. Der Guide wird weltweit als Leitfaden bei der Akkreditierung benutzt. Der Inhalt ist ähnlich der EN 45001 und es ist mit einer Harmonisierung beider Dokumente innerhalb der nächsten Jahre zu rechnen.

Justieren Einstellung auf die kleinstmögliche Abweichung

Kalibrieren Feststellung und Dokumentation der Abweichung

Konformitätsnachweis Bestätigung durch Beweisprüfung, daß ein Erzeugnis, ein Verfahren oder eine Dienstleitung vorgeschriebene Anforderungen erfüllt (118).

LAWA Landesarbeitsgemeinschaft Wasser

Leistungsqualifizierung siehe Performance Qualification

LIMS Laboratory Information Management System

Macro Folge von zwei oder mehr Befehlen, die zusammen ein Programm ergeben. Beim Programmstart werden die Befehle in der aufgelisteten Reihenfolge ausgeführt. Werden meist als Zusatz zu einer bestehenden Software verwendet, um Routinevorgänge zu automatisieren. In der Chromatographie werden solche Programme eingesetzt, um vor oder nach dem chromatographischen Lauf Routinevorgänge zu automatisieren, beispielsweise zur Probenvorbereitung oder für spezielle Berichterstattung. Einige Programme erlauben auch die Eingabe von mathematischen Formeln für spezielle Berechnungen. Solche Macro-Programme sollten immer validiert und gut dokumentiert werden.

Netzwerk Eine Gruppe von Computern, die ständig miteinander verbunden sind, Informationen austauschen oder Geräte, wie Drucker, gemeinsam nutzen können.

NIST National Institute for Standards and Technology in den Vereinigten Staaten von Amerika. Früheres National Bureau of Standards Technology (NBS).

OECD Organization for Economic Cooperation and Development.

Operational Qualification (OQ) Betriebsqualifizierung. Dokumentierte Überprüfung, daß das Gesamtsystem oder Teilsysteme die erwartete Leistung über repräsentative oder den gesamtem geplanten Anwendungsbereich erbringen (41).

Performance Qualification (PQ) Leistungsqualifizierung. Dokumentierte Überprüfung, daß der Gesamtprozeß und/oder das Gesamtsystem über alle geplanten Anwendungsbereiche die vorgesehene Leistung erbringt (41).

PIC Pharmaceutical Inspection Convention

PICSVF Pharmaceutical Industry Computer Systems Validation, Forum in Großbritannien

PMA Pharmaceutical Manufacturers Association in den Vereinigten Staaten von Amerika. Repräsentiert mehr als 100 Firmen, die in den USA mehr als 95% der verschreibungspflichtigen Arzneimitteln produzieren. Wird heute als Pharmaceutical Research and Manufacturing Association (PhRMA) bezeichnet.

Präzision Ausmaß der gegenseitigen Annäherung voneinander unabhängiger Ermittlungsergebnisse bei mehrfacher Anwendung eines festgelegten Ermittlungsverfahrens (134).

Prozessor Auch Zentraleinheit genannt. Der Prozessor ist das ‚Herz' jedes Computers. Vom Prozessor werden Ein- und Ausgaben der Daten verarbeitet, Berechnungen durchgeführt und Daten verglichen oder zwischengespeichert.

Prüfen Technischer Vorgang, der aus der Bestimmung eines oder mehrerer Merkmale eines bestimmten Ergebnisses, Verfahrens oder einer Dienstleistung besteht und gemäß einer vorgeschriebenen Verfahrensweise durchzuführen ist (58).

Quellcode Das Original eines Computerprogramms in für den Menschen lesbarer Form (Programmiersprache) formuliert, das in eine maschinenlesbare Form übersetzt werden muß, bevor es durch den Computer ausgeführt werden kann (übersetzt von Ref. 126).

QSE Qualitätssicherungseinheit

RAM Random Access Memory. Siehe Arbeitsspeicher

Registrierung Verfahren, bei dem eine Stelle relevante Merkmale eines Erzeugnisses, Verfahrens oder einer Dienstleistung oder Einzelheiten über eine Stelle oder Person in einer geeigneten, der Öffentlichkeit zugänglichen Liste angibt.

Retrospektive Validierung Dokumentierter Nachweis, daß ein System das tut, was es tun soll. Der Nachweis beruht auf der Überprüfung der Leistungsfähigkeit des Systems aus der Vergangenheit heraus.

Revalidierung Wiederholung des Validierungsprozesses nach einer Änderung des Systems. Je nach dem Ausmaß der Änderung kann die Validierung das ganze System oder Teile davon umfassen.

ROM Read only memory. Ein Speicher, der nur gelesen, aber nicht modifiziert werden kann. Beispiele für ROMs sind das System-BIOS von PCs oder Firmware von mikroprozessorgesteuerten Geräten.

SAA Standardarbeitsanweisung

SAQ Schweizerische Arbeitsgemeinschaft für Qualitätsförderung

Software (Anwendung, Applikation)	Ein Programm, das entwickelt oder erworben, angepaßt oder nach den Anforderungen der Prüfeinrichtung speziell angefertigt wurde, zum Zweck der Steuerung von Prozessen, Datenerfassung, Datenbearbeitung, Berichterstattung und/oder Archivierung der Daten (übersetzt von Ref. 126).
Software (Betriebssystem)	Ein Programm oder eine Sammlung von Programmen, Routinen und Subroutinen, die den Betrieb eines Computers steuern. Ein Betriebssystem kann Dienste wie die Zuteilung der Systemresourcen, der Rechenzeit, die Ein-/Ausgabesteuerung und die Datenverwaltung zur Verfügung stellen (übersetzt von Ref. 126)
SOP	Standard Operation Procedure, Standardarbeitsanweisung
TGA	Trägergemeinschaft für Akkreditierung GmbH
UKAS	United Kingdom Accreditation System, früher National Measurement Accreditation Service (NAMAS).
Validierung	Bestätigen aufgrund einer Untersuchung und durch Bereitstellung eines Nachweises, daß die besonderen Forderungen für einen speziellen beabsichtigten Gebrauch erfüllt worden sind (150). Dokumentierter Nachweis, daß ein bestimmter Prozeß mit einem hohen Grad an Sicherheit kontinuierlich ein Produkt erzeugt, das vorher definierte Spezifikationen und Qualitätsmerkmale erfüllt (142). Der Prozeß, bei dem durch Laborexperimente bestätigt wird, daß die Methode die Anforderungen wie beabsichtigt erfüllt (68).
Validierungsplan	Ein prospektiver Durchführungsplan, dessen Abarbeitung den formalen und dokumentierten Nachweis erbringen soll, daß das System validiert ist (152).
Verifizierung	Bestätigung durch Beweisprüfung, daß ein Erzeugnis, ein Verfahren oder eine Dienstleistung vorgeschriebene Anforderungen erfüllt (150).
WECC	Western European Calibration Cooperation. Jetzt European Cooperation for Laboratory Accreditation (EAL), siehe EAL.
Western European Laboratory Accreditation Corporation (WELAC)	Wurde im Jahre 1989 gegründet, um die Interessen von Akkreditierungsstellen zu vertreten. Wurde im Jahre 1994 mit der WECC vereinigt. Beschäftigt sich mit der europaweiten Anerkennung ihrer Mitglieder. Überprüft Akkreditierungsstellen in Europa. Entwickelt und unterzeichnet Verträge mit der EOTC für EU-weite Anerkennung von Akkreditierungssystemen.
WORM	Write Once, Read Many. Ein optischer Plattenspeicher zur Speicherung großer Datenmengen. Einmal abgespeicherte Daten können zwar mehrmals eingelesen, aber nicht überschrieben werden.

STARS Software Tracking and Response System. Eine Hewlett-Packard Datenbank zur Wartung von Software. Enthält alle bekannten Fehler.

Struktureller Test Prüft die internen Strukturen des Quellcodes von Softwaremodulen

United States Pharmacopeia (USP) Offizielle Pharmacopeia für die Vereinigten Staaten von Amerika

Zertifizierung Verfahren, in dem ein (unparteiischer) Dritter schriftlich bestätigt, daß ein Ereignis, ein Verfahren oder eine Dienstleistung vorgeschriebene Anforderungen erfüllt (118).

Sachwortverzeichnis

Springer-Verlag und Umwelt

Als internationaler wissenschaftlicher Verlag sind wir uns unserer besonderen Verpflichtung der Umwelt gegenüber bewußt und beziehen umweltorientierte Grundsätze in Unternehmensentscheidungen mit ein.

Von unseren Geschäftspartnern (Druckereien, Papierfabriken, Verpackungsherstellern usw.) verlangen wir, daß sie sowohl beim Herstellungsprozeß selbst als auch beim Einsatz der zur Verwendung kommenden Materialien ökologische Gesichtspunkte berücksichtigen.

Das für dieses Buch verwendete Papier ist aus chlorfrei bzw. chlorarm hergestelltem Zellstoff gefertigt und im pH-Wert neutral.

If you have any concerns about our products,
you can contact us on
ProductSafety@springernature.com

In case Publisher is established outside the EU,
the EU authorized representative is:
Springer Nature Customer Service Center GmbH
Europaplatz 3, 69115 Heidelberg, Germany

Printed by Libri Plureos GmbH
in Hamburg, Germany